燃气轮机及联合循环机组
标准化调试技术

华北电力科学研究院有限责任公司　编著

中国电力出版社
CHINA ELECTRIC POWER PRESS

内 容 提 要

《电力发展"十三五"规划》中指出，要充分发挥天然气电站调峰能力，推进天然气调峰电站建设，在有条件的地区建设一批天然气调峰电站。预计到 2020 年，全国燃气发电新增投产可达到 1.1 亿 kW 以上，在我国未来的电力发展大局中，天然气发电有着广阔的发展空间。在天然气发电建设大潮中，调试工作是极其重要的一环。高质量、高标准的新机组调试可为天然气发电机组高质量投产、长周期稳定运行起到决定性的作用。

本书是华北电力科学研究院总结十多年来各类燃气轮机及联合循环机组调试技术的结晶，主要内容以燃气轮机调试为核心，涵盖了国内主流燃气轮机的分系统调试、整套启动、重大试验及性能考核试验等，并对涉及联合循环部分的调试技术作了标准化归纳，重点在整套启动阶段的调试。全书侧重于调试工作中的实用性。

本书适用于燃气-蒸汽联合循环机组调试技术人员、工程技术人员、维护人员，以及燃机专业研究人员等学习使用。

图书在版编目（CIP）数据

燃气轮机及联合循环机组标准化调试技术/华北电力科学研究院有限责任公司编著 . —北京：中国电力出版社，2020.5

ISBN 978-7-5198-4217-8

Ⅰ.①燃…　Ⅱ.①华…　Ⅲ.①燃气-蒸汽联合循环发电—发电机组—调试方法　Ⅳ.①TM611.31

中国版本图书馆 CIP 数据核字（2020）第 019473 号

出版发行：中国电力出版社
地　　　址：北京市东城区北京站西街 19 号（邮政编码 100005）
网　　　址：http://www.cepp.sgcc.com.cn
责任编辑：宋红梅
责任校对：黄　蓓　马　宁
装帧设计：王红柳
责任印制：吴　迪

印　　刷：三河市万龙印装有限公司
版　　次：2020 年 5 月第一版
印　　次：2020 年 5 月北京第一次印刷
开　　本：787 毫米×1092 毫米　16 开本
印　　张：16.5
字　　数：394 千字
印　　数：0001—2000 册
定　　价：78.00 元

《燃气轮机及联合循环机组标准化调试技术》

编 写 组

主　　编　　司派友

编写人员　　宋亚军　高爱国　刘双白　左　川

　　　　　　　王维萌　陈凯亮　何振宇　李　磊

　　　　　　　庞春凤　陈晓峰　吴　昕　付宏伟

前　言

　　近年来，在我国电力行业快速发展的大形势下，以燃气（包括天然气、高炉煤气、天然气掺混煤制气等）为燃料的燃气-蒸汽联合循环发电机组以其调峰能力强、排放清洁等特点得以快速发展。据统计，截至2017年底，我国发电装机容量为17.8亿kW，同比增长7.6%，其中燃气发电机组装机容量为7629万kW，同比增长8.8%，就增速而言仅次于风电与太阳能发电，远高于燃煤发电同比3.6%的增速。《电力发展"十三五"规划》中指出，要充分发挥天然气电站调峰能力，推进天然气调峰电站建设，在有条件的地区建设一批天然气调峰电站，新增规模达到500万kW以上；要充分发挥天然气发电排放清洁的特点，适度建设高参数燃气-蒸汽联合循环热电联产项目，支持利用煤层气、煤制气、高炉煤气等发电，配合多地供暖期加强大气污染治理，支持"煤改气"取暖的新增需求；要充分发挥天然气发电配置灵活、装机小型化特点，推广应用分布式气电，重点发展热电冷多联供。预计到2020年，全国燃气发电新增投产可达到1.1亿kW以上，在我国未来的电力发展大局中，天然气发电有着广阔的发展空间。

　　在天然气发电建设大潮中，调试工作是极其重要的一环。高质量、高标准的新机组调试对天然气发电机组高质量投产、长周期稳定运行起到决定性的作用。国内当前的火电新机组建设投产过程仍是以业主为主导，采取设计、施工、监理、设备制造商或供货商、调试等参建单位在各个环节上参与新机组基建及试运这一模式。调试单位在多数情况下是作为机组投产前最后一道技术把控单位，又称为技术纳总。近年来机组基建总包模式（EPC）逐渐增多，但多数基建项目仍是传统模式，即使在EPC项目中，调试单位仍然是最后一道技术把控单位。天然气发电建设中，燃气-蒸汽联合循环机组是绝对主力，其建设投产模式有所不同，燃气轮机的调试在整套机组调试中处于核心地位。截至目前，重型燃气轮机的核心技术及部件的制造工艺仍然掌握在国外主要制造商手中，因此制造商或供货商驻厂技术代表（TA）作为参建单位代表在联合循环机组基建及试运过程中起着举足轻重的作用。燃气轮机在基建过程中的调试过程主要由TA主导。

　　随着燃气轮机国产化程度不断提高，国内主机厂对燃气轮机技术掌握程度越来越高。国内参与燃气-蒸汽联合循环机组调试的单位不论在数量上还是在技术深度上都日益提升。调试单位作业要求更加规范化、标准化。这些大形势决定了调试单位掌握燃气轮机调试技术，在燃气轮机调试中按标准化作业是必然的趋势。或许眼下还难以做到像汽轮机调试那样完全地掌握燃气轮机调试技术，但这个工作已然开始且不可阻挡，经验是不断积累的，技术是不断提升的，只要全行业持之以恒地发展创新，锐意进取，掌握燃气轮机标准化调试技术必然会实现。

华北电力科学研究院有限责任公司汽轮机技术研究所多年以来从事燃气-蒸汽联合循环机组调试，从 E 级到 F 级燃气轮机、从单轴联合循环机组到"二拖一"联合循环机组、从纯凝汽机组到汽轮机配置 SSS 离合器的"凝-抽-背"供热机组、从配合 TA 调试燃气轮机到日益深入地介入燃气轮机调试，十几年来，通过不断总结各类燃气轮机及联合循环机组的调试技术，制定了燃气轮机调试企业标准。在此基础上，我们尝试将多年的经验加以提炼，编撰此书，希望能为全行业的燃气轮机及联合循环机组标准化调试提供一份技术文件，供同行参考。希望我们的工作能有益于这个行业的技术发展。

本书主要内容分为七章，以燃气轮机调试为核心，涵盖了国内主流燃气轮机的分系统调试、整套启动、重大试验及性能考核试验等方面，侧重于调试工作中的实用性。参与本书编写的各位作者都是工作在调试一线的技术骨干，他们技术丰富、尽职尽责，最终成书全部源自他们的工作总结与提炼。由于国内电站燃气轮机都是以燃气-蒸汽联合循环机组型式存在，在整套启动试运阶段，联合循环部分是不可回避且非常重要的技术环节，因此本书对于涉及联合循环部分的调试技术也作了标准化归纳，重点在整套启动阶段的调试。关于汽轮机本体及其辅助设备，其调试技术在国内已是非常成熟，相关的标准、规范也非常全面，这一部分的调试技术本书不再涉及。

本书面向火电机组调试技术人员及业主方技术管理人员，尤其是从事燃气-蒸汽联合循环机组调试技术人员。本书既可供刚入职的初学人员技术学习、技术培训、技术提升用书，也可供行业同侪在调试工作中作为参考。

本书的编写过程，得到了华北电力科学研究院有限责任公司各级领导的大力支持，特别是院长高舜安同志的支持为本书最终成篇起到了决定性作用，在此表示衷心感谢。由于燃气轮机的技术发展非常迅速，书中若有不足之处，恳请广大读者提出宝贵意见，以便我们在今后的实践中进一步提高、完善。

编　者
2019 年 12 月

目 录

第一章 燃气轮机及联合循环机组概述

第一节 引 言

现代社会的不断进步得益于能源工业的创新发展，如何高效、洁净地利用能源对于现代社会发展具有重大的现实意义。

自 20 世纪 90 年代以来，随着 GDP 的快速增长，中国的电力工业迅速发展，能源结构不断优化。尤其进入 21 世纪，由于能源危机和环境问题的不断凸显，新型能源逐步发展（如风能、太阳能、生物质能等清洁能源）以替代传统化石能源作为发电动力。根据《中国 2015 年国民经济和社会发展统计公报》中的数据，截至 2015 年底，我国总发电装机容量高达 150 828 万 kW，比 2014 年增加了 10.5%，其中，火力发电的总装机容量为 99 021 万 kW，占我国总发电装机容量的 65.65%，比 2014 年增加了 7.8%。从发展速度来看，新能源在电力行业的应用一定程度上缓和了火电的发展速度，但从装机容量的占比来看，火力发电依然处于核心位置。

我国资源禀赋"多煤、缺油、少气"，且资源产地与用户错位，为了经济社会的持续发展，我国电力能源在 30～50 年内仍以化石燃料为主的地位难以改变。因此，必须走"洁净煤"道路，发展煤化工、IGCC 并开发利用非常规油（气）资源、深海油（气）等增加油（气）产量，以保障能源安全。我国电源除煤电外，核电已近满负荷运行；水电受地域资源和季节枯、汛期变化影响较大，发电不均衡；而风电、太阳能发电等可再生能源电力，具有随机性、间歇性的不稳定特性，占比很小，不宜承担基荷发电；燃油发电的成本相对较高。在多种清洁发电方式比较下，燃气发电就成为替代燃煤发电的重要方式。国务院在《国家中长期科学和技术发展规划纲要（2006—2020 年）》和《中华人民共和国国民经济和社会发展第十三个五年规划纲要》中提出能源战略，大力发展煤的洁净发电技术和清洁能源发电技术，重点推进分布式能源的发展和研究。在 2017 年 7 月，国家能源局下发《加快推进天然气利用的意见》，明确指出要加快推进天然气利用，提高天然气在我国一次能源消费结构中的比重，稳步推进能源消费革命和农村生活方式革命，有效治理大气污染，积极应对气候变化。天然气热值较高，燃烧产物污染物少，对环境损害小，有着很多煤炭不具备的优点。目前，天然气储量很大，全球天然气产量继续保持增长，国际资源供应较为丰富，根据国际能源署（IEA）公布的数据统计，按照目前的消费水平，全球天然气资源可持续开采 235 年。开发利用天然气既可以有效地缓解能源危机，又可以改善环境问题。

以天然气作为燃料的燃气轮发电机组具有启动速度快、调峰能力强、运行稳定、环境污染少等优点。在我国，燃气轮机电站多以燃气-蒸汽联合循环发电方式运行，燃气-蒸汽联合循环机组具有发电热效率高、供热能力强等优点，与现代电力行业发展需求十分契合。

燃气轮发电机组示意图如图 1-1 所示。

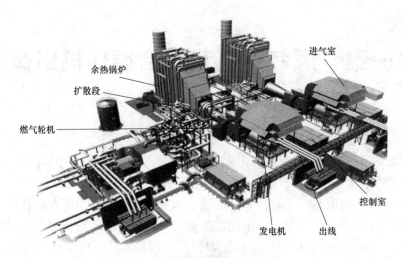

图 1-1　燃气轮发电机组示意图

图 1-2 显示了 2010—2016 年国内天然气发电装机容量的发展变化。从图中可以看出，2010 年底，我国天然气发电装机容量仅有 2642 万 kW，截至 2016 年底，装机容量已达 7714 万 kW，平均每年天然气发电装机容量增速达到 19.6%。据估计，至 2020 年我国燃气发电装机容量将达到 1.1 亿 kW，占国内总发电量的 6.7%。从燃气发电装机容量的增长速度来看，我国的燃气轮机及其联合循环发电机组已进入快速发展阶段。

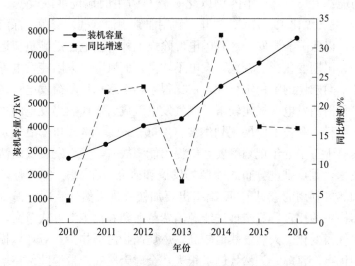

图 1-2　2010—2016 年国内天然气发电装机容量统计

　　燃气-蒸汽联合循环是将燃气轮机的布雷顿循环（Brayton cycle）与蒸汽轮机的朗肯循环（Rankine cycle）组合而成的整体热力循环，简称联合循环（Combined cycle）。联合循环机组主要由燃气轮机发电系统与蒸汽轮机发电系统组成。燃气轮机发电系统主要包括由压气机、燃烧室、燃气透平构成的燃气轮机以及配套的发电机；蒸汽轮机发电系统主要包括余热锅炉、蒸汽轮机及配套的发电机。图 1-3 所示为联合循环机组及其热力循环系统示意图。

　　燃气-蒸汽联合循环概念得以实际应用源自 20 世纪 40 年代全球首台工业发电燃气轮

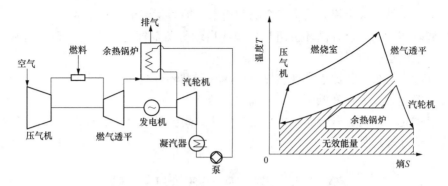

图 1-3 联合循环机组及其热力循环系统示意图

机的成功研制，当时，燃气轮机输出功率及效率较低，是以蒸汽轮机做功为主，燃气轮机主要用作于提高炉膛压力。20 世纪 60 年代，出现了以燃气轮机为主要动力的联合循环机组，利用燃气轮机排气余热产生蒸汽，推动蒸汽轮机做功。随着燃气轮机燃气初温的提升，至 70 年代，联合循环效率达到 40%～45%，开始赶超常规燃煤机组，并且迅速发展。随后，燃气初温逐步提升至 1200℃，联合循环发电效率超过 50%，燃气轮机单机功率达到 100MW，效率达到 35%。至 90 年代，随着叶片冷却技术及材料技术的发展，单机功率 200MW 的大功率燃气轮机及相应的联合循环机组逐步投入商业运行。燃气轮机不仅用于电网调峰，而且可以带基本负荷及中间负荷，这也标志着燃气轮机及其联合循环机组在电力系统的地位发生了明显的变化。

我国重型燃气轮机产业建立于 20 世纪 50 年代，与发达国家相比起步并不晚。早期阶段（1950—1970 年），我国在消化吸收苏联技术的基础上自主设计、试验和制造燃气轮机，开发出 200～25 000kW 多种型号的燃气轮机，包括车载燃气轮机、机车燃气轮机和重型燃气轮机等，培养了我国第 1 代燃气轮机核心技术自主研究开发、试验、产品制造和工程服务技术队伍，全行业技术水平进步很快；中期阶段（1980—2000 年），由于全国油气供应严重短缺，国家不允许使用燃油/燃气发电，重型燃气轮机失去市场需求，全国除保留南京汽轮机厂一家重型燃气轮机制造厂外，其他制造企业全部退出，人员和技术流失，大学燃气轮机专业改行，人才培养和国家研发投入基本停止，与国际水平差距迅速拉大。从 2002 年开始，随着西气东输和进口液化天然气（LNG）的增加，我国启动了重型燃气轮机国内市场需求，以市场换技术，通过引进国外先进的 E、F 级重型燃气轮机制造技术，逐渐实现国产化制造。哈尔滨汽轮机厂和东方汽轮机厂分别与美国 GE 公司和日本三菱公司合作生产进气温度 1350～1400℃的 F 级重型燃气轮机产品。上海电气引进西门子技术，与其合作生产 SGT5-4000F 型燃气轮机。预计到 2030 年左右，我国燃气轮机及其联合循环机组的装机容量将会达到全国总装机容量的 10%。

与传统的燃煤机组相比，燃气-蒸汽联合循环机组具有如下特点：

（1）发电效率高。目前，单台燃机热效率超过 40%，其联合循环机组的发电效率可达到 60%，相比于同等功率条件下的常规燃煤机组效率要高出 15%以上。

（2）建设投资省。目前投资费用仅 4000～5000 元/kW，甚至更低，而汽轮机发电站投资高达 8000～11 000 元/kW。

（3）建设周期短。由于电站土建少，并且可以分阶段建设，首先建设燃气轮机电站，

3

再建联合循环电站，大大提高投资资金的利用率，缩短了资金回收年限。

（4）调峰能力强。联合循环机组具备快速启动带负荷能力，极大提高电网调峰能力，有效地改善电网运行质量。

（5）环境污染少。相比于常规燃煤机组，联合循环机组碳排放减少 50%，几乎不产生二氧化硫及粉尘，极大地降低了对于环境的污染。

（6）自动化程度高。联合循环机组运行已达到高度自动化，运行人员大大减少，甚至可实现无人值守及远程管理。

第二节　燃气轮机类型与参数

燃气轮机按功率大小可以分为轻型和重型，电力生产主要采用重型燃气轮机。历经数十年的研究发展，重型燃气轮机技术推陈出新，不断向高性能、高参数、低污染发展。以世界最大的重型燃气轮机之一——西门子 SGT5-8000H 为例，其透平前燃气温度超过 1400℃，单机功率达到 450MW，联合循环效率超过 60%，单台发电量可满足 300 万人级别工业化大城市用电需求；国际先进的 J 级重型燃气轮机燃气初温高达 1600℃。目前，F

图 1-4　燃气轮机纵剖面图

级重型燃气轮机在国内市场应用最广泛，其单机功率为 300MW 等级，燃气初温约 1315℃。根据麦考伊（McCoy Power Reports）数据分析，在容量大于 350MW 的重型燃气轮机市场，H 级燃气轮机全球市场订单将由 2014 年的 24% 份额增加到 2019 年的 50%，其在世界范围内正获得越来越多的青睐。燃气轮机纵剖面图如图 1-4 所示。

燃气轮机集多学科高精尖技术于一体，被誉为装备制造产业"皇冠上的明珠"，代表着国家整体装备制造产业的能力水平。国际上生产重型燃气轮机的主要公司有美国的通用电气（GE）、德国的西门子（Siemens）、日本的三菱重工（MHI）、意大利的安萨尔多能源公司（Ansaldo Energia）等。

GE 公司于 1987 年成功研制了首台 60Hz 的 MS7001F 型燃气轮机发电机组，发电效率为 32.8%，功率达到 135.7MW。随后，与 GEC Alsthom 公司合作，将 MS7001F 型燃气轮机进行模化放大，除轴承和燃烧室以外的所有部件，按照 1∶2 的比例放大，研制了 50Hz 的 MS9001F 型燃气轮机发电机组，输出功率增至 212.2MW，同时发电效率提高到 34.1%。第一台 MS9001F 型燃气轮机发电机组于 1991 年在美国南卡罗来纳州成功落地并运行良好。1995 年，GE 公司又将其 MS7001FA 型燃气轮机模化缩小（模化比 2/3），研制了 70MW 等级的 MS6001FA 型燃气轮机，通过齿轮箱减速，可用于 50Hz 及 60Hz 发电。21 世纪初，GE 公司推出了 H 型燃气轮机，分别为转速 3600r/min 的 MS7001H 和转速 3000r/min 的 MS9001H 型。

西门子公司于 1974 年开发出 90MW 的 V94 型燃气轮机，1977 年生产了当时世界上最大的 113MW 单轴燃气轮机，1984 年采用 114MW 的 V94.2 型燃气轮机组成联合循环装置，1990 年开发出第一台 103MW 的 V84.2 型燃气轮机，从而逐步形成了 60Hz 的 V84 和 50Hz 的 V94 为主的燃气轮机系列产品。

三菱公司的燃气轮机技术主要是在西屋的技术基础上发展而来。其于 1994 年开始研发 G 型燃气轮机，首台 60Hz 的 501G 型机组于 1997 年出厂，随后又研制了相同级别 50Hz 的 701G 型机组。G 型机组把燃气初温提高到 1427℃，压气机压比升至 20，循环净效率达 39.5%，联合循环净效率为 58%。

发电用重型燃气轮机的燃烧室燃烧温度在 1100～1500℃，根据燃气轮机机组出力可划分为 B、E、F、G、H 等级别燃气轮机。一般，B 级燃气轮机出力小于或等于 100MW；E 级燃气轮机出力介于 100～200MW 之间，F 级燃气轮机出力介于 200～300MW 之间，更高等级如 G 级、H 级则在 300～400MW 区间。通用电气公司生产的燃气轮机型号主要有 6E、9E、6F、9F、9HA 等。西门子公司生产的燃气轮机型号主要有 SGT5-2000E、SGT6-5000F、SGT6-8000H、SGT5-4000F、SGT5-8000H 等。三菱重工公司生产的燃气轮机型号主要有 M701D、M501F、M501G、M701F、M701G 等。安萨尔多能源公司生产的燃气轮机型号主要有 AE94.2、GT26、GT36-S6、GT36-S5 等。表 1-1 为典型燃气轮机型号及其主要参数。

表 1-1　　　　　　　　　　　　典型燃气轮机型号及其主要参数

公司	型号	ISO 功率/MW	效率/%	压比	排烟温度/℃	烟气流量/kg·s⁻¹
GE	6E.04	145	37.0	13.3	541.7	415.9
	9F.06	359	41.9	19.5	611.1	750.2
	9HA.02	544	43.9	23.8	636.1	998.8
SIEMENS	SGT5-2000E	187	36.2	12.8	536.1	557.9
	SGT5-4000F	329	40.7	20.0	600.0	724.8
	SGT5-8000H	425	40.0	20.0	640.0	879.0
MHI	M701D	144	34.8	14.0	542.2	453.1
	M701F	385	41.9	21.0	630.6	748.4
	M701J	478	42.3	23.0	630.0	896.8
Ansaldo Energia	AE94.2	185	36.2	12.0	541.1	554.7
	GT26	345	41.0	35.0	616.1	714.9
	GT36-S5	500	41.5	25.0	623.9	1010.2

目前，国际先进燃气轮机已发展到 H 级（与 GE 公司、西门子公司 H 级燃气轮机相对应的是三菱公司的 J 级燃气轮机）。相比于 F 级及 E 级燃气轮机，H 级燃气轮机技术理念更为先进、出力也更大、效率更高。主要燃气轮机制造厂家均在 20 世纪末、21 世纪初投入了大量精力进行了该级别燃气轮机的研制工作。

1995 年，GE 公司开始研发 H 级燃气轮机，早期出厂的 H 级燃气轮机采用蒸汽冷却技术，虽然拥有较高的热效率，但蒸汽冷却技术增加了维护费用和操作的复杂性，同时也减少了运行的灵活性。由此，GE 公司于 2013 年推出了全空冷的 HA 型燃气轮机，借助于航空发动机的技术，采用 14 级轴流式压气机，压比为 22.9，具有 1 级进口可调导叶和 3 级独立驱动可调静叶，所有 14 级压气机叶片无须分解压气机转子即可现场更换，叶片采用 3D 叶型设计和"Super-finishing 超光洁度"技术,以降低叶片的玷污,达到提高效率和出力的目的。燃机透平采用 4 级动静叶设计,第 1 级叶片由单晶合金制造,并采用了全新的表面热障涂层技术,后 3 级叶片是由另一种航空发动机合金定向固化而成。透平冷却方式为前 3 级采用强制对流空气冷却,第 4 级不予冷却。透平缸体采用双层设计,所有四级静止部件都安装在内缸上,检修期间,内缸可以拆卸下来,而转子保持原位,这样可以缩短检修时间。首台 9HA.01 型机组于 2015 年 12 月在法国 EDF 电力公司 Bouchain 电厂点火。该发电机组为带 SSS 离合器的单轴联合循环纯凝机组,采用低位布置,其中燃气轮机侧向吸气。机组于 2016 年 6 月中旬正式投入商业运行,其拥有超过 605MW 的发电能力,并且联合循环发电效率高达 62.22%。

西门子公司于 2000 年 10 月首次提出 H 级燃气轮机的研发计划,2007 年 4 月在柏林工厂完成了首台 SGT5-8000H 型燃气轮机原型机的组装,并于 2009 年 8 月在德国巴伐利亚州 Irsching 电站成功完成全部燃气轮机单循环验证性试验项目,最终于 2011 年 7 月完成整台联合循环机组的调试,其单轴联合循环功率为 578MW,效率为 60.75%。2016 年 1 月 22 日,西门子公司向德国 Lausward 电厂交付一套 H 级燃气轮机联合循环发电机组,在验收试运阶段,机组最大发电输出功率达到了 603.8MW,效率为 61.5%。SGT5-8000H 燃气轮机是西门子公司综合了原 V94.3A 系列燃气轮机和原西屋 W 系列燃气轮机的成熟技术而创新研发的第一个系列产品,采用了 13 级演进型压气机三维叶片,压比为 19.2。压气机拥有 4 级可调导叶,其空气流量调节范围为 50%～100%,有利于改善低负荷下机组性能及排放,压气机所有 13 级静叶分装在 4 个不同的静叶持环上,这样无须起吊转子就能实现静叶更换。燃气轮机透平采用 4 级动静叶设计,在透平叶片的冷却设计上采用前三级叶片全空冷,第四级叶片无冷却的方案。透平四级叶片的叶型设计仍采用全三维设计技术,叶片材料上第一、二级叶片采用定向结晶材料和改进型隔热涂层技术。透平四级静叶全部装在一个静叶持环上,这样无须起吊转子就能实现静叶更换,第一级动叶、静叶可以通过燃烧室来拆装而无须起吊透平外缸,大大缩短燃气轮机检修时间。机组的另一特点是采用了液压间隙优化(HCO)技术主动控制动静间隙,实现间隙瞬态保护,避免磨损退化。目前,西门子公司 SGT5-8000H 型燃气轮机典型应用电厂为德国的 Irsching 和 Lausward 电站,Irsching 电站为纯凝机组,配置 SSS 离合器的单轴布置形式。Lausward 电站为采暖供热机组,供热量达到 300MW,能源利用效率高达 85%。

三菱 J 型燃气轮机压气机研发借鉴了 H 级燃气轮机高压比压气机技术,通过改善进气导管和叶型三维轮廓,提高压比,同时,透平采用了先进的涂层、冷却等优化技术。J 级燃气轮机透平进气温度达到 1600℃,比其 G 级燃气轮机高出近 100℃。2011 年,M501J(60Hz)机组开始实际验证性运行,并于 2013 年正式进入商业运行。首台 50Hz 的 M701J 型燃气轮机已于 2016 年 1 月在日本东京电力公司川崎发电厂投入商业运行,其联合循环设计出力 710MW,设计发电效率为 61%,为当今世界最大的单轴联合循环机组。M701J 燃气轮机的压气机为 15 级轴流式压气机,压比约为 23,配备了可调进口导叶和可调静叶,压气机气缸采用水平中分面结合式布置。燃气轮机透平采用 4 级动静叶设计,透平转子的第一、二级叶片采用自立设计,第三、四级叶片采用整体围带设计。转子冷却空气由从燃烧室缸体抽出的压缩空气提供,通过透平空气冷却器(TCA)在外部冷却,经过滤后再返回到转子内部,该空气是冷却空气供应源,用于冷却透平轮盘以及第一、二、三级透平转子动叶。透平叶片为侧向装配枞树形叶根，无须起吊转子，即可对透平叶片进行拆卸检查。日本东京电力公司川崎发电厂在运 M701J 机组自 2016 年 1 月投产以后一直带基本负荷运行，其汽轮机末级叶片由于强度原因拆除，机组额定出力从 710MW 降到了 685MW，效率也由 61％降至 59％。

第三节　联合循环机组轴系布置

联合循环机组的轴系布置对于电厂的总体规划设计、整体造价、机组的运行方式及性能具有重要的影响。基于燃气轮机轴系与蒸汽轮机轴系的相互关系，轴系布置主要分为单轴（single shaft）布置与多轴布置（multi shaft）。单轴布置是将燃气轮机与蒸汽轮机串联为一个轴系，共同拖动一台发电机运行。多轴（或分轴）布置是指燃气轮机与蒸汽轮机非同一轴系设计，而是在各自轴系上拖动发电机运行。

一、单轴布置

图 1-5 所示为联合循环机组两种典型单轴布置方案示意图。从图 1-5 中可以看出两种单轴布置方案主要区别于发电机的布置位置，图 1-5（a）设计将发电机置于轴系尾部，便于检修时发电机转子的轴向抽出；图 1-5（b）设计将发电机置于燃气轮机与蒸汽轮机之间，并通过 SSS 离合器与蒸汽轮机连接，这种设计方式丰富了单轴布置联合循环机组的运行方式。

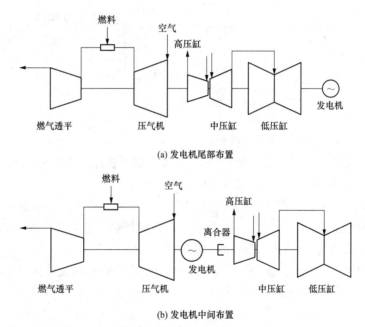

(a) 发电机尾部布置

(b) 发电机中间布置

图 1-5　单轴布置示意图

采用单轴布置的联合循环机组具有如下优点：
（1）仅需一台发电机及其配套设备，电气设备及系统相应简单，便于全厂调控。
（2）汽水管道布置较为紧凑，厂房占地面积较小。
（3）启动方式灵活。可以使用变频电动机方式启动燃气轮机；也可利用辅助蒸汽推动蒸汽轮机，作为燃气轮机的启动机。

（4）燃气轮机与蒸汽轮机共用一套润滑油系统，相应简化了机组运行与控制系统。

（5）根据专著《燃气轮机与燃气-蒸汽联合循环装置》，相对于"一拖一"多轴布置，单轴布置设计方案可节省投资 10% 左右，即使带有 SSS 离合器的中置设计，也可节省 5%～8% 的投资。

二、多轴布置

图 1-6 所示的联合循环机组的多轴布置是将燃气轮机的排气引入余热锅炉后，产生的蒸汽驱动单台蒸汽轮机发电机组。1 台燃气轮机、1 台余热锅炉拖动 1 台蒸汽轮机的布置方式称为"一拖一"。相应地，采用 X 台燃气轮机、X 台余热锅炉拖动 1 台蒸汽轮机称作"X 拖一"。

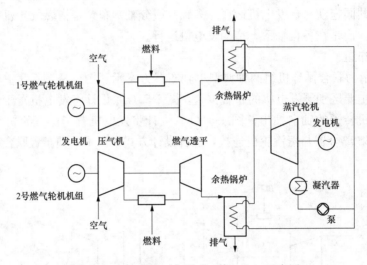

图 1-6　多轴布置（典型"二拖一"）示意图

采用多轴布置的联合循环机组具有如下优点：

（1）优秀的调峰能力。设置有旁路烟囱的联合循环机组，燃气轮机可以单独快速启动，通常 30min 可以定速，1h 内可带满负荷。

（2）灵活的运行方式。在蒸汽轮机应故障无法启动时，燃气轮机可独立发电运行。

（3）较高的供电效率。全厂部分负荷下，灵活启停燃气轮机（一拖一机组除外），保证燃气轮机在较高负荷下运行，维持较高效率。

（4）较强的供热能力。分轴布置的联合循环机组，汽轮机可设计为热电联产机组，在有较大供热需求的地区具备更好的适应性。

第四节　联合循环机组汽轮机及系统

燃气-蒸汽联合循环装置离不开汽轮机，而联合循环中的汽轮机不同于常规的汽轮机，它必须适应和满足整个装置的配置要求。

联合循环机组中的汽轮机是利用余热锅炉产生的蒸汽进行做功，增加机组整体的发电功率，提高发电效率。汽轮机的蒸汽参数取决于燃气轮机的排气温度、排气量以及余热锅炉的具体配置，其蒸汽循环的类型大致分为：三压再热、三压非再热、双压再热、双压非再热等。再热联合循环装置的热效率显著超过了早期的双压非再热循环，同时，由于燃气轮机初温的提高，机组功率逐步增大，其排气温度也出现了显著的提升，使得应用再热蒸汽循环和三压余热锅炉的设计理念更趋合理，其热效率较双压非再热提高1%以上。三压再热的概念是汽轮机除高压进汽及低压补汽外，汽轮机的高压缸排汽进入余热锅炉再热（包括中压补汽也进行再热），使进入中压缸的进汽温度得到提高，由此形成了三压再热循环。现有的大功率联合循环装置大多采用三压、再热式。联合循环机组汽轮机示意图如图1-7所示。

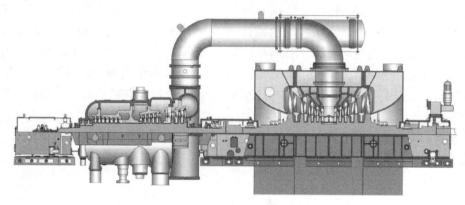

图 1-7　联合循环机组汽轮机示意图

在联合循环技术发展初期，设计者们往往选用现有型号的汽轮机组成联合循环。随着燃气轮机技术的飞速发展，联合循环机组中的汽轮机不再是发电系统中的绝对主体，设计者们开始考虑设计专门应用于联合循环中的汽轮机，以保持联合循环机组快速启停、系统简单等突出特点。与传统火力发电机组中的汽轮机相比，联合循环机组中的汽轮机具有如下特点：

（1）采用滑压运行方式。当燃气轮机负荷降低，其排气流量及温度降低，导致余热锅炉产生的蒸汽流量及温度降低，若采用定压运行方式，汽轮机排汽湿度将增大，严重危及末级叶片的安全。

（2）采用节流调节方式。由于采用滑压运行方式，因此不再设计调节级，将部分进汽改为全周进汽，增加高压级级数，使焓降分配更加合理，提高汽轮机的内效率。

（3）无回热系统。为了尽可能地利用燃气轮机排气能量，增加汽轮机的输出功率，一般联合循环机组不设计抽汽系统，利用余热锅炉完成汽轮机系统中给水的加热与除氧的任务，大大简化了管道布置。同时，汽轮机可以设计成轴向排汽或侧向排汽，安装在比较低的基础上，规避高厂房结构设计，节省厂房建设费用。

（4）排汽量大。取消抽汽设计及增加了补汽设计后，双压、三压联合循环机组中蒸汽轮机排汽量将比同等容量的常规汽轮机高出30%，需要增大汽轮机排汽面积及凝汽器面积。

（5）蒸汽循环系统及蒸汽参数的设计。随着燃气轮机技术的不断发展，蒸汽轮机的蒸汽参数将随着燃气轮机功率的逐步提升而相应提高。同时，蒸汽循环方式也会随着技术进步不断更新发展。对于具体项目，其蒸汽循环系统和蒸汽初参数的设计主要取决于：燃气轮机的排气温度及排气流量、汽轮机功率及排气湿度及综合经济效益分析等方面。

（6）适应快速启停。汽缸设计成等强度壁厚、双层缸结构，转子采用没有中心孔的整体锻造结构，由此减少汽轮机结构温差、热变形和热应力；增大动静部件间隙，由此避免快速启停时的动静碰摩；机组热膨胀采用推拉结构，保证机组膨胀收缩顺畅，防止汽缸跑偏。

（7）末几级叶片防水蚀设计。相比于常规火电机组汽轮机，联合循环机组汽轮机初参数较低，低压缸末几级蒸汽湿度较大，需要设计合理的结构防止蒸汽水蚀。

目前，为了缓解我国北方供热机组电负荷与热需求两者间的现实矛盾，采用最新设计理念的凝汽抽汽背压式蒸汽轮机（简称"NCB 机组"）在燃气-蒸汽联合循环发电中得到了广泛应用。与常规联合循环机组汽轮机设计不同，NCB 机组在高中压转子与低压转子之间加装了自动同步换挡（简称"SSS 离合器"）。低压转子与高中压转子由 SSS 离合器刚性连接，通过离合器的啮合与脱开实现机组纯凝、抽凝和背压三种工况的切换。SSS 离合器啮合期间，机组保持纯凝或者抽凝工况运行；SSS 离合器脱开后，低压缸切除，机组切换至背压状态运行。NCB 机组在增加供热能力的同时，有效地减少了冷源损失，提高了全厂热效率，同时也实现了机组电、热负荷独立可调的运行方式，在满足多种热用户蒸汽量需求的同时，协调电负荷的变化，同时满足热、电两种负荷的需求，极大地提升了机组运行的灵活性。

第二章　燃气轮机及联合循环机组
调试内容及程序

第一节　调试内容及相关定义

一、调试内容

燃气轮机的调试内容包括燃气轮机各分系统、采用天然气燃料的天然气调压站、采用燃油为燃料的燃油站以及燃气轮机整套启动后的燃烧调整、相关标准规定的各项试验项目，最终完成满负荷试运。

1. 燃气轮机各分系统及其调试工作

不同厂商制造的燃气轮机所包括的分系统不尽相同，涉及燃料、空气、油、水、消防等，一般包括：进气排气系统、入口可调导叶（IGV）系统、压气机防喘放气系统、燃气轮机冷却与密封系统、燃气轮机点火及火检系统、本体天然气前置模块系统、本体气体消防系统、罩壳通风系统、压气机水清洗系统、润滑/顶轴油系统及盘车装置、控制油及调节保安系统、静态变频启动装置、SSS离合器等。

燃气轮机各分系统调试工作涉及设备系统各测点、阀门、挡板、开关验收及联锁、保护逻辑传动试验，设备系统启动前的检查、各分系统启停操作、相关试验调整、系统验收等。为实现分系统的调试工作全程在受控状态，需要在调试工作开始前编制相关检查表、传动表、操作票、记录清单、验收表，使各阶段调试工作标准化。上述资料的编制应以相关调试标准为基础，并结合具体调试工程的实际情况进行，形成燃气轮机/汽轮机专业调试标准化表格，在调试过程中严格执行，以此实现各项调试工作处于受控状态。

2. 联合循环部分的调试内容

目前国内电站燃气轮机基本上是以燃气-蒸汽联合循环机组的型式存在，燃气轮机的调试不可脱离联合循环机组调试而单独存在。在国内，燃气轮机与蒸汽轮机的调试通常是由同一专业（轮机专业）执行。联合循环部分调试在燃气轮机本体、蒸汽轮机本体之外有独立存在的内容，通常包括：燃机发电机-燃气轮机-锅炉-汽轮机-汽气发电机系统的大联锁保护传动、燃气轮机-汽轮机负荷协调控制、三压联合循环机组汽轮机低压补汽系统、二拖一联合循环机组蒸汽轮机高、中、低压蒸汽的并汽与退汽等。这些项目都是在机组整套启动试运阶段进行的，需要加以重视。

3. 整套启动试运工作

机组的分系统调试项目完成，分系统试运行合格，已办理质量验收签证并经质量监督检查通过后，机组即具备整套启动试运技术条件。整套启动试运阶段是从机、炉、电主设备等第一次联合启动时燃气轮机点火开始，到完成满负荷试运移交生产为止。主要完成：燃气轮机、蒸汽轮机在冷/温/热等各种状态下的启动、并网、带负荷、停机试验，燃气轮机及蒸汽轮机的打闸试验、超速试验，燃气轮机燃烧调整试验，燃气轮机/蒸汽轮机甩负荷试验，上述联合循环部分的相关试验，DL/T 1835所规定的其他调整试验项目，整套机组满负荷试运等。

二、燃气轮机调试相关术语和定义

随着电站燃气轮机在我国发电行业内的迅速普及，不只是燃气轮机投产的数量增多，燃气轮机的型式、参数、采用的技术更新速度也很快，国内发电主流的大型燃气轮机全部是采用国外几大主力制造商供应的产品，如美国通用电气公司（GE）、德国西门子公司（Siemens）、日本三菱公司（Mitsubishi）、意大利安萨尔多公司（Ansaldo）等。不同的燃气轮机制造商采用的技术各有特色，对于相同的系统、功能相同的设备乃至相同的工况所使用的术语也不尽相同。国内调试技术人员多处在"心知肚明"的状态，面对不同的设备供货商、不同设备发电厂技术人员时使用"专用"术语进行技术交流。因此本节尝试将燃气轮机调试相关术语进行一次汇总说明，以下所列是调试过程基础性术语，涉及各系统及设备的术语在各分系统调试技术章节中会做具体说明。

1. ISO 工况（ISO condition）

与汽轮机不同，燃气轮机的基本发电功率随环境大气状态变化幅度较大。不同地区的发电企业采购机组时通常使用本地区年平均温度作为与供货商签订的技术协议内性能考核的基准。但是在行业内还会采用一个更基本的"标准状态"作为不同地区燃气轮机发电功率的基准状态。当前采用的"标准状态"是 ISO 工况，是由国际标准化组织定义的标准工况，即环境温度 15℃、绝对大气压力 101.325kPa、大气相对湿度 60%。ISO 工况一般作为燃气轮机设计运行工况。

2. 基本负荷（base load）

燃气轮机能够安全运行的最大连续输出功率称为基本负荷。这个基本负荷随着大气状态变化也在一定范围内变化。对一台实际运行的燃气轮机来说，当第一级静叶入口工质温度达到了设计最高温度，此时的燃气轮机输出功率就是基本负荷。第一级静叶入口温度非常高，目前是不可直接测量的，各燃气轮机制造商都采用末级动叶的排气温度作为测量值，通过计算得到第一级静叶入口温度。因此，有的燃气轮机制造商也把最大连续输出功率的基本负荷称为 TOTC 负荷（Turbine Outlet Temperature Corrected Load），把此时的工况称为 TOTC 工况。

3. 燃烧模式（combustion mode）

燃气轮机的燃烧过程有两种基本模式：扩散燃烧模式（简称扩散模式）和预混燃烧模式（简称预混模式）。所谓扩散模式就是把燃料与空气分别供入燃烧区，一边混合、一边进行燃烧的方式，特点是燃烧稳定，火焰温度高，燃烧生成的 NO_x 数量较多；所谓预混模式就是把燃料与一次空气预先混合后，再供应到火焰筒中去燃烧的方式，特点是火焰温度较低，燃烧稳定性相对较差，燃烧生成的 NO_x 数量较少。有些燃气轮机制造商在这两种模式之间研发出过渡模式，如 GE 公司在 9FA 机型上采用的 Sub-Piloted Pre-Mix Mode（国内译为"次先导预混"）和 Piloted Pre-Mix Mode（国内译为"先导预混"），在后来的机型上则采用了更新的燃烧技术可以实现从点火到基本负荷全程预混。西门子、三菱等公司采用的燃烧技术，为了增加预混燃烧的稳定性，在燃烧器的中心设置了一个值班喷嘴（Pilote Nozzle），维持基本不变的燃料流量，使值班喷嘴附近的过量空气系统维持在1.0～1.1最佳浓度范围之内，从而保证值班喷嘴的火焰稳定燃烧。值班喷嘴燃烧的火焰国内多称之为值班火焰（Pilote Flame），也有资料将之翻译为"稳燃火焰"。本质上，值班喷嘴处的燃烧方式也是扩散燃烧。

具体到一台实际运行的燃气轮机,不同的燃烧模式是通过不同的燃料调节阀组合实现的,燃烧模式的切换也就是不同的燃料调节阀组合方式的切换。

4. 燃烧调整 (combustion tuning)

燃料与空气的混合比例、燃烧模式之间切换的工况点、进口燃料温度等运行工况或参数的不同,对于燃气轮机的燃烧稳定性、火焰脉动以及燃气轮机排放指标有较大影响。为实现燃气轮机调试完成移交业主时各项指标达到供货技术协议中的约定值,在燃气轮机从点火至基本负荷范围内,调试技术人员会采用调整各燃料调节阀开启时间或开度、调节燃料与空气混合比例、调整燃烧模式切换点、调节燃料加热效果等手段,达到燃气轮机全程燃烧最稳定、性能最优、排放指标最低的目标。不同的燃气轮机制造商对具体燃气轮机燃烧调整试验项目和所需的时间要求也各不相同,需要在整套启动之前了解清楚,从而制订合理的机组整套启动试运计划。

5. 静态变频启动装置 (static frequency converter/load commutated inverter)

燃气轮机在升速阶段的前期,需要克服压气机压缩空气所消耗的大量机械功,即使燃气轮机已点火成功,初期由于转速较低,空气压缩比、压气机和燃气轮机透平的效率都很低,燃烧膨胀产生的机械功仍不足以克服压气机消耗功。在这个阶段需要外加的辅助启动装置给燃气轮机转子额外施加旋转力矩,拖动转子升速。随着转速升高,空气压缩比增大,整机效率提高,燃料燃烧产生的机械功增大至足以克服压气机耗功并独自维持转子继续升速后,启动装置才能停止并退出运行。此时的燃气轮机转速称为自持转速。

现代大型燃气轮机基本上配置的是静态变频启动装置,基本原理是通过交/直流变频器,在燃气轮机发电机定子上施加一个频率可控的交流电,将发电机转换为调速电动机方式运行,拖动燃气轮机转子转速上升。不同的制造商的静态变频启动装置技术细节不完全一样,称呼也不同,三菱、西门子、安萨尔多等公司的产品称为 Static Frequency Converter (简称 SFC),GE 公司的产品称为 Load Commutated Inverter (简称 LCI)。

6. 离线清洗 (offline washing)

随着燃气轮机运行时间的增加,空气中的微量杂质穿过进气滤网后附着在压气机前几级叶片上的量越来越多,这些附着物破坏了设计空气流道,不仅影响压气机的效率,使整机的效率下降,严重时还会造成压气机喘振,危及机组安全。因此,燃气轮机设计有清洗装置 (water washing 或 washing),主要以除盐水为介质,定期对压气机叶片进行清洗。

离线清洗是在燃气轮机没有点火的情况下,以静态启动装置拖动燃气轮机转子升速到清吹转速,将除盐水(通常需加入清洗剂)喷入压气机进行清洗,同时打开本体疏水阀门,排放清洗后的疏水,以排放疏水水质来判断清洗效果。离线清洗的效果较好,但需要燃气轮机在停机状态下才能进行。

一般情况下,在燃气轮机燃烧调整期间,或在进行首次性能考核试验之前,需要进行一次离线水洗过程。

7. 在线清洗 (online washing)

在线清洗是在燃气轮机带负荷状态下进行的水清洗,不需要停机,因而投用方式更加灵活。在线清洗不需要加入清洗剂,不能打开本体疏水阀门。在线清洗的效果不如离线清洗效果好,但是不需要停机,可在正常运行中定期投入,对于延缓整机效率的下降是非常有效的手段。

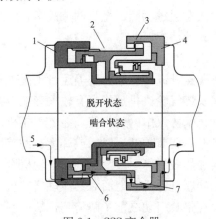

图 2-1 SSS 离合器

1—输入部件；2—主滑动部件；3—主啮合齿；

4—输出部件；5—转矩传递渠道；

6—主螺旋花键；7—主副齿啮合

8. SSS 离合器（synchro-self-shifting clutch）

SSS 离合器（图 2-1）中文又可译为同步自换挡离合器，实践中通常直接简称"SSS 离合器"。它是一种通过同步可以自动啮合或脱开的、在两根转子之间单向传递转矩的联轴装置。SSS 离合器两侧的输入端与输出端分别与两根转子连接，当输入端转子转速与输出端转子同步时，SSS 离合器自动啮合，输入端转子转矩单向传递到输出端转子；当输入端转速低于输出端时，SSS 离合器自动脱开，输入端转子独立转动或惰走。SSS 离合器运行需要的润滑油通常与机组采用同一套油系统。

SSS 离合器广泛用于燃气轮机的启动/盘车系统，作为燃气轮机的盘车装置。也常用于单轴燃气-蒸汽联合循环发电机组中的"燃气轮机＋发电机"与汽轮机之间的联轴器，当汽轮机不具备启动条件时，燃气轮机与发电机可单独启动发电；当汽轮机具备启动条件后，可另行启动升速，待转速与燃气轮机同步时，SSS 离合器啮合，汽轮机参与发电出力，组合成单轴燃气-蒸汽联合循环发电机组。

随着新技术推广应用，SSS 离合器目前也广泛应用于北方地区"二拖一"型燃气-蒸汽联合循环发电机组中的供热汽轮机上，作为高中压转子与低压转子之间的联轴器。在这样的汽轮机上，发电机前置，与高中压子直接连接。在供热季，可在运行中在线切除低压缸进汽，从而将汽轮机所有的中压缸排汽用于供热；也可以在线将低压转子啮合，将汽轮机转为抽汽-凝汽供热发电或纯凝发电运行。这些工况之间的切换是在汽轮机正常运行状态下实现的，从而实现机组供热运行的供热量最大化、灵活性最大化。这种类型的汽轮机称为 NCB 型（即凝汽-抽汽-背压）。NCB 汽轮机轴系布置如图 2-2 所示。

9. 并汽与退汽（steam combination and separation）

对于"二拖一"型式的燃气-蒸汽联合循环机组，正常的启动过程是一台燃气轮机先启动、并网、带负荷，待余热锅炉产生参数合格的蒸汽后启动汽轮机并网，这样形成了 1 台燃气轮机＋1 台汽轮机联合运行的方式，在燃气轮机运行稳定的工况下，可以启动另一台燃机轮机。但是在第二台燃气轮机

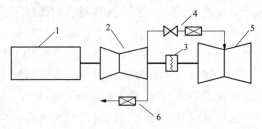

图 2-2 NCB 汽轮机轴系布置

1—发电机；2—高中压缸；3—SSS 离合器；

4—中低压缸联通管及阀门；5—低压缸；6—抽汽供热

启动及并网初期，第二台余热锅炉产生的蒸汽压力、温度与已经正常运行的第一台余热锅炉蒸汽参数是不匹配的，因此需要先通过旁路系统将参数不匹配的蒸汽先导入凝汽器。待第二台燃气轮机逐渐加负荷，调整旁路系统使第二台余热锅炉蒸汽参数与第一台余热锅炉蒸汽参数匹配后，通过旁路及电动主汽门的配合操作，将第二台余热锅炉蒸汽并入汽轮机

本体系统中，这个过程称为"并汽"。反之，在停机过程中，或 1 台燃气轮机因故障需要退出运行，可通过旁路及电动主汽门的配合操作将该燃气轮机对应的余热锅炉蒸汽退出汽轮机本体，完全通过旁路导入凝汽器，然后该燃气轮机可正常停机，这个过程称为"退汽"。上述并汽与退汽包括了主蒸汽、再热蒸汽及三压余热锅炉产生的低压汽包蒸汽（也称为补汽）。也有资料将这两个过程称为"并炉"和"解炉"。

并汽与退汽，是"二拖一"型式的燃气-蒸汽联合循环机组启动调试过程中联合循环部分调试的重要内容。并汽与退汽的操作过程灵活性、参数稳定性及自动化程度是联合循环机组调试的重要指标之一。

10. 超速试验（overspeed test）

分轴式联合循环机组的超速试验分为燃气轮机的超速试验和汽轮机的超速试验。单轴且燃气轮机与汽轮机以 SSS 离合器连接的机组，燃气轮机既可以单独进行超速试验也可以与汽轮机同时进行超速试验。单轴刚性连接的联合循环机组，只能以整套机组的方式进行超速试验。

燃气轮机的超速保护，目前除了三菱公司机组设计有机械超速装置，西门子、GE、安萨尔多等公司的机组只设计了电气超速保护。对于机械超速装置，应进行实际超速试验进行验证。对于电气超速保护系统，在实际超速试验前，应进行电气超速保护通道校验。

燃气轮机的电气超速保护每套装置通过 3 个独立转速探头实时测量转速传到 3 个测量卡件，按三取二的原则，当有两个或以上转速测量值达到保护定值时，保护即触发。通常设计有两套或以上的超速保护装置，增加机组安全性。超速保护定值，从 2400r/min 到 3300r/min 不等，多数设计为 3300r/min。

进行燃气轮机超速试验，除了要满足国内相关规定，还需要满足制造商的技术条件和规定，最好是在订货技术协议中对超速试验项目进行约定。

11. 甩负荷试验（loadrejection test）

甩负荷试验的基本目的，是在机组正常带负荷运行状态下，发电机出口断路器断开，发电机与电网解列，通过机组调节系统作用，控制机组转速飞升低于超速保护定值，并能控制机组在额定转速稳定运行，从而验证机组调节系统的性能。甩负荷试验一般分为甩 50％额定负荷与甩 100％额定负荷两个步骤进行。

燃气轮机以单轴联合循环方式运行时，甩负荷试验主要考核燃气轮机调节系统控制转速飞升，维持机组额定转速空转的性能，汽轮机部分在甩负荷时即跳闸。这是因为机组在甩负荷后，燃气轮机在空负荷运行状态下，余热锅炉产生的蒸汽不能满足汽轮机冲转的要求。

燃气轮机以分轴联合循环方式运行时，甩负荷试验分为燃气轮机甩负荷与汽轮机甩负荷两个部分独立进行。当进行燃气轮机甩负荷试验时，一般情况下汽轮机应在燃气轮机甩负荷后打闸。当进行汽轮机甩负荷试验时，由于联合循环机组配置的基本上是 100％ BMCR 蒸汽通流量的旁路系统，只要旁路控制正常，可以将全部蒸汽通过旁路导入凝汽器，从而在汽轮机甩负荷后维持燃气轮机＋余热锅炉部分正常运行。从这个角度看，分轴联合循环机组汽轮机甩负荷试验，还具有验证旁路系统紧急工况下控制性能的目的。

三、相关符号的定义和单位

相关符号的定义和单位见表 2-1～表 2-3。

表 2-1　　　　　　　　　常用燃气轮机设备缩写首字母

字母	一般用来表示设备或元件所在地点	字母	一般用来表示设备或元件所在地点
A	空气	H	液压油或加热器
C	离合器或压气机或 CO_2	P	清吹
D	柴油机或分配器	S	截止或转速或启动
F	燃料或流量	T	遮断或透平
G	气体	W	水或暖机

表 2-2　　　　　　　　　常用燃气轮机设备缩写第二字母

字母	一般用来表示设备或元件的功能或使用状况	字母	一般用来表示设备或元件的功能或使用状况
A	报警或附件或空气或雾化	M	中等或介质或最小
B	增压机或放气	N	正常
C	冷却或控制	P	压力或泵
D	分配器或之差	Q	润滑油
E	紧急	R	松开或比值或棘轮
F	燃料	S	启动
G	气体	T	透平或遮断或箱（罐）
H	加热器或高	V	阀或叶片
L	液体或低		

表 2-3　　　　　　　　　常用符号、意义及单位

符号	意义	单位	符号	意义	单位
AIC	空气进口冷却器		HMI	人机交互界面	
BL	基本负荷	MW	PM	预混模式	
CC	联合循环/燃烧室		TI	技术指导	
DM	扩散模式		TIT	透平入口温度（第一级静叶前）	℃
EOH	等效运行时间	h	TOT/ TTEX	透平出口温度（燃气轮机排气）	℃
ESV	紧急关断阀		CPD	压气机出口压力	MPa
FG	燃气		CPR	压气机压比	
FO	燃油		Op. Co.	运行工况	
FSNL	额定转速	r/min			

第二节　调试流程与质量控制

一、调试流程

一套燃气轮机或燃气-蒸汽联合循环机组开展调试工作，应遵守以下流程：

（1）详细了解并掌握调试合同及技术协议内容，确定调试质量验收范围，掌握常规调试项目、特殊试验项目、涉网试验项目及可能发生的性能考核试验项目等内容。

（2）按照合同约定，可提前介入调试项目。参与燃气轮机或联合循环机组的系统设计

方案会审，对设计内容提出完善意见。收集、熟悉、分析燃气轮机或联合循环机组的各项设计参数，并提出优化意见。提前审查系统逻辑、保护、大联锁，提出完善意见。当前燃气轮机以及联合循环机组国产化程度越来越高，发电厂全厂自动化程度也越来越高，而设计经验，尤其在联合循环方面的设计经验相对燃煤汽轮发电机组而言还不够成熟，前期的介入，对于完善系统设计、提前消除可能存在的各种问题和提高机组调试质量具有重要意义。

（3）根据项目调试大纲，编制燃气轮机或联合循环机组的分系统以及整套启动调试措施，编写调试质量验收范围划分表，制定反事故措施。

（4）在调试措施的基础上，编制各分系统的阀门传动清单、逻辑传动单、试运条件检查签证、试运安健环交底表、试运记录表、调试质量验收表等资料。

（5）准备机组调试所需仪器、仪表。仪器、仪表经过检定或校准并在有效期内，并留有相应证书备查。

（6）提交调试措施并参与调试措施的会审。

（7）在单体调试合格且已验收后，组织开展分系统调试。需要提前完成系统测点检查、电动阀/气动阀/电磁阀等远控阀门的传动、系统联锁保护逻辑传动，系统首次启动前组织参建各方进行试运条件检查并签证，进行试运交底，分系统启动试运。分系统试运完成后形成调试记录，并完成验收签证。需要强调的是，燃气轮机某些测点可能需要采用专用设备就地模拟触发条件进行传动。

（8）分系统试运全部完成且验收合格后，配合完成机组整套启动前质量监督检查。

（9）参与机组整套启动试运，负责完成燃气轮机或联合循环机组的整套启动调试项目，形成调试记录，并完成验收签证。

（10）根据合同约定，完成特殊试验项目、涉网试验项目、性能考核试验项目，完成相关验收签证。

（11）编写机组调试报告，包括分系统调试报告和整套启动调试报告。

（12）配合完成机组满负荷试运后的质量监督检查。

（13）根据合同约定，完成机组投产后的后续服务或质量保证工作。

二、调试质量控制

1. 质量策划

对重大调试工程进行质量策划，是调试质量控制的一项重要工作。对于燃气轮机的调试或联合循环机组的调试，由于涉及更多引进技术，有更多方面技术人员参与调试，调试过程更为复杂，因此更有必要在项目调试开始前进行质量策划。

质量策划是对调试技术实现过程的整个质量活动作出详尽的安排，包括：调试的管理目标，调试过程中有关环境、职业健康安全方面的控制，过程阶段的划分，职责权限、实施步骤、资源配备、调试服务所需的验证、确认、监视、检验、测量和试验活动以及质量验收准则等。通过策划应明确：

（1）调试服务应达到的质量目标和要求。

（2）针对调试服务确定过程、文件以及资源的需求。

（3）调试服务所需的验证、确认、监视、检验、测量和试验活动以及质量验收准则。

（4）为实现过程及其调试质量满足要求提供证据所需的记录。

（5）调试服务过程中的环境和职业健康安全方面的相关要求。

调试项目质量策划的输出可以为《质量策划书》或《项目计划书》。不宜以调试大纲来简单替代调试质量策划。

2. 质量控制点

对于调试过程中的关键节点，还需要制订专门的质量控制方案，如燃气轮机在静态启动装置完成分系统调试后的首次冷拖/高速盘车、天然气首次进厂、燃气轮机的首次点火、机组首次整套启动、机组甩负荷试验，以及余热锅炉的化学清洗、吹管等重要节点。结合工程实际情况，按照调试标准化规定，对重要节点提前制定技术措施、危险点分析及预控措施、环境及健康防护措施等，对提高调试质量、避免调试风险有重要意义。

3. 质量验收、监督检查程序

调试验收及监督检查程序如图 2-3 所示。

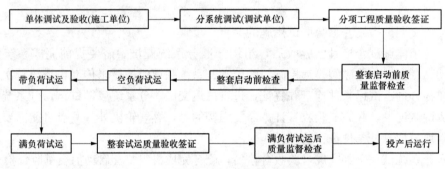

图 2-3　调试验收及监督检查程序

第三章　重要的传动检查

第一节　测点的验收传动

一、概述

燃气轮机在出厂时，其热力系统及控制系统是比较成熟完善的，在基建现场调试过程中，只要各热控测点元件及回路安装正确、数据测量准确，在热工控制方面需要做的修改工作是比较少的。相较国内传统燃煤机组调试，燃气轮机的调试过程中热控测点的传动验收不论是工作量还是重要性都更为突出。调试单位需要高度重视，加强与安装单位相关专业的配合，做好测点的传动与验收。

燃气轮机所有设备相关温度、压力、差压、液位、流量等测点的回路校验工作由调试单位热工专业配合安装单位在单体试运开始前及单体试运过程中完成。但是某些重要测点对设备及机组的安全稳定运行有很大影响，如涉及保护或重要设备联锁的测点，需要调试人员以实动方式检验测点的正确及可靠性，需要机务专业人员的参与。传动验收前要求各测点已传至远方 TCS 操作系统且信号正常。压力及差压测点表管严密性试验已完成且验收合格。

二、传动验收前需具备的条件

重要热控测点以实动方式传动验收之前，需要具备以下条件：

（1）测点和相关管路的安装及单体调试工作已完毕并交付调试单位进行传动验收。

（2）各类进、排气测点传动验收需准备打火机或恒温装置。

（3）相关液压油（如控制油、润滑油）系统、风机系统试运完毕，且经油循环、通风试压试验确认整体管路无泄漏，各开关类测点值整定完毕。

（4）各类压力、差压测点需准备微型手动打压仪（若不具备也可用针管替代），电子微压计（或用 U 形管），连接胶管。

（5）测点相关管路各阀门调试完毕且在所需阀位。

三、传动验收流程

1. 温度测点

（1）寻找待测点探头与壁面接触位置并检查接触是否牢靠，确认该测点为待测测点。

（2）用打火机或恒温装置接触待测点探头或附近壁面，确认远方 TCS 系统上有变化趋势的测点与就地待测测点一致，并检查远方 TCS 系统测点温度变动是否灵敏。如果变动不灵敏则确认热电偶探头与测点接触是否牢固，补偿信号线是否有松动。

（3）所有待测点可用采样抽查的方式进行检测，若有误则需全面检查。对于需扒保温检测的测点，调试人员应尽早提醒安装单位处理。

2. 压力开关类测点

（1）确认循环系统管路正常后启动风机或油泵。

（2）确认表计一、二次门全部打开。

（3）对于低压触发报警或跳相应设备的开关，逐渐关小开关前油泵或风机出口门，同时观察开关附近就地压力表的压力变化，当油压降至某值时，观察远方 TCS 系统是否发出压力低报警或跳设备信号以及相应的声光信号。记录触发报警或跳设备的压力值并与设定值作比较，然后复位。试验结束后，恢复系统正常。

（4）对于高压触发报警或跳相应设备的开关，用压力发生器（打压泵或定值器）为压力开关打压，模拟管路压力高于某值，观察 TCS 系统是否发出压力高报警或跳设备信号以及相应的声光信号。记录触发报警的压力值并与设定值作比较，然后复位。试验结束后，恢复系统正常。

第二节 阀门传动验收

一、概述

阀门传动验收是燃气轮机工程调试项目中极为重要的一环，其工作质量直接影响燃气轮机系统和辅机设备安全稳定运行。燃气轮机侧阀门主要分布在压气机部分、燃料及燃烧室部分、透平排气部分、控制油系统和润滑油系统等。

二、传动验收前需具备的条件

阀门传动验收前，需要具备以下条件：

（1）阀门的安装及单体调试工作已完毕。

（2）阀门电动或气动执行机构单体调试完毕，整体外观完好无破损且各配件齐全，就地、远方操作正常。

（3）联系相关电气专业人员，为需传动验收的电动阀门送上动力、控制电源，为气动阀门控制电磁阀送上控制电源。

（4）对于气动阀门，仪用压缩空气气源（包括空气压缩机、干燥机系统）试运完毕且能够正常投运，所供压力能满足气动执行机构设计需求；仪用压缩空气管路安装完毕且管道、接头无泄漏；仪用压缩空气主管路及各分支管路吹扫完毕且合格。

（5）对于液动阀门，控制油系统（或相应的液压油系统）试运完毕且能够正常投运，油液压力满足系统设计需求。

（6）现场各阀门周边应具备完好的操作通道及平台，若没有正式通道及平台应搭建临时平台。

（7）传动烟气挡板或压气机进气挡板等大型阀门时，要提前确认检查阀门及其执行机构附近无其他人员工作。

三、传动验收流程

（一）通用流程

1. 调节型阀门

（1）检查就地阀门安装质量是否满足传动要求。

（2）检查指令反馈是否对应：在远方 TCS 阀门操作界面按一定阀位间隔在 0～100% 阀位范围内逐渐开启和关闭各类调节型阀门，通常分为 0、25%、50%、100% 四个阀位，同时核对在各阀点就地阀位及远方反馈状态是否准确。

（3）阀门动作过程中应灵活、无卡涩、无异音，各传动连接件无弯曲松动，气动头无泄漏，阀门调节过程符合线性需求。

（4）记录阀门传动时就地及远方对应阀位反馈。

2. 开关型阀门

（1）检查就地阀门安装质量是否满足传动要求。

（2）检查指令反馈是否对应：在远方 TCS 阀门操作界面上开启和关闭各开关型阀门，同时观察就地阀位及远方反馈的全开、全关状态是否正确。

（3）对中间可停型阀门，在各阀位随意可停，阀门动作过程灵活、无卡涩、无异声，各传动连接件无弯曲松动，气动头无泄漏。

（4）记录阀门就地及远方全行程开、关时间及剩余圈数，如剩余圈数（预留圈数）超过1圈，可能造成运行中阀门内漏，应告之安装单位重新进行单体调整，调整完成后重新进行该阀门传动。

（二）特殊阀门传动注意事项

1. IGV（入口可调导叶）

（1）检查 IGV 从 0％～100％阀位达到设计角度值，IGV 控制的灵活性与准确性对压气机工作性能有重要影响，因此 IGV 的传动不能简单地分为 0、25％、50％、75％、100％五个开度，应做更细致的角度区分，具体可以与供货商驻厂技术代表协商确定。

（2）IGV 传动过程中就地阀位与远方显示应一致，偏差精度满足供货商需求。

（3）IGV 角度测量工作应由专业人员使用专用工具完成，并由设备供货商驻厂技术代表确认。

（4）IGV 角度测量前，必须采取有效安全措施，严禁在测量过程中对燃气轮机本体或遮断系统进行任何操作。

2. 压气机防喘放气阀

（1）进行压气机防喘放气阀检查传动，确认各阀门实际安装位置与设计安装位置一致，远方与就地状态一致。

（2）需要模拟燃气轮机启动、升速、定速、跳闸等状态，检查各状态下压气机防喘放气阀联锁动作正确。

（3）若压气机防喘放气阀阀位状态为主保护项目，调试过程中应重点检查阀位状态可靠性。

（4）若压气机防喘放气阀为气动阀门且设有独立气源，应调整气源参数满足要求，联锁功能正常投入。

四、危险点分析及控制措施

燃气轮机系统阀门众多，分布于不同的分系统中，安装在不同的空间位置，环境状况差别很大。在阀门传动验收过程中要根据不同的分系统特点，制定危险点分析及控制措施，杜绝人身伤害及设备损害。归纳起来，阀门的传动验收工作中通常存在以下的重大危险因素。

1. 检查传动时，相关风机误动造成人身伤害

（1）原因分析：

1）未采取有效防护措施，没有彻底切断相关风机电源。

2）远方 TCS 或就地 PLC 操作柜没有人监护或没有挂禁止操作牌，有人误启动风机。

3）就地配电柜没有挂禁止操作牌，误启动风机。

4）交叉作业导致风机误启动。

（2）控制措施：

1）在现场严格执行停、送电制度。传动开始前，按停电程序，确保相关风机退出工作位，就地配电柜挂禁止操作牌。

2）通知相关人员防止交叉作业。

3）阀门传动验收过程中相关风机 TCS 或就地 PLC 操作柜前应有专人监护。

2. 在罩壳、隔间内作业人员因缺氧窒息

（1）原因分析：罩壳或隔间内部积聚大量天然气或其他气体（如 CO_2），含氧量偏低。

（2）控制措施：

1）传动作业前，确认空间内近期没有气体置换、CO_2 喷放等试验。

2）保持进出通道大门开启，空间内部有效通风，且空间外部应有人员监护工作。

3. 人员高空坠落

（1）原因分析：

1）燃气轮机及其附属设备的阀门多位于高空位置，阀门周围应有检修维护作业平台，调试期间平台可能没有来得及安装合格的护栏。

2）临时安装的平台或支架不牢靠，出现晃动或倾斜。

3）高空作业人员未按要求配备安全带。

（2）控制措施：

1）阀门所在的平台、支架必须符合相关安全作业规程的规定。

2）传动验收人员高空作业必须佩戴安全带。

3）传动验收人员高空作业时动作应缓慢，避免跑、跳、快速转身等动作，不得在作业时嬉戏。

4. 燃气轮机各类液动调节阀跑位

（1）原因分析：控制油系统供油压力不符合制造商技术规范要求或执行机构动作速率超限。

（2）控制措施：控制油系统启动前禁止操作燃气轮机各类调节阀，以防供油压力不达标损坏执行机构。

五、传动验收记录表

调试单位应提前收集汇总机组阀门清单，编制好阀门传动记录，逐一记录各阀门传动情况。阀门传动时应与运行人员联合进行，便于运行人员尽早熟悉操作界面，进入运行状态。传动完成后由双方共同签字确认。典型阀门传动记录表见表 3-1、表 3-2。

表 3-1   调节型阀门传动记录

序号	阀门名称	热工代码	指令 0%		指令 25%		指令 50%		指令 75%		指令 100%		签字	
			反馈	就地	反馈	就地	反馈	就地	反馈	就地	反馈	就地	调试	运行
1														
2														
3														
...														

表 3-2　　　　　　　　　　　　　　开关型阀门传动记录

序号	阀门名称	热工代码	时间		预留圈	签字	
			开	关		调试	运行
1							
2							
3							
...							

第三节　燃气轮机主保护传动

一、主保护内容

在当前，燃气轮机的控制系统（TCS）相较于传统机组分散控制系统（DCS）仍然是比较封闭的。燃气轮机的主保护逻辑设置在 TCS 系统中，但一般没有独立成篇的文字说明或逻辑框图（如 SAMA 图），在一段时期内燃气轮机的主保护逻辑是由供货商驻厂技术代表（TA）负责调试。随着燃气轮机国产化技术日益进步，国内各大主机制造厂对燃气轮机控制技术的掌握不断加深。同时国内的调试管理日益规范化，要求国内调试单位也要掌握燃气轮机的主保护逻辑甚至亲自传动。这就要求调试单位要主动介入燃气轮机控制系统调试中，在收集技术资料同时，直接从 TCS 中阅读主保护逻辑并转译成文字说明，同时编制传动清单。

各主流燃气轮机由于设计、配置、型式上的区别，各有自身的主保护逻辑设计，相对传统汽轮机而言，保护设计差别较大。一般来说，典型的燃气轮机主保护逻辑设计包括如下条件：

（1）电超速跳闸，三取二判断：一般电超速保护定值为 108%～110% 额定转速。

（2）控制油供油母管压力低，三取二判断。

（3）安全油压低跳闸，三取二判断。

（4）润滑油供油压力低，三取二判断。

（5）润滑油温度过高，三取二判断。

（6）润滑油箱油位低。

（7）透平排气温度过高，如：排气温度平均值＞保护定值。

（8）透平排气温度分散度过大，如：｜排气温度平均值－理论排气温度设定值｜＞45℃。

（9）透平排气压力高，三取二判断。

（10）叶片通道温度过高。

（11）叶片通道温度控制偏差大。

（12）叶片通道温度变化速率过大。

（13）机组轴系振动大：可以取轴承振动，也可以取转轴相对振动。

（14）防喘放气阀开度异常：燃气轮机的防喘放气阀只在启动升速过程中及停机降速过程中开启，在转速接近额定转速时关闭，任一防喘放气阀在应当关闭或应当开启时，开度异常，则跳机。

（15）低频保护跳闸：正常运行中的燃气轮机发生转速波动，低于保护设定值时跳机。

（16）静态变频启动装置故障。

（17）火灾保护跳闸。

（18）点火失败：燃气轮机第一次点火失败后，可以进行下一次点火，若第二次再失败则燃气轮机跳闸。

（19）火焰检测控制故障：若点火前火焰检测器故障，则燃气轮机跳闸。

（20）火焰检测信号消失。

（21）燃气轮机入口天然气压力过高或过低。

（22）燃气轮机罩壳内燃气泄漏：如探测浓度大于爆炸浓度下限的 25%。

（23）罩壳通风系统故障：根据罩壳的设计，具体可细分为不同隔间区域的通风故障。

（24）燃料控制阀或关断阀故障：如阀位反馈与指令偏差过大。

（25）燃烧室燃烧脉动大。

（26）压气机进气温度低。

（27）压气机超过喘振限值。

（28）压气机排气压力信号故障。

（29）压气机进气系统滤网差压高。

（30）IGV 控制故障，如 IGV 开度反馈与指令偏差过大。

（31）转速控制信号丢失，三取二判断。

（32）天然气涤气器液位高高，三取二判断：如果前置模块系统中包括多套过滤器或涤气器，每套过滤器或涤气器均可设计疏水液位高高保护。

（33）TCS 控制器故障。

（34）硬件故障：如 CPU 故障。

（35）手机打闸停机。

（36）燃气轮机外部请求跳闸：外部综合信号，为发电机或联合循环机组预留，如大联锁跳机信号。

以上所列举的主保护条件是指触发燃气轮机跳闸的条件，不包括导致燃气轮机自动停机或快速减负荷的条件。

二、主保护传动

主保护传动关系主机的运行安全，必须认真对待。应在满足《防止电力生产事故的二十五项重点要求》（国能安全〔2014〕161 号）相关规定的前提下，采取实地物理传动与模拟信号结合的方法，尽可能完整地验证各保护回路动作的正确性、可靠性。

（1）电超速保护。模拟方式传动，用信号发生器就地实际模拟燃气轮机转速实现保护跳闸。

（2）控制油供油母管压力低。用压力开关做保护时，采用物理方法实际传动，启动控制油泵，关闭压力开关进油一次门，打开泄油门触发开关动作。若条件许可，应记录开关动作时的油压值，作为参考。如果用变送器做保护，且现场不具备泄油触发保护的条件，也可使用信号发生器模拟控制油压力低值。

（3）安全油压低跳闸。一般采用压力开关做保护，采用物理方法实际传动，启动控制油泵，关闭压力开关进油一次门，打开泄油门触发开关动作。

（4）润滑油供油压力低。用压力开关做保护时，采用物理方法实际传动，启动一台交流润滑油泵，建立正常油压，关闭压力开关进油一次门，打开泄油门触发开关动作。若条件许可，应记录开关动作时的油压值，作为参考。如果用变送器做保护，且现场不具备泄油触发保护的条件，也可使用信号发生器模拟润滑油压力低值。

（5）润滑油温度过高。模拟方式传动，采用信号发生器模拟热电阻温度信号，触发保护条件。

（6）润滑油箱油位低。根据油位判断的元器件型式，采用实际传动或模拟方式传动。如使用油位开关，则就地实际动作润滑油液位开关触发润滑油箱油位保护。

（7）透平排气温度过高。单体调试阶段测点应经过实际传动，验证各排气温度测点回路正确且测点名称就地与远方一致。主保护传动时可通过模拟方式传动，采用信号发生器模拟透平排气温度信号，触发保护条件。

（8）透平排气温度分散度过大。与"透平排气温度过高"保护传动方法相同。

（9）透平排气压力高。采用模拟方式传动，采用信号发生器模拟透平排气压力信号，触发保护条件。

（10）叶片通道温度过高。采用模拟方式传动，采用信号发生器模拟温度信号，触发保护条件。

（11）叶片通道温度控制偏差大。与"叶片通道温度过高"保护传动方法相同。

（12）叶片通道温度变化速率过大。与"叶片通道温度过高"保护传动方法相同。

（13）机组轴系振动大。采用模拟方式传动，如不具备条件模拟振动信号，可采用短接或拆线模拟坏点方法触发保护条件。

（14）防喘放气阀开度异常。模拟＋实际传动，模拟燃气轮机转速符合保护触发条件，实际开启防喘放气阀，触发保护。

（15）低频保护跳闸。模拟传动，强制燃气轮机转速或并网反馈满足保护条件，模拟燃气轮机转速低于跳机值，触发保护。

（16）静态变频启动装置故障。模拟方式传动。

（17）火灾保护跳闸。单体调试阶段测点应经过实际传动，验证火灾传感器回路正确且测点名称就地与远方一致。主保护传动时可通过模拟方式传动，采用短接线或拆线方法，触发保护条件。

（18）点火失败。前期检查测点、逻辑回路，在首次燃气轮机点火前，执行假点火试验，即拆除点火装置的动力电缆，启动过程中，在点火阶段发出点火信号但不能实际点火，验证点火失败跳机的保护功能。

（19）火焰检测控制故障。模拟信号方式传动。

（20）火焰检测信号消失。模拟燃气轮机正常运行状态，解除火焰检测正常信号，触发跳机。

（21）燃气轮机入口天然气压力过高或过低。模拟燃气轮机正常运行状态，用信号发生器模拟入口天然气压力过高或过低，触发保护。

（22）燃气轮机罩壳内燃气泄漏。就地拆线或短接线，模拟天然气浓度超限信号，触发保护。

（23）罩壳通风系统故障。根据实际逻辑设计，如采用风机运行状态做保护，则用电动机试验位启动、停机的方法；如采用空气流量或风压开关，则实际启动罩壳通风系统，就地人工触发开关，触发保护跳闸信号。

（24）燃料控制阀或关断阀故障。模拟＋实际传动，采用人工开启燃料阀，再强制燃料阀阀位反馈方法，或在机柜内拆掉燃料阀电磁阀供电电源接线等方法，满足保护触发条件。

（25）燃烧室燃烧脉动大。模拟燃烧脉动信号或采用短接线/拆线触发信号的方法。

（26）压气机进气温度低。用信号发生器就地模拟进气温度低信号，触发保护。

（27）压气机超过喘振限值。模拟燃气轮机转速满足条件，就地对喘振进气管进行吹气，使喘振开关实际动作，触发保护；或就地拆线触发信号。

（28）压气机排气压力信号故障。使用信号发生器模拟压气机排气压力，将其中一组压力变化速率超过限值，触发联锁保护；或就地拆线，模拟信号坏值。

（29）压气机进气系统滤网差压高。就地实际动作差压开关，或采用短接线/拆线触发信号。

（30）IGV 控制故障。实际传动，人为开启 IGV，强制反馈值，产生大于保护限值的偏差。

（31）转速控制信号丢失。根据实际逻辑设计，采用模拟信号的方法。

（32）天然气涤气器液位高高。就地实际动作液位开关，触发信号；或采用短接线/拆线触发信号。

（33）TCS 控制器故障。模拟信号方式传动。

（34）硬件故障。模拟信号方式传动。

（35）手机打闸停机。实际传动，模拟燃气轮机正常运行，手动打闸。必要时在首次定速后，执行一次手动打闸。

（36）燃气轮机外部请求跳闸。本项是外部综合信号，根据实际设计，采用模拟方式或物理实动方式触发保护；或在大联锁传动阶段验证该项保护。

上述保护逻辑中如果设计有信号坏值即判断为触发的设计，则增加就地拆线模拟坏点的测试方法。

总之，与传统汽轮机相比，燃气轮机的保护设计条件更加多样化，信号类型更加多样化，实际保护传动前应编制好传动清单，根据保护信号的类型，按照"热工保护联锁试验中，尽量采用物理方法进行实际传动，如条件不具备，可在现场信号源处模拟试验"的原则，尽可能真实、全面地完成主保护的传动试验。

三、危险点分析及控制措施

（1）如果 TCS 系统中读取主保护逻辑，应和供货商驻厂技术代表、建设单位热控专业技术人员共同进行，最终制定的清单经各方共同确认后，再按内容进行传动，避免错读逻辑或遗漏逻辑。

（2）应在单体调试、分系统调试阶段完成测点的传动，主保护传动试验前应确认相关各回路调试检查完成，防止试验过程中出现保护拒动或误动。

（3）应控制主保护传动试验时间与机组启动时间之间的时差，确保试验结果在有效时间范围内。《防止电力生产事故的二十五项重点要求》（国能安全〔2014〕161 号）中规定："检修机组启动前或机组停运 15 天以上，应对机、炉主保护及其他重要热工保护装置进行静态模拟试验，检查跳闸逻辑、报警及保护定值。"考虑到调试期间机组的设备调整、维护工作量大，参建单位众多，参与调整、维护的人员更多且来自不同的单位，保护装置的投退、电源停送、元器件更换、机柜清扫、电缆接线检查、控制逻辑修改、局部或个别元器件发生故障等问题产生概率更大，保护装置更易产生隐患，为保证热控保护功能正常，保证机组安全，建议在主保护传动结束一周时间内，机组整套启动。

第四节　联合循环机组大联锁保护传动

一、联合循环机组大联锁内容

所谓"大联锁"，指发电机组各主设备：发电机、汽轮机、锅炉等设备之间保护联锁系统，建立在各主机自身保护逻辑之上。当某一主设备保护动作，设备跳闸，需要将保护信号联锁传递给其他主设备，联动其他主设备在第一时间内跳闸，从而快速将整套发电机组停运，避免其他主设备因反应滞后造成的次生设备损伤。如发电机故障跳闸，应第一时间联动汽轮机或燃气轮机跳闸，避免发电机故障进一步扩大以及汽轮机或燃气轮机超速；汽轮机跳闸，第一时间联动锅炉以及发电机跳闸，避免锅炉超压及其他故事，同时发电机与电网解列，汽轮机转速下降。

对于传统燃煤机组，大联锁主要是锅炉、汽轮机、发电机之间联锁，相互关系如图3-1 所示。

图 3-1　传统机组大联锁关系

联合循环机组配置型式更灵活，如单轴、分轴、一拖一、二拖一等，大联锁设计各有特点，以图 3-2～图 3-5 所示为不同型式联合循环机组大联锁保护设计中各主机之间关系典型设计。

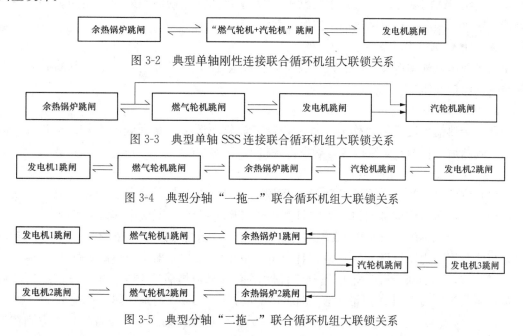

图 3-2　典型单轴刚性连接联合循环机组大联锁关系

图 3-3　典型单轴 SSS 连接联合循环机组大联锁关系

图 3-4　典型分轴"一拖一"联合循环机组大联锁关系

图 3-5　典型分轴"二拖一"联合循环机组大联锁关系

以上各图中的"箭头"反映了各主设备之间联锁保护关系与方向。以图 3-5 为例,在燃气轮机侧,燃气轮机与相应的发电机、余热锅炉的主保护之间设计双向的保护联锁,燃气轮机保护动作可联跳发电机,发电机保护动作亦将联跳燃气轮机;燃气轮机与余热锅炉之间亦然。在汽轮机侧,汽轮机跳闸联跳汽轮发电机,汽轮机发电机跳闸亦将联跳汽轮机。汽轮机如跳闸,将联跳两台余热锅炉,但只有两台余热锅炉均已跳闸,才会联跳汽轮机。

需要强调的是,以上各图中的"余热锅炉跳闸"与常规燃煤锅炉"跳闸"不同,没有实际的 MFT(main fuel trip,主燃料跳闸)动作;也不同于汽轮机,没有保安油压失去的实际动作。而是人为设置的一个综合信号表征余热锅炉跳闸保护的状态,可以由汽包水位高高、蒸汽超压、烟气挡板关闭等实际保护动作触发。该保护信号触发后,对余热锅炉系统内部联锁动作必要的设备,对外则通过大联锁联动其他主设备。设置这样一个"人为的综合"信号,可简化大联锁模型,便于理解,同时便于具体的保护逻辑设计。

二、联合循环机组大联锁保护逻辑

图 3-2~图 3-5 只体现出联合循环机组大联锁设计中各主设备之间的保护关联,并没有反映出具备的联锁保护实现手段以及保护条件设置。每套机组都会有具体的保护设置方案,现以一套"二拖一"联合循环机组为例介绍。

1. 燃气轮机跳发电机

燃气轮机跳闸后,当转速<94% 或 有功功率<5.3MW,送出二路硬线信号分别到燃气轮机发电机保护柜 A、B 屏,作为保护信号。

2. 发电机跳燃气轮机

燃气轮机发电机保护柜 A、B 屏各送出一路硬线信号到燃气轮机保护柜,二取一后触发燃气轮机跳闸。

3. 燃气轮机跳余热锅炉

燃气轮机跳闸动作后,每台燃气轮机 TCS 系统送三路硬线至对应余热锅炉主保护控制器,三取二判断后对应余热锅炉主保护动作。

4. 余热锅炉跳燃气轮机

余热锅炉跳闸动作后,送三路硬线至对应燃气轮机 TCS 系统,三取二判断后对应燃气轮机主保护动作。

5. 余热锅炉跳汽轮机

两台余热锅炉均跳闸动作后,每台余热锅炉分别送出三路硬线至汽轮机 ETS 系统,三取二判断后,再两台炉二取二,触发汽轮机 ETS 动作。

6. 汽轮机跳余热锅炉

(1)汽轮机跳闸,汽轮机 ETS 送三路跳闸信号至余热锅炉主保护柜,三取二判断后且高压主蒸汽压力模拟量 HH 三取二且高压旁路开度<5%,对应余热锅炉跳闸。

(2)汽轮机跳闸,汽轮机 ETS 送三路跳闸信号至余热锅炉主保护柜,三取二判断后且热再热蒸汽压力模拟量 HH 三取二且中压旁路开度<5%,对应余热锅炉跳闸。

(3)汽轮机跳闸,汽轮机 ETS 送三路跳闸信号至余热锅炉主保护柜,三取二判断后且低压主蒸汽压力 HH 模拟量三取二且低压旁路开度<5%,对应余热锅炉跳闸。

以上(1)、(2)、(3)之间是"或"的关系。做这样详细的条件设置,是考虑到在汽轮机低负荷下跳闸，锅炉负荷也低，蒸汽压力也低，整个热力系统有较充足的裕量容纳汽轮机跳闸后引起的蒸汽压力上升，而且联合循环机组配置的是100％容量的旁路系统，都具备快速自动投入、旁路阀快开等功能，应充分发挥旁路在事故工况的应急调节功能，从而减少已并网的燃气轮机跳闸次数（跳余热锅炉即是跳燃气轮机），这样既有利延长燃气轮机寿命，也有利于提高电厂的经济性。

另外，"二拖一"还存在汽轮机跳闸后，一台余热锅炉满足跳闸条件，但另一台余热锅炉可以不跳闸的工况（如"一拖一"工况向"二拖一"工况转换过程中），此时只需跳一台余热锅炉及相应燃气轮机，另一台余热锅炉与燃气轮机却可以继续运行，从而将系统损失降至最低。

7. 汽轮机跳发电机

汽轮机ETS送一路汽轮机跳闸硬线信号到汽轮机发电机保护柜C屏，作为保护信号。

8. 发电机跳汽轮机

汽轮机发电机保护柜C屏送出三路硬线信号到ETS柜，ETS三取二判断后，触发汽轮机跳闸。

三、大联锁传动

对上节列举的"二拖一"联合循环机组，采用以下方案进行实际传动。

1. 燃气轮机发电机向汽轮机发电机联锁方向

（1）检查确认传动试验前系统状态正确，包括：余热锅炉主保护已复位、燃气轮机模拟点火（ignition）状态、燃气轮机发电机保护已复位、汽轮机已挂闸且保安油压已建立、汽轮机发电机保护已复位。

（2）在1号燃气轮机发电机-变压器组保护屏内人工触发电气保护。

（3）检查确认：1号燃气轮机发电机跳闸、1号燃气轮机跳闸、1号余热锅炉跳闸，且首出（first out）显示正确。

（4）在2号燃气轮机发变组保护屏内人工触发电气保护。

（5）检查确认：2号燃气轮机发电机跳闸、2号燃气轮机跳闸、2号余热锅炉跳闸，且首出显示正确。

（6）检查确认：汽轮机跳闸、汽轮机发电机跳闸，且首出显示正确。

2. 汽轮机发电机向燃气轮机发电机联锁方向

（1）检查确认传动试验前系统状态正确，包括：余热锅炉主保护已复位、燃气轮机模拟点火状态、燃气轮机发电机保护已复位、汽轮机已挂闸且保安油压已建立、汽轮机发电机保护已复位。

（2）在汽轮机发电机-变压器组保护屏内人工触发电气保护。

（3）检查确认：汽轮机发电机跳闸、汽轮机跳闸，且首出显示正确。

（4）人工设置信号：1号余热锅炉高压主蒸汽压力HH值，且保持1号高压旁路开度<5％。

（5）检查确认：1号余热锅炉跳闸、1号燃气轮机跳闸、1号燃气轮机发电机跳闸，且首出显示正确。

（6）人工设置信号：2号余热锅炉热再热蒸汽压力HH值，且保持2号中压旁路开度<5％。

（7）检查确认：2 号余热锅炉跳闸、2 号燃气轮机跳闸、2 号燃气轮机发电机跳闸，且首出显示正确。

由于大联锁传动试验目的在于验证联锁方向正确、可靠，因此在（4）、（6）汽轮机跳余热锅炉部分只选一个触发条件。全面的保护条件检查在余热锅炉主保护传动试验中，由锅炉专业调试人员完成。

四、大联锁传动试验中的危险点分析和安全控制措施

（1）大联锁试验是机、炉、电、热等各调试专业联合完成的保护传动试验，一般应在各专业主设备的主保护传动完成且结果正常之后再进行。试验宜由调试单位的调总作为总指挥，协调各专业操作，各调试专业宜由技术负责人作为专业代表，共同完成大联锁传动，避免无效操作。

（2）大联锁试验重点在于检验机、炉、电气之间保护信号传递的正确性与可靠性，不宜为某个主设备关联过多的辅机联锁动作，以提高大联锁试验效率。主设备的跳闸信号与相关辅机之间的联锁动作宜安排在各专业主保护传动试验中。

（3）该试验为模拟试验，试验中未涉及的保护动作设备要打禁操或断电，防止设备误动。

（4）试验前必须确认相关各个保护回路调试检查完成，防止试验过程中出现拒动或误动。

（5）试验过程中出现危及机组安全的重大问题，应终止试验。按照事故情况处理。

（6）各相关专业人员到位，严格执行电力生产、建设安全规程和电厂运行规程，防止出现人身及设备伤害事故。

（7）大联锁传动试验一般是整套机组启动前最后的保护传动，应控制试验时间与机组启动时间之间的时差，确保试验结果在有效时间范围内。《防止电力生产事故的二十五项重点要求》（国能安全〔2014〕161 号）中规定："检修机组启动前或机组停运 15 天以上，应对机、炉主保护及其他重要热工保护装置进行静态模拟试验，检查跳闸逻辑、报警及保护定值。"考虑到调试期间机组的设备调整、维护工作量大，参建单位众多，参与调整、维护的人员更多且来自不同的单位，保护装置的投退、电源停送、元器件更换、机柜清扫、电缆接线检查、控制逻辑修改、局部或个别元器件发生故障等问题产生概率更大，保护装置更易产生隐患，为保证热控保护功能正常，保证机组安全，推荐在大联锁试验结束一周时间内，机组整套启动。

第四章　燃气轮机分系统调试

第一节　燃气轮机进、排气系统

燃气轮机进气系统能够为电厂内的燃气轮机提供高质量、高纯净度的空气，满足燃气轮机可靠、高效的运行需求。燃气轮机进气系统一般包含过滤器室、集气室/进气导流罩以及进风道等三大部分。其作用主要包括在各种温度、湿度和污染状态下提升进气质量，满足压气机进气需求；降低或消除压气机低频噪声及其他频段噪声；维持进气压力在一定范围内变化，保证燃气轮机性能。

燃气轮机排气系统用于接收燃气透平做功后排出的乏气，使其降速升压后再送入后部余热锅炉中完成余热利用，提高联合循环机组效率。燃气轮机排气系统一般包括排气扩压器以及前后排气通道。燃气轮机进、排气系统在气道设计上要求气流分布均匀、压损降低，从而满足整机性能需求。

国内各常见机型的进、排气系统结构布置各有特色。以进气系统的过滤器室为例，根据气象条件、地理位置的不同，各机组在防雾霾纱窗、防风雨罩、防絮网、防鸟网、惯性除湿器、防冰系统及脉冲反吹自清洗过滤器等单体设备的选择和布置位置上各有选择，配置不尽相同。图4-1所示为一个理想中完整的燃气轮机进气、排气系统示意图。

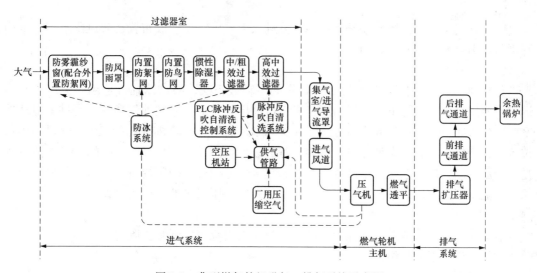

图 4-1　典型燃气轮机进气、排气系统示意图

燃气轮机进气、排气系统主要调试工作如下：

（1）进气系统重要测点就地安装位置确认及传动，包括差压变送器、差压开关、压力变送器等。

（2）参与进气反吹系统功能验收，确认反吹电磁阀逐一带电动作，对应的各反吹喷嘴应达到设计出气工况。

（3）进气系统自动反吹功能调试，检查滤网差压高联锁启动反吹功能、定时启动反吹功能和湿度联锁启动反吹功能正常。

（4）排气温度、排气压力等重要测点就地安装位置检查确认。

（5）防冻管道、阀门、喷头检查。

（6）防爆门检查。

（7）压气机前进气隔离挡板检查。

一、常用术语及定义

典型的进气与排气系统通常涉及下列术语或概念，相关解释如下。

1. 过滤器室

由框架、支撑体及内部过滤模块组成的多层结构体。过滤模块能够在各种风、雨雪、雾霾、冰雹等极端天气下为燃气轮机稳定提供燃烧所需干燥洁净空气。可以通过各种物理方式将空气内所含各类固液杂质及粉尘清除，并阻止各种鸟类、昆虫等活物或枝条、柳絮等进入机组，防止外物损坏。过滤模块主要包括防雾霾纱窗、防风雨罩、防絮网、防冰系统、防鸟网、惯性除湿器、静态过滤器/脉冲反吹自清洗过滤器、防爆保护装置、真空除尘器/灰斗以及各类传感器等。

2. 防雾霾纱窗

主要用于北方沙尘雾霾天气，一般安装在外置防絮网的周围，依天气情况投入。

3. 防风雨罩

由一定形状的斜置金属片组成，背面配有槽道，有利于雨水的滑出。主要用于防止在大风、大雨、大雪及冰雹等极端天气下雨雪冰雹直接进入机组。

4. 防絮网

防止各类昆虫、柳絮及枝条等小型物体进入下游机组。一般布置在防风雨罩外部或内置于防风雨罩和防冰系统之间。

5. 防冰加热系统

包括抽气系统、有远传"开/关"显示的手动截止阀、防结冰抽气控制阀以及分布风道。主要用于低温条件下，一般由压气机出口抽出的热空气流经抽气加热总管进入过滤器室内的分布风道来加热过滤器室进气。在不同制造商的燃气轮机进气系统中，热风喷出口位置不完全相同，有的设计在过滤器前，有的设计在过滤器后。图4-1中的抽气加热流程是一个示意图。进气系统的湿度探头及感温热电偶为抽气控制阀提供控制所需信号，湿度探头一般位于过滤器室下游，感温热电偶一般布置于压气机抽气加热总管上游。

6. 防鸟网

通常布置于防结冰系统和除湿百叶窗之间。当内置防絮网被去除时，可用于防止鸟类等较大物体进入下游机组。

7. 惯性除湿器

依靠惯性进行物理除湿。具体形式包括百叶窗、蜂窝及脉动栅栏等。在空气湿度较大的天气条件下，通过内部筛网、填充料或栅格的弯曲流道使液滴与主气流惯性分离，并在重力作用下凝结去除，保证进气干燥度，防止后部过滤器由于水分进入产生挂泥板结，降低滤芯使用寿命。

8. 静态过滤器

对于空气质量较高、相对湿度较大的地区，如沿江、河、湖、海地带，一般选用静态过滤器。静态过滤器一般为两级串联布置，第一级为中/粗效过滤器，第二级为高中效过滤器。当应用于空气质量较差、含尘量较高的区域，静态过滤器差压会迅速增大，显著提升运维成本。因此该类过滤器一般布置在过滤工艺流程的末端。

9. 脉冲反吹自清洗过滤器

与静态过滤器相同，一般为中/粗效和高中效两级过滤器串联布置。由于在设计上防潮性能较差，该类过滤器主要适用于空气质量较差、湿度相对较低的地区，如沙漠地带。近年来，为了增加脉冲反吹自清洗过滤器的除湿性能，其前部的中/粗效过滤器一般采用聚结式褶皱型纤维材料滤芯，可过滤掉空气中大部分较大粒径固液杂质及粉尘。同时，当气体逐层通过聚结元件的疏水疏油材料时，其内部所含微液滴会逐渐汇聚凝结成较大液滴，最终在重力作用下从滤芯底部流出，使得空气内大量水分被分离去除。高中效过滤器一般采用圆筒型及圆锥形褶皱纤维材料组合过滤器，用于过滤掉空气中更细微的固液杂质及粉尘，保证压气机进气的洁净度。

高中效过滤器布置有脉冲反吹自清洗系统。该系统由若干端头及多组气动薄膜脉冲阀组成，端头底部装有排污阀用于排除内部冷凝水。每一个端头对应并固定一组脉冲阀，每个脉冲阀出口均安装一根吹管，并延伸到过滤器滤芯洁净气流侧，每根吹管上均开有一定数量的喷嘴，喷嘴位置正对滤芯中心。

脉冲反吹自清洗系统供气管路主要由截止阀、气液分离器、逆止阀、调压阀、安全阀、温度表、压力开关、压力传感器、就地压力表、隔离阀、球阀、消声器、旁路模块以及过滤器室内连接各端头的供气总管组成。供气管路直接与空压机站或压气机抽气管路相连，并通过压力开关及调压阀装置保证每次脉冲反吹气流的压力值满足要求。

空压机站通常包含带空气干燥器的螺杆式压气机、通风系统、油水分离器、储气罐、控制系统以及用于除杂质的过滤器等，为脉冲反吹自清洗系统提供安全稳定的压缩气源。反吹所需压缩空气也可采用厂用压缩空气系统供气。

反吹控制由就地 PLC 控制系统完成。主要设备包括 PLC 控制柜、传感器柜、各端头总线模块以及通用串行连接总线等。PLC 控制柜内一般装有 PLC 控制系统、信号交换装置、过滤器室及其附属起重、照明等设备电源以及脉冲反吹自清洗系统的总电源。传感器柜内一般装有湿度探头、环境大气至中/粗效过滤器前差压传感器、中/粗效过滤器差压传感器、高中效过滤器差压传感器、过滤模块整体差压传感器及过滤模块差压开关等。各端头总线模块依据 PLC 控制系统内设定的脉冲宽度和时间间隔（用于系统重新补气）触发各脉冲阀。通用串行连接总线负责连接各端头总线模块和 PLC 控制柜上的相应通信处理器。PLC 控制系统通过脉冲反吹自清洗系统供气管路的压力传感器来监控各端头上脉冲阀的运行状态。若单个电磁阀开启后，管路压力未变，表明该阀未动作或隔膜卡涩导致该阀未开；若单个电磁阀关闭后，管路压力未恢复，表明该阀座或隔膜存在漏点，甚至进气管路整体存在泄漏。PLC 控制系统通过脉冲反吹自清洗供气管路的压力开关来监控供气压力，防止压力过低导致电磁阀无法完成有效吹扫。此外，各端头相应的总线模块还可以监控通过各阀的气流变化来判定该电磁阀、隔膜或阀门附近系统是否存在泄漏。

通过以上各系统的配合，脉冲反吹自清洗系统可实现自动和手动两种控制模式，其中自动模式一般包括差压、湿度、定时三种触发方式。若差压传感器监测到高中效过滤器前后差压超过设定值，则 PLC 控制系统触发各端头上的脉冲阀自动开始一个脉冲反吹自清洗周期。当大气环境相对湿度过高，固态杂质颗粒与高浓度水汽混合形成的泥状物会更容易黏附在滤芯上，并且干燥后也更不易清除，因此即使过滤器前后差压未超限，当湿度探头监测到环境相对湿度超过某一设定极限值，PLC 控制系统便会触发各端头上的脉冲阀自动开始一个新的脉冲反吹自清洗周期。从近年来的运行经验来看，采用定时触发方式可以极大地降低过滤器运行时的平均差压。因此 PLC 控制系统可设置为每天触发各端头上的脉冲阀自动开始一个脉冲反吹自清洗周期。

10. 防爆门

进气系统滤网堵塞会导致滤网前后差压过高，导致滤网甚至整体进气壳体损坏，为此进气系统通常配置有配重式防爆门。防爆门可装设在初级滤网（中/粗效过滤器）前后，大负荷下或滤网堵塞时防爆门即打开。国内有某些机型上有防爆门装设在精滤网（高中效过滤器）后洁净气体侧，即压气机侧，当过滤模块整体内外差压（即大气环境压力与过滤器室后部气压之差）过高时打开。对这样的系统设计，在调试时建议将燃气轮机进气滤网差压过高保护跳机的定值设定在防爆门打开之前。

11. 集气室/进气导流罩

过滤器室与进气风道的过渡段，在引导过滤模块出口空气平缓改变流向进入下游进气风道的同时尽量降低压损。

12. 疏排水系统

安装固定在过滤器室及集气室/进气导流罩底部的刚性底架及基础上，排除外部雨雪冰水、内部冷凝水及洗涤废水。防风雨罩的疏排水系统无隔离阀为开放式；防冰系统、除湿百叶窗、聚结式过滤器的疏排水系统一般有隔离阀；集气室的疏排水系统必须配备双隔离阀，以防未经过滤空气漏入洁净空气侧。

13. 进气风道

连接集气室/进气导流罩与压气机进口的通风管道。其布置方向一般与气流方向平行或垂直，外部安装有保温装置。风道内主要部件有消声器、进气弯头、拦异物筛网、膨胀节、连接件、进气挡板和进口锥等。

14. 排气扩压器

是由外壳体、内外锥体及轴承箱等部件从外至内依靠切向支撑系统相互衔接在一起的多层布置结构。内外锥体横截面为渐扩型，因此燃气透平排出的乏气流过内外锥体之间空隙后降速升压。同时，外锥体可有效阻止外壳体过热，内锥体可有效保护轴承箱超温。排气压力变送器用于监测燃气透平排气压力，判断排气系统及下游余热锅炉运行是否正常，同时防止排气压力过高导致高温烟气进入排气扩压器的轴承箱。当排气压力变送器检测到排气压力高于报警值时向远传画面发出报警，高于保护值时会自动触发燃气轮机跳闸。

15. 排气通道

排气通道衔接排气扩压器和余热锅炉。排气通道横截面为渐扩型，燃气透平排出的乏气在其中继续降速升压，并充分利用排气余速以保持燃气轮机的高效运行。

二、调试前的安装验收要求

在调试前应检查进气与排气系统所涉及的设备均安装完毕，单体试运完成且验收合格。典型的进气与排气系统主要设备清单及调试前的安装要求见表 4-1。其中，安装位置为大致要求，可根据现场情况进行调整。

表 4-1　　　　　　　　　典型进气、排气系统主要设备清单及安装验收要求

设备名称	设备功能	调试前验收要求
过滤模块各级滤网（包括防雾霾纱窗、防风雨罩、防絮网、防鸟网、惯性除湿器、静态过滤器/脉冲反吹自清洗过滤器等，根据各制造厂设计不同会有所增减）	净化进入压气机的大气	按设计要求安装完毕
防冰系统	防止低温条件下进气系统结冰破坏过滤器	单体试运完成
脉冲反吹自清洗系统	为高中效过滤器提供脉冲反吹自清洗功能	按设计要求安装完毕
脉冲反吹自清洗系统供气管路	为脉冲反吹自清洗系统提供稳定的反吹压力	按设计要求安装完毕，相关阀门试验合格
空压机站	为脉冲反吹自清洗系统提供安全稳定的压缩气源	单体试运完成
PLC脉冲反吹自清洗控制系统	为脉冲反吹自清洗系统提供监视、自动控制及调节功能	PLC控制柜、传感器柜相关软硬件均安装完毕，经试验可正常操作
防爆门	防止由于滤网前后差压过高损坏滤网	阀门试验合格
集气室/进气导流罩	在引导过滤模块出口空气平缓改变流向进入下游进气风道的同时尽量降低压损	按设计要求安装完毕
疏排水系统	排除外部雨雪冰水、内部冷凝水及洗涤废水	单体试运完成
进气风道	连接集气室/进气导流罩与压气机进口的通风管道	按设计要求安装完毕
排气扩压器	使燃气透平排出的乏气降速升压，同时利用感温热电偶监测叶片通道温度以及调节机组负荷、利用压力变送器监测排气压力以及调节机组负荷	按设计要求安装完毕
排气通道	使燃气透平排出的乏气继续降速升压，并充分利用排气余速以保持燃气轮机的高效运行	按设计要求安装完毕

三、调试通用程序

（一）进气系统（下述调试过程定值均参考三菱公司燃气轮机发电机组的相关设计）

（1）收集资料，现场实地调研，针对实际安装的系统编写调试措施。

（2）调试开始前，脉冲反吹自清洗系统供气管路的进气截止阀应处于常闭状态，并挂牌警示。

（3）空压机站参数检查：

1）启动空气压缩机系统，检查其是否可以正常稳定运行且其出口压力调节阀是否设置为满足脉冲反吹自清洗系统的压力要求（一般为 0.62～0.70MPa）。

2）打开储气罐进气截止阀，向罐内充压至正常压力，一般取 0.7MPa。调节储气罐压力至下限报警值（一般设为 0.6MPa），模拟储气罐处于低压状态，远传控制柜应有报警显示。

（4）系统完整性检查：

1）检查确认脉冲反吹自清洗系统的安装连接工作已经按照系统说明完成。

2）检查并确保脉冲反吹自清洗过滤器滤芯全部未安装，且脉冲反吹自清洗系统出口喷嘴全部塞入棉花或纸团。

3）就地及远传湿度探头、感温热电偶、差压传感器、压力传感器、差压开关及压力开关均与就地 PLC 控制柜或远传控制柜连接完毕。

4）电磁阀、防爆门及进气挡板与就地 PLC 控制柜或远传 DCS 控制柜连接完毕。

（5）检查 PLC 控制柜基本参数已设置完成，联锁、保护、报警定值符合设计说明书规定，满足分系统调试开始条件。在调试过程中，初始的定值根据实际设备运行状况可能需要重新调整。

（6）电磁阀模拟试验。

将 PLC 控制柜切至脉冲反吹自清洗手动模式开始进行电磁阀模拟试验。手动模式下有两种方式可以触发电磁阀进行脉冲：一种是单阀调试模式；另一种是所有电磁阀按设置好的脉冲及间隔时间依次触发动作，即顺序阀调试模式，两种模式不可同时进行。

开启顺序阀调试模式，将所有电磁阀依次触发一次脉冲。在脉冲过程中，观查每一个电磁阀在动作过程中对脉冲反吹自清洗系统供气管路的压力影响并记录间隔时间内管路压力的最低值及恢复后的最高值，用以判断电磁阀的动作是否正常，是否存在泄漏。所有电磁阀脉冲完成后，进入过滤器室内部挨个查看电磁阀出口管道喷嘴内棉花或纸团是否全部喷出，并做好记录。

对于卡涩、未动作或有泄漏的电磁阀，应尽快处理；对于电磁阀后棉花或纸团未喷出的情况，则需要判断是由于电磁阀失效导致无法喷出还是由于电磁阀后管路堵塞或有泄漏导致，然后进行相应处理。最后采用单阀调试模式，将处理过的电磁阀重新试验一遍，直至棉花或纸团全部喷出，所有阀门全部合格。试验结束后，将系统恢复正常，并完成记录表格 4-2 的填写。

表 4-2　　　　　　　　　　　电磁阀脉冲反吹动作情况汇总

电磁阀	管路最低压力（MPa）	管路最高压力（MPa）	堵塞物是否喷出	未喷出原因	修复状况
阀门编号 1					
阀门编号 2					
阀门编号 3					
……					
阀门编号 n					

（7）报警、保护与联锁功能试验。

将 PLC 控制柜切换至脉冲反吹自清洗自动模式，进行差压高、湿度高及定时联锁启动脉冲反吹自清洗周期试验。记录各种条件下能否成功触发脉冲反吹自清洗周期。同时模拟各种触发报警及保护条件，观察就地控制柜报警显示及远方跳机保护是否正常。

1）差压高联启、最大差压报警、差压低联停。PLC 控制柜上设置脉冲为"自动"状态，屏蔽定时联启功能及湿度高联启功能。缓慢提高高中效过滤器差压传感器显示值，并在控制柜上观察对应差压示数变化趋势，记录触发脉冲反吹自清洗的差压值，并与 300Pa

作比较。继续加压至 900Pa 以上，观察记录控制柜是否发出过滤器差压大报警，并将触发值与 900Pa 作比较，然后将差压恢复到 900Pa 以下，并将报警复位。待一个脉冲反吹自清洗周期快结束时，降低差压值至触发脉冲启动值减去 100Pa，观察并记录第一个周期结束后，控制柜是否再次启动第二个脉冲反吹自清洗周期。试验结束后，将系统恢复正常。

2）湿度高联启。将定时联启功能屏蔽并保证差压高条件不触发。PLC 控制柜上设置脉冲触发转为"自动"状态。端一盆水逐渐靠近湿度探头进行加湿操作，同时观察并记录控制柜上湿度显示值的变化趋势，记录触发脉冲反吹自清洗的湿度值。待第一个周期结束，降低湿度至触发脉冲反吹值以下，观察并记录控制柜是否再次启动第二个脉冲反吹自清洗周期。试验结束后，将系统恢复正常。

3）定时联启。屏蔽差压高及湿度高条件不触发。定时联启间隔时间可设置为 1h（完整的一次脉冲反吹周期时间设置为小于 1h），然后记录上一次脉冲反吹周期开始的时间，间隔 1h 后，观察并记录 PLC 控制柜是否再次启动第二个脉冲反吹自清洗周期。试验结束后，将系统恢复正常。

4）进气系统压力低报警。关闭供气管路前后球阀，然后解开某处法兰为该段管路缓慢泄压，观察就地压力表的数值变化，并记录 PLC 控制柜上触发进气系统压力低报警值，然后复位。试验结束后，恢复系统正常。

5）复测完成后，应完成表 4-3"复测记录"一栏的填写。

表 4-3　　　　　　　　　　　进气系统参数设置及测试记录

参数名称	出厂设置	复测记录
储气罐压力	0.7MPa	
储气罐压力下限报警值	0.6MPa	
供气管路压力	0.7MPa	
供气管路压力正常最低值	0.6MPa	
供气管路压力低报警	0.5MPa	
供气管路安全阀动作压力	0.8MPa	
脉冲反吹自清洗周期自动启动差压	300Pa	
脉冲反吹自清洗周期自动停止差压迟滞	100Pa	
高中效过滤器差压高报警值	900Pa	
脉冲时间	220ms	
间隔时间	11s	
故障监控报警时间	3s	
脉冲反吹自清洗周期自动启动湿度	80%	
湿度启动脉冲反吹自清洗周期的循环次数	1	
湿度启动脉冲反吹自清洗周期的循环间隔	300min	
单阀调试模式	关闭	
顺序阀调试模式	开启	
阀门监控设置	关闭	
气源压降最低值	0.05MPa	
定时反吹功能	关闭	
定时反吹时间间隔	24h	
过滤模块前后差压高跳机值	主保护定值，2.25kPa	

（8）上述调试工作完成，可通知施工单位安装脉冲反吹自清洗过滤器滤芯，并清扫过滤器室。待高中效过滤器级别达标后，将 PLC 控制柜转到自动模式或手动模式。

（二）排气系统

（1）检查确认排气系统的安装连接工作已经按照系统说明完成。

（2）检查确认排气系统所有阀门、仪表及计量组件与系统说明相对应。

（3）排气温度测点检查。排气温度测点直接影响燃气轮机启动后的安全运行及负荷调节，且系统一旦封闭后无法再进行检查，因此在分系统调试阶段有必要对已安装的排气温度测点进行逐点检查。依次检测沿排气扩压器圆周方向等间距布置的各感温热电偶，例如通过信号发生器，在接线端子排靠近测量元件一侧加假信号的方式改变感温热电偶测量值，观察远方画面的数值变化，同时核对就地测点位置与远方画面上的测点位置一致。试验结束后，将系统恢复正常，并完成表 4-4 的填写。

表 4-4　感温热电偶复测记录

测点名称	复测记录
感温热电偶 1	
感温热电偶 2	
……	
感温热电偶 n	

（4）排气压力变送器及开关检查。透平排气压力通常是燃气轮机主保护条件，因此可在分系统调试阶段对排气压力变送器及开关进行传动检查。核对压力变送器及开关的动作准确性及通道正确，观察远传画面上是否有相应的报警信号发出。试验结束后，恢复系统正常。

（三）质量验收

分系统调试完成后，及时填写调试记录及分系统调试质量验收表。

四、危险点分析及控制措施

进气系统涉及高压空气的存储及释放，排气系统在燃气轮机停运后可能会发生天然气的聚积，因此，调试过程开始前应进行危险点分析并制定安全防护措施，避免调试过程中的人身伤害及环境污染。

常见的危险点及预防措施如下。

1. 防止造成人身伤害事故

（1）当压缩空气充入脉冲反吹自清洗系统及供气管路后，任何人进入过滤器室内部工作前，都要将就地 PLC 控制柜停电或切到手动状态，并且安排专人看守在检修门外并挂牌警告，以防实际喷放，造成人身伤害事故。

（2）进入过滤器室的工作人员应注意所穿服装应避免兜风，必须佩戴安全帽，尽量避免佩戴眼镜。

（3）当过滤器室内部有人员工作时，要采取预防措施防止检修门被关闭锁死，应保证其处于常开状态；当检修结束时，检查并确保内部无人员遗留后，应保证检修门处于长关状态并锁死。

（4）在排气系统运行期间或冷却之前，不允许人员从任何地方进入排气系统；在燃气轮机运行期间，不允许打开排气系统底部的排水管或排水阀；不允许卸下排气系统盲法兰或测点的测量装置；禁止触摸设备外表面尤其是测点和排水等易产生热点区域的管道。

2. 防止造成设备损害事故

（1）进气系统主保护测点，包括过滤器差压变送器、开关或进气压力变送器、开关，应检查取样管安装位置，核对开关校验值。

（2）进气反吹系统反吹气源若单独设有反吹空气压缩机，应核对反吹空气压缩机运行方式满足反吹系统需求；若反吹系统与厂内其他系统设备共用气源，应调整气源系统与反吹系统匹配，保证反吹系统工作时，共用气源的其他系统设备不受影响。

（3）进气系统调试工作结束后，应联系各方对进气系统进行清洁程度检查，合格后关闭人孔门并采取封闭措施。

（4）燃气轮机停机后，排气系统运行现场注意防火防爆，无关人员不能随意进入。进入排气系统的检查人员不得穿易产生静电的服装、带铁掌的鞋，不准带移动电话及其他易燃、易爆品进入。排气系统内禁止无票动火施工。定期对排气系统进行巡视检查，对于受磨损设备检修维护时，必须使用防爆工具。严禁未装阻火器的汽车、摩托车、电瓶车等车辆在排气系统附近行驶。

（5）传动排气温度测点时，应核对测点实际安装位置与设计安装位置一致。

（6）排气系统调试工作结束后，应联系各方对排气系统进行清洁程度检查，合格后关闭人孔门并采取封闭措施。

第二节　入口可调导叶（IGV）系统

燃气轮机入口可调导叶（inlet guide vane，IGV）系统位于压气机进气缸的前端，通常布置在第 1 级动叶片的前面，通过改变 IGV 叶片角度达到控制进入压气机的空气流量的目的，从而实现以下功能：

（1）防止压气机喘振。在燃气轮机启动或停机过程中，压气机的前几级叶片容易发生喘振，可以通过关小 IGV 角度，减少进气流量和改变进气角度的方式扩大压气机的稳定工作范围。

（2）排气温度控制。排气温度控制是指通过调节入口可调导叶的开度，调节燃气轮机的排气温度，以满足联合循环变工况时余热锅炉进口温度的要求，提高联合循环机组变工况的热效率。如机组部分负荷运行时，通过适当关小 IGV，相应减少空气流量而维持较高的排气温度，从而使联合循环的总效率得到提高。

（3）减少启动时功耗。在机组启动时，由于 IGV 角度关小，压气机空气流量减少，使机组启动力矩变小，减少启动过程中压气机的功耗，有利于减少启动装置的配置功率。在启动功率不变的情况下，可以缩短启动加速时间。

燃气轮机入口可调导叶系统一般由液压控制系统和可转导叶回转执行机构组成，通过液压执行机构将油动机的线位移转化为叶片的角位移，系统上装有位置传感器，可以检测 IGV 的角度并反馈给控制系统。入口可调导叶系统的调试工作主要是进行 IGV 执行机构的传动和叶片角度复测工作。

一、常用术语和定义

典型的入口可调导叶（IGV）系统调试通常涉及下列术语或概念，相关解释如下。

1. IGV 伺服执行机构

IGV 伺服执行机构由一个可双向动作的液压缸，液压组件组成。液压组件装有一个截止阀、一个液压油滤网、两个 IGV 位置传感器、一个伺服控制阀、一个 U 形驱动夹、一个电气接线盒和一个安装底座。IGV 叶片的轴部套在套筒后穿过压气机进气缸上的孔，伸出孔外的轴端用弹簧销与拉杆连接，拉杆与油动机驱动的转动环连接。转动环安装在转动环支架上，可以沿圆周方向转动，而转动环支架则固定在压气机进气缸体上。转动环底部通过一个托架与油动机相连，当给出控制信号时，油动机动作操纵转动环转动，并通过拉杆、连杆最终使压气机叶片转动，以达到调节 IGV 叶片安装角度的目的。典型的 IGV 系统如图 4-2~图 4-5 所示。

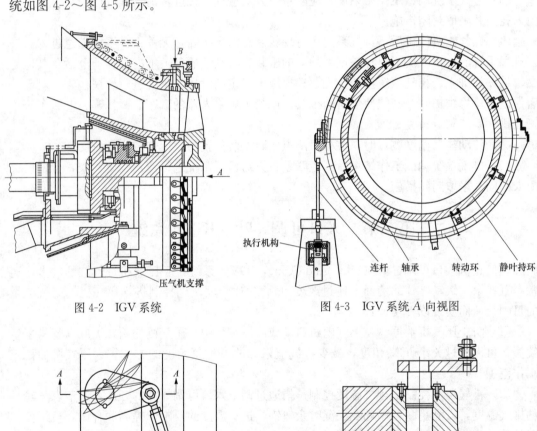

图 4-2　IGV 系统

图 4-3　IGV 系统 A 向视图

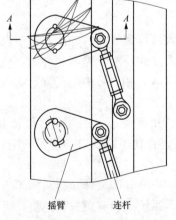

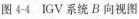

图 4-4　IGV 系统 B 向视图

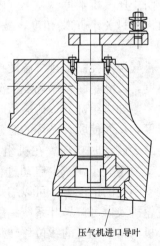

图 4-5　IGV 系统 A-A 截面图

2. IGV 位置传感器

IGV 系统上装有 LVDT 位置传感器（Linear Variable Differential Transformer），通

过位置传感器检测 IGV 的角度并反馈给控制系统与给定值进行比较，然后将差值传给伺服机构进行角度的修正。

3. 压气机入口导叶角规

压气机入口导叶角规，简称 IGV 角规，是在 IGV 导叶校准及复测时使用的专用角度测量工具，由主机厂供货时提供。角规的规范化使用能保证在准确测量入口导叶角度的同时，作业人员无须将手、手指或脚在校准及复测期间探入 IGV 叶片及其他可旋转部件之间，从而保护作业人员的人身安全。有的制造商还专门设计了专用的全开全关定位测量角规。

IGV 系统在主机完成安装定位后，必须进行角度复测校准工作，并将测量结果设定到控制程序的对应函数中，以实现对进气导叶的精确控制。

4. 最小关闭角度

IGV 在液压可调范围内可关闭到的最小角度，在此角度下，压气机对应的进气流量最小。

5. IGV 控制

以 GE 公司燃气轮机为例，其 IGV 控制基准信号是由部分转速基准信号、温度控制基准信号、手动基准信号和最大开启角度信号小选得出。基准信号如图 4-6 所示。

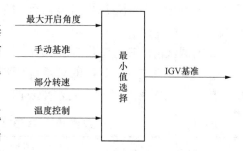

图 4-6　某 GE 燃气轮机 IGV 控制基准信号

在启动与停机阶段，为了防止压气机叶片流道中发生旋转失速现象以及由此引发的压气机喘振导致燃气轮机损坏事故，必须使压气机的空气流量与机组的修正转速（机组实际转速和压气机进气温度的函数）之间有良好的匹配关系。以某 GE 燃气轮机为例，当修正转速在 $0\%\sim$ 84% 的范围内，可调导叶一直关小在 $34°$（最小关闭角度）。当修正转速大于 84% 时，修正转速每增加 1%，可调导叶开大 $6.67°$。当机组实际转速达到 100% 时，修正转速约为 91.5%，可调导叶开度达到 $84°$（最大开启角度）。

GE 燃气轮机的温度控制有两种：一种是对机组的温度控制（fuel stroke reference，FSR 温度控制），它是通过把 FSR 温度基准信号和燃气透平排气温度信号进行运算，通过控制燃料阀的伺服阀来改变进入燃烧室的燃料量，保证机组不超温；另一种是对可调导叶的温度控制（IGV 温度控制），它是通过把 IGV 温度基准信号和燃气透平排气温度信号进行运算，通过控制可调导叶的角度，改变进入压气机的空气流量来提高燃气透平的排气温度，提高联合循环的热效率。FSR 控制保障机组运行安全不超温，优先级高于 IGV 控制。

当机组不处于 FSR 温度控制时，可以选择 IGV 温度控制通过关小 IGV 提高联合循环机组效率，GE 对 IGV 温度控制时的最小运行角度做了限制，以可调角度为 $34°\sim84°$ 的某 GE 燃气轮机为例，当处于 IGV 温度控制时，可调范围在 $57°\sim84°$，此模式下最小运行角为 $57°$。

三菱 M701F 燃气轮机由于设置了燃烧室旁路阀（bypass valve，BV），由 IGV 负责调节进入压气机的总空气量，BV 负责调节进入燃烧室的空气量。通过 IGV 与 BV 灵活的配合调整，可以实现启动阶段的防喘、低负荷阶段稳燃及部分负荷时提高排气温度和联合循环效率等不同功能。

由于独特的设计，使得三菱燃气轮机的 IGV 控制与众不同，典型的三菱 M701F 型燃气轮机的 IGV 控制曲线如图 4-7 所示。

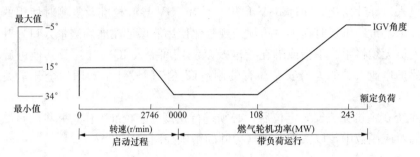

图 4-7 三菱 M701F 启动至额定负荷 IGV 控制曲线

6. 最大开启角度

IGV 在液压可调范围内可开启到的最大角度，在此角度时，压气机对应的进气流量最大。

二、调试前的安装验收要求

在进入分系统调试前，IGV 系统所涉及的设备应安装完毕，单体试运完成且验收合格。典型的 IGV 系统主要设备清单及调试前的安装要求见表 4-5。

表 4-5　　　　　　　　典型 IGV 系统主要设备清单及安装验收要求

设备名称	设备功能	调试前验收要求
燃气轮机控制油系统	为执行机构提供动力油	油质合格，打压试验合格，油压整定值正确
IGV 叶片及执行机构	控制燃气轮机进气流量	安装位置及角度正确，并可靠定位，可正常操作
IGV 位置传感器	检测 IGV 的角度并反馈给控制系统	检测全开、全关角度显示与图纸一致

三、调试通用程序

（1）收集资料，现场调研并编写调试措施，制订调试计划。

（2）IGV 调试工作应该在所有设备安装并连接完毕、热工控制系统安装校验完毕、相关系统试运结束以后进行。调试前需检查的项目包括：

1）控制油油质合格，打压试验结果合格。

2）IGV 系统的执行机构及联动部件等连接完好，确认各部件已按要求组装并定位。

3）IGV 执行机构动作灵活、无卡涩。

（3）在调试前对要使用的仪器、仪表进行检查，确保完好无损，在校验有效期内。

（4）作业开始前，作业负责人组织检查质量、环境、职业健康安全措施是否符合要求，并向参加人做质量、环境、职业健康安全交底后，方可开始现场工作。

（5）IGV 角度复测工作应由专业人员携带专用测量角规进入压气机进气室内测量。测量开始前应制定风险源辨识及控制措施，并且逐条实施，确保测量过程中 IGV 执行机构在控，防止发生意外驱动造成的人身伤害风险。由于整个测量过程中要反复驱动 IGV，所以断电隔离的方式是不可行的，为此必须做出有效的预防措施，防止发生意外。

（6）测量时，应使用角规分别测量全周各个 IGV 导叶片全开、全关或制造商要求的角度（如最小运行角），记录并与应达值进行比较，并检验平均偏差是否符合制造商的技术要求或相关技术协议的要求，如复测结果不合格，应重新进行调整后再进行复测工作，直至合格为止。测量结束后应完成记录表 4-6 的填写。

表 4-6　　　　　　　　　　　　　　IGV 角度复测记录表

检测单位：				
检测地点：				
环境条件：				
使用设备：		设备编号：		
使用标准：				
使用前状态：		使用后状态：		
设备编号：		制造商：		
第 1 部分　IGV 全开时各叶片对应角度				
叶片序号	角度	叶片序号	角度	统计结果
				最大：
				最小：
				叶片数：
				平均：
第 2 部分　IGV 全关时各叶片对应角度				
叶片序号	角度	叶片序号	角度	统计结果
				最大：
				最小：
				叶片数：
				平均：

（7）测量结束后，应通知所有参与复测工作人员，解除各系统隔离措施，所有人员携带工具退出相关区域。在重新恢复人孔门之前，应再次进行联合检查，防止遗漏外物，对进气系统造成损伤，并恢复各隔离系统，撤出警戒线及警示牌。

（8）调试工作完成后应及时填写分系统调试质量验收表。

四、危险点分析及控制措施

IGV 系统调试需要对燃气轮机进气室圆周上的每个可调叶片的角度进行测量，存在多种危险因素，典型伤害是在测量过程中 IGV 误动造成的人身伤害和设备损坏。因此，调试过程开始前应进行危险点分析并制定安全防护措施，避免调试过程中的人身伤害及环境污染。

常见的危险点及预防措施如下。

1. 防止机械伤害人身事故

（1）提前制定专项案例措施或操作卡，在试验开始前，逐条落实、确认。

（2）复测 IGV 角度时，IGV 的调整指令应由进气室内测量人员下达，工程师站调整人员须确认测量人员已撤至安全位置后方可动作 IGV。

（3）应采用双向通信对讲机，确保通信畅通，确保身体各部位在测量校准期间不在 IGV 叶片和旋转部件之间，防止发生意外。

（4）在指定区域挂好"有人工作，禁止操作"警示牌，告知其他人员，确保没有进行任何与燃气轮机、液压系统、控制油系统或遮断系统相关的操作，在人孔门外设专人监视，防止有人误关人孔门。

（5）不允许未经复测校准人员及负责操作人员许可旋转转子，应确保盘车电动机停电并挂牌。

2. 防止高处坠落人身事故

在测量进气室流道顶部的 IGV 叶片角度时，如位置不便测量，须搭设合格的支撑架、脚手架，并装有防护栏，防止测量时意外坠落受到伤害。

3. 防止进气室遗落物品损害燃气轮机事故

（1）对带进燃气轮机进气室内的物品及工器具做好记录，测量结束后统计物品，防止遗落。

（2）测量结束后要立即检查进气室，必要时开展联合检查，确认没有遗落物品后封闭人孔门。

第三节　燃气轮机透平冷却与密封空气系统

燃气轮机透平部分动静部件之间的间隙以及静叶、动叶的中空部分，需要一定压力的空气来冷却及密封住这些部分，防止高温燃气进入这些区域。做这种用途的气体是从压气机的特定级（压气机抽气点）抽出，然后供应到透平叶片、静子、转子和箱体作为冷却和密封空气。因为冷却空气在大多数情况下也有密封的作用，所以将冷却空气和密封空气划到一个子系统。燃气轮机透平冷却与密封空气系统包括燃气轮机透平热部件冷却空气系统和轴承密封空气系统这两个子系统。具体功能如下：

（1）为燃气轮机透平热部件提供冷却空气。燃气轮机的效率与透平进口燃气初温相关，初温越高，效率越高，但透平进口初温的提高对透平部件的耐高温性能提出了更高的要求。为了使透平能耐受燃气的高温，设计者在不断改进和使用新材料的同时，也不断完善热通道部件的冷却空气系统的设计，以提高冷却空气对高温部件的冷却效果，使热通道部件能够耐受更高的燃气温度。

（2）提供轴承密封空气。为防止排气段内的烟气通过轴承动静之间的间隙渗入燃气轮机排气侧轴承箱，影响轴承的正常润滑并破坏整个润滑油系统的油质，同时为避免压气机侧轴承处润滑油漏入进气道而污染压气机叶片，在两处轴承的动静间隙处设置有一路密封空气，用以隔绝润滑油和主流道内的气体之间可能的双向流动。

三菱公司 M701F 型燃气轮机透平冷却与密封空气系统设计相对复杂，设备较多，调试项目较多。因此本节主要以三菱公司 M701F 型燃气轮机为例，介绍透平冷却与密封空气系统的调试过程。

一、常用术语及定义

典型的透平冷却与密封空气系统调试通常涉及下列术语或概念，相关解释如下。

1. 透平叶片冷却形式

目前 F 级燃气轮机的透平燃气初温已高达 1400℃ 左右，为了保证足够长的透平叶片工作寿命，通常要求其工作温度不超过 800℃。叶片冷却设计已成为现代透平设计的重要组成部分，各大燃气轮机厂家的结构设计各有特点，但冷却形式都是以下几种方式的组合：

（1）对流冷却。通过空心叶片壁面对流冷却。

（2）冲击冷却。将冷却空气从叶片内部直接吹到需加强冷却的部位，增强该部位的冷却效果。就其实质来说，冲击冷却是对流冷却的特殊形式。

（3）气膜冷却。将冷却空气通过一排小孔流至叶片外表形成气膜，冷却效果良好。但一排小孔气膜沿气流方向的冷却长度有限，往往需将多排小孔气膜串联应用，使叶片前后表面得到冷却，使之冷却均匀。

（4）鳍片（销片）式冷却。在叶片出气边加装一些针状筋来加大换热效果。

2. 典型冷却与密封空气系统流程

各大燃气轮机厂家的燃气轮机结构存在区别，冷却系统的设计也差异较大，如西门子燃气轮机设计有冷却空气流量控制阀，用于动态调节各级冷却空气流量，既保证叶片充分冷却，又能减少消耗的冷却空气量。GE 燃气轮机还配置了四台电动驱动的离心风机，其中两台风机（88TK-1，88TK-2）为排气框架及第三级叶轮冷却；另外两台风机（88BN-1，88BN-2）为燃气轮机排气段轴承提供冷却和密封空气，防止高温排气进入轴承内。三菱燃气轮机配置了外置的空气冷却器，压气机出口来的空气经过透平冷却空气（turbine cooling air，TCA）冷却器与冷却工质（通常为高压给水或天然气）换热后，进入透平转子和动叶，完成冷却密封功能。

以三菱 M701F 燃气轮机为例，冷却系统如图 4-8 及图 4-9 所示，第一级静叶使用压气机排气从燃气轮机内部进行冷

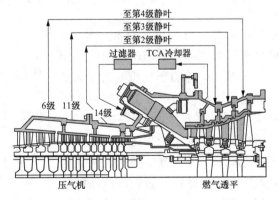

图 4-8 M701F 燃气轮机冷却空气系统图

却，冷却空气从外部围带流经中空静叶，并从叶顶边缘流出。第二级、第三级、第四级静叶分别使用第 14 级、第 11 级、第 6 级压气机抽气进行冷却，冷却空气通过透平缸上的法

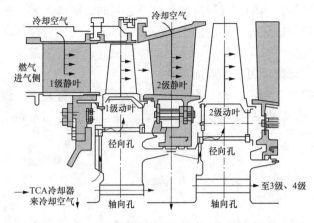

图 4-9　M701F 燃气轮机冷却空气流向图

兰进入，从外部围带流经静叶，流向内围带。冷却空气冷却了静叶、叶片分割环，同时也给叶栅分割环和级间气封提供正流动。

冷却转子和透平动叶的空气来自压气机部分排气。压气机排气经过水冷式冷却器并过滤后来冷却转子，直接冷却发生在每一级动叶纵树形根部，这种冷却方式向暴露在燃气通道高温的动叶和透平转子轮盘间提供热障，由于冷却空气将流经透平冷却空气管道和燃气轮机叶片上的细孔，因而对冷却空气管道的洁净度有很高要求，TCA 冷却器利用来自高压锅炉给水泵（boiler feed-pump，BFP）的给水作为冷却介质。

典型的 M701F 燃气轮机的轴承密封空气系统如图 4-10 所示，燃气轮机 1 号、2 号轴

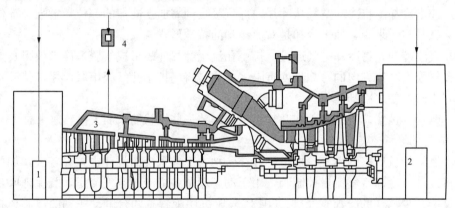

图 4-10　M701F 燃气轮机轴承密封空气流程
1—2 号轴承箱；2—1 号轴承箱；3—低压（6 级）抽气室；4—旋转分离器

承处的密封可分为油密封和气密封，两种密封通常都是采用迷宫形式。如图 4-11 所示，来自压气机的第 6 级抽气经过旋转分离器除去杂质后被送到在压气机侧的 2 号轴承空气密封处，对轴端进行密封。密封气进入迷宫式密封腔室后，一部分沿轴向进入具有微负压的轴承箱内，防止润滑油沿轴向流向压气机；另一部分沿轴向从轴端漏出，防止外部空气进入。如图 4-12 所示，透平侧 1 号径向轴承的两侧各有一个挡油环，靠近透平侧装有迷宫式油气密封。1 号轴承箱外装有一个密封箱将 1 号

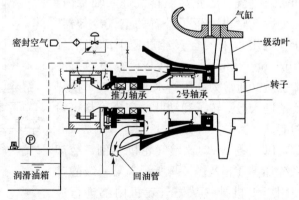

图 4-11　M701F 燃气轮机 2 号轴承润滑和密封图

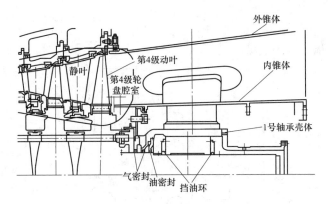

图 4-12 M701F 燃气轮机 1 号轴承密封图

轴承箱与第 4 级后的透平轮盘腔室分开，该密封箱有气流通道与透平第 4 级轮盘腔室相通。如图 4-13 所示，来自压气机的第 6 级抽气经过旋转分离器除去杂质后进入 1 号轴承箱与排气缸内锥体之间的空间，再通过密封箱的气流通道进入第 4 级后的轮盘腔室，最后被不断吸入透平排气气流中以防止轮盘腔室处的热空气进入 1 号轴承座及空间内。另外，1 号轴承气密封系统中一部分空气通过油气密封顺燃气排气流方向泄漏到为负压的轴承腔室内部，形成的油气混合物随回油管回到

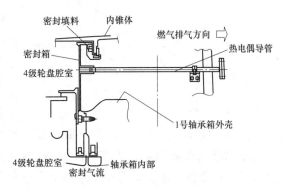

图 4-13 M701F 燃气轮机 1 号轴承气密封图

润滑油箱。其余则沿着 1 号轴承气密封向着燃机排气反方向流动，进入 4 级轮盘腔室空间，最后也汇入燃气轮机排气气流中。

3. 透平冷却空气冷却器（TCA Cooler）

为了提高透平冷却空气对透平热部件的冷却效果，三菱燃机将来自压气机出口的压缩空气引出到外置式的冷却装置的壳侧，与管侧引自高压给水的冷却水换热后再经过惯性分离器滤除杂质后作为透平各级高温热部件的冷却用气。

M701F 燃气轮机的 TCA 冷却器给水系统如图 4-14 所示，TCA 冷却器给水流量控制阀（凝汽器侧 FCV-1/余热锅炉侧 FCV-2）通过带压气机进气温度修正的"燃机负荷/TCA 冷却器给水流量"函数由燃气轮机控制器（GTC）控制，以保证冷却空气出口温度达到合适值，并避免 TCA 冷却器管道内的给水闪蒸。

由于 TCA 冷却器和高压省煤器并行布置，在燃气轮机冲转及低负荷运行时，高压给水流量较低，导致高压省煤器进出口差压很小，因此经过 TCA 冷却器的给水流量也很小，所以 FCV-1 进行流量控制，以保证 TCA 冷却器最小流量，随着燃气轮机负荷上升，FCV-2 逐渐开启，TCA 冷却器给水流量优先控制权由 FCV-1 转移至 FCV-2，但无论何时，一旦 TCA 冷却器所需的给水流量不够，FCV-1 将会开启进行补充，并获得 TCA 冷却器给水流量优先控制权，FCV-1 必须采用快速开启型（1s 内）。

TCA 冷却器进口阀在紧急情况下（例如管道泄漏等）关闭，并切断 TCA 冷却器给

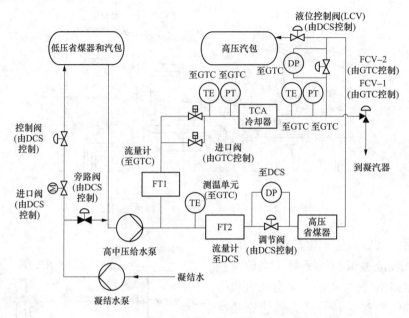

图 4-14　TCA 冷却器给水示意图

水，阀门采用快速关闭型（1s 内）。低压省煤器和汽包旁路阀在燃气轮机启动阶段用于旁通低压省煤器和低压汽包，为 TCA 冷却器提供低温给水，以满足燃气轮机冷却空气温度低于 100℃以下的要求（即进口给水温度小于 60℃），燃气轮机定速后，该阀门缓慢关闭。

4. TCA 过滤器

由于冷却时燃气透平动叶片中一些通气孔道的直径很小，当冷却空气不清洁时会发生堵塞现象，使动叶片的冷却效果降低。采用外置过滤器主要是为了滤除冷却空气中的尘粒，防止尘粒堵塞动叶通气小孔。燃气透平 TCA 冷却器出口配置一台叶片型滤网过滤器，该过滤器利用惯性力的原理，冷却空气通过叶片型滤网时流动方向发生改变，空气中所含的尘粒以直线方向分离出来，清洁空气转到另一个方向，而含尘粒的空气被引至排气管道，与燃气轮机排气一起排出，不再堵塞滤网，因此滤网进出口之间不需要压差装置来监视滤网的堵塞。需要注意的是过滤器滤芯在水压试验后即装入了过滤器壳体里，在高盘吹扫期间并不需要取出，但要注意在高盘吹扫的第 4、5 阶段时，即在吹扫包含过滤器管段部分时，要将 TCA 过滤器抽气旁路管道上的两道阀门打开以排出不洁性气体，并可通过在两道阀门间加装靶板的方式检验吹扫效果。

5. 高盘吹扫

高盘运行是燃气轮机的一种运行模式，在某些类型燃气轮机上称为冷拖（crank）（详细介绍见第六章 第一节）。利用压气机出口的压缩空气吹扫燃气轮机中残留的可燃性气体，防止点火时爆燃。此外为了减少燃气轮机缸体的热变形，燃机停机后，通过安装在缸体顶部和底部的热电偶检测到的缸体金属温差，采用仪用空气冷却缸体的壳体冷却系统会自动投入运行，但如果壳体冷却系统由于某些原因未能投入，可以采用高盘冷却运行方式来缩短缸体冷却的时间。三菱公司燃气轮机在调试初期，要求采用高盘方式吹扫，作为清洁透平冷却空气外置管道的有效手段，是清洁过程的最后环节，确保系统内没有异物和残屑。

6. 爆破吹扫

在管道的一端安装爆破板（一种中等硬度的板材，如衬板、木板或硬纸板），在管道另一端利用临时供气阀和空气软管通入压缩空气，当压缩空气达到一定压力后，爆破板破裂，压缩空气携带管道中的灰尘和异物爆破喷出，可以作为高盘吹扫前的预清洗手段。

二、调试前的安装验收要求

在进入分系统调试前，透平冷却与密封空气系统所涉及的设备应安装完毕，单体试运完成且验收合格。仍以 M701F 燃气轮机为例，透平冷却与密封空气系统主要设备清单及调试前的安装要求见表 4-7。

表 4-7　典型 M701F 透平冷却与密封空气系统主要设备清单及安装验收要求

设备名称	设备功能	调试前验收要求
燃气轮机本体	燃气轮机主机，压气机部分提供气源，高温透平部分被冷却与密封	燃气轮机静子与转子部分安装完毕，各项指标符合安装要求，具备盘车条件及高速盘车条件
静子冷却管线	来自压气机的各级抽气为透平各级静子组件及透平缸提供冷却	安装完毕，用内窥镜检查清洁度无可见残屑，如需要应采取机械清洗和吸尘器清洗等方法清洁
转子冷却管线（包含 TCA）	来自压气机排气经 TCA 冷却后为透平主轴及各级动叶提供冷却	TCA 在高盘吹扫前应进行陀螺清洗、爆破吹扫和机械清洗等预清洗。燃气轮机周围的 TCA 管线不能采用 TCA 高盘吹扫清洁，应在高盘吹扫前用内窥镜检查清洁度，无可见残屑，如需要应采取机械清洗和吸尘器清洗等方法清洁
TCA 水侧	为 TCA 提供冷却水并换热后供给锅炉给水	单体试运合格，冲洗合格
轴承密封空气系统	来自压气机的抽气为燃气轮机的两个轴承提供冷却和密封空气	高盘吹扫前应完成系统管道清理和安装，验收合格

三、调试通用程序

（1）收集资料，现场调研并编写调试措施，制订调试计划。

（2）透平冷却与密封空气系统调试应该在所有设备安装并连接完毕、热工控制系统安装校验完毕、相关系统试运结束以后进行，其中 TCA 冷却器水侧冲洗需要在凝结水和高压给水系统试运结束后进行，TCA 高盘吹扫需要燃机润滑油系统、控制油系统、盘车系统及 SFC 系统试运完毕后方可进行。在调试前对要使用的仪器、仪表进行检查，确保完好无损。

（3）作业开始前，作业负责人组织检查质量、环境、职业健康安全措施是否符合要求，并向参加人做质量、环境、职业健康安全交底后，方可开始现场工作。

（4）TCA 冷却器水侧冲洗。

水侧冲洗前，应确保 TCA 冷却器气侧液位开关处于正常工作状态，冲洗时应密切监视气侧液位开关报警，防止冲洗时发生污水泄漏污染 TCA 冷却器及透平通流部分的情况，一旦发生报警，应确认 TCA 冷却器进口阀迅速关闭，气侧疏水阀快速打开，排出积水。

冲洗前应仔细阅读系统图并对照就地管道安装情况核对安装单位编制的冲洗措施，做好分段冲洗方案设计并做好隔离措施，在进入 TCA 前的管道冲洗达标后，再连接 TCA 冲洗至凝汽器及余热锅炉部分管道，注意冲洗时，应在进入凝汽器和余热锅炉前隔离并排污，避免对已试运系统造成污染。

水侧冲洗合格后，应打开疏水及放气阀排净系统内的带压给水后恢复系统。

（5）TCA 冷却水流量变动试验。

在燃气轮机点火后，TCA 冷却水的温度和流量将直接影响转子冷却空气的温度，从而对透平热部件的寿命造成影响，因而研究给水压力、FCV-1 阀门开度、FCV-2 阀门开度等对 TCA 冷却水流量的影响，并绘制出对应的关系图表，将为 TCA 系统投运后的控制策略提供重要参考。

试验时，控制给水泵勺管，调节给水压力，使 TCA 入口压力保持在几个典型的压力节点上，分别依次调节冷却器给水流量控制阀 FCV-1 及 FCV-2 的阀门分别在 30%～100% 的若干开度下，观察 TCA 冷却水流量的变化情况，并完成记录表 4-8 的填写，其中典型压力节点可根据现场实际情况进行调整。

表 4-8　　　　　给水压力、流量控制阀对 TCA 冷却水流量的影响

8MPa			9MPa			10MPa		
FCV-1 开度（%）	FCV-2 开度（%）	TCA 冷却水流量	FCV-1 开度（%）	FCV-2 开度（%）	TCA 冷却水流量	FCV-1 开度（%）	FCV-2 开度（%）	TCA 冷却水流量
30	0		30	0		30	0	
40	0		40	0		40	0	
50	0		50	0		50	0	
60	0		60	0		60	0	
70	0		70	0		70	0	
80	0		80	0		80	0	
90	0		90	0		90	0	
100	0		100	0		100	0	
0	30		0	30		0	30	
0	40		0	40		0	40	
0	50		0	50		0	50	
0	60		0	60		0	60	
0	70		0	70		0	70	
0	80		0	80		0	80	
0	90		0	90		0	90	
0	100		0	100		0	100	
11MPa			12MPa			13MPa		
FCV-1 开度（%）	FCV-2 开度（%）	TCA 冷却水流量	FCV-1 开度（%）	FCV-2 开度（%）	TCA 冷却水流量	FCV-1 开度（%）	FCV-2 开度（%）	TCA 冷却水流量
30	0		30	0		30	0	
40	0		40	0		40	0	
50	0		50	0		50	0	
60	0		60	0		60	0	

续表

11MPa			12MPa			13MPa		
FCV-1 开度（%）	FCV-2 开度（%）	TCA 冷却水流量	FCV-1 开度（%）	FCV-2 开度（%）	TCA 冷却水流量	FCV-1 开度（%）	FCV-2 开度（%）	TCA 冷却水流量
70	0		70	0		70	0	
80	0		80	0		80	0	
90	0		90	0		90	0	
100	0		100	0		100	0	
0	30		0	30		0	30	
0	40		0	40		0	40	
0	50		0	50		0	50	
0	60		0	60		0	60	
0	70		0	70		0	70	
0	80		0	80		0	80	
0	90		0	90		0	90	
0	100		0	100		0	100	

（6）TCA 高盘吹扫。

TCA 高盘吹扫是透平冷却空气系统清洁程序的最后一步，应在采用各种预清洗手段后进行，高盘吹扫前应再次确认润滑油、控制油、密封油系统已完成试运，可以正常运行；盘车装置投入运行，且相关联锁保护试验已经完成，试验期间无异响，各轴瓦振动、瓦温等监测信号显示正常；启动装置 SFC 的程控和联锁试验完成，并参照 SFC 厂家的要求对连续高盘的最长时间进行限制，通常不超过 2h；确认燃气轮机振动、瓦温等主保护正常投入；高盘（冷拖）功能的试验验证参见"第六章 第一节 燃气轮机冷拖试验"。

为保证良好的吹扫效果，TCA 吹扫应分段进行，以某 M701F 燃气轮机为例，TCA 高盘吹扫可分为五个阶段，如图 4-15 所示，下面分别介绍这五个阶段。高盘吹扫不能吹扫所有气侧管道，未吹扫的管道均需要在安装阶段保证其内部清洁。

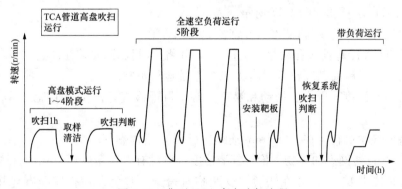

图 4-15 典型 TCA 高盘吹扫流程

1）第一阶段示意图如图 4-16 所示。

a. 断开 TCA 入口管道连接（位置①），在 TCA 冷却器侧安装盲板。

b. 在 TCA 管道法兰（位置①）处安装 40 目滤网。

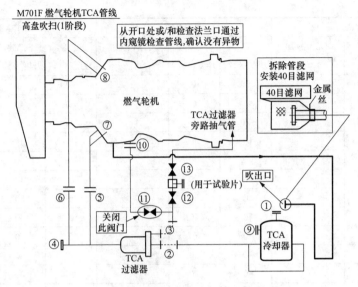

图 4-16　TCA 高盘吹扫第一阶段

　　c. 以高盘模式启动燃气轮机，确认 SFC 系统运行正常。

　　d. 检查所有温度、压力、振动和噪声正常，目视检查开口位置①吹扫后收集异物的情况。

　　e. 保持燃气轮机转速在 700r/min 连续运行 1h，后停燃气轮机。

　　f. 收集 40 目滤网上的异物，检查其清洁度（以没有直径超过 0.5mm 的异物为标准或执行供货商的技术要求）。并在法兰口安装临时盖子，避免在检查期间有异物进入管道内部。

　　g. 目视和内窥镜检查 TCA 管道内部，其中应无异物。

　　h. 若吹扫结果不满足判断标准，清洁 40 目滤网并再次安装的法兰处，重复第 c.～h. 步骤直至满足判定标准。

　　2）第二阶段示意图如图 4-17 所示。

　　a. 移除位置①处的 40 目滤网，并恢复此处的管道。

　　b. 打开 TCA 冷却器人孔法兰（位置⑨），并将 40 目滤网安装在此处。

　　c. 以高盘模式启动燃气轮机，确认 SFC 系统运行正常。

　　d. 检查所有温度、压力、振动和噪声正常，目视检查开口位置①吹扫后收集异物的情况。

　　e. 保持燃气轮机转速在 700r/min 连续运行 1h，后停燃气轮机。

　　f. 收集 40 目滤网上的异物，检查其清洁度（以没有直径超过 0.5mm 的异物为标准或执行供货商的技术要求）。并在法兰口安装临时盖子，避免在检查期间有异物进入管道内部。

　　g. 目视和内窥镜检查 TCA 管道内部，其中应无异物。

　　h. 若吹扫结果不满足判断标准，清洁 40 目滤网并再次安装的法兰处，重复第 c.～h. 步骤直至满足判定标准。

　　3）第三阶段示意图如图 4-18 所示。

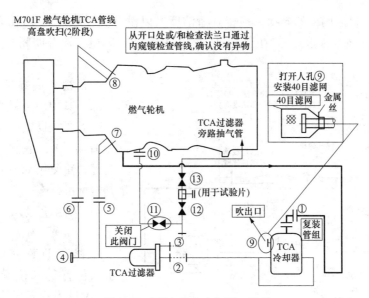

图 4-17　TCA 高盘吹扫第二阶段

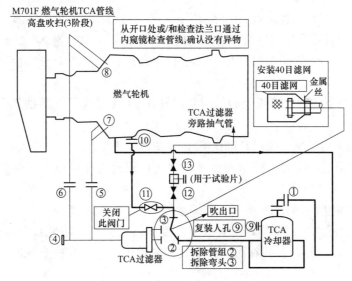

图 4-18　TCA 高盘吹扫第三阶段

a. 移除位置⑨处的 40 目滤网，恢复此处的人孔法兰。

b. 移除 TCA 过滤器入口管道（位置②）和 TCA 过滤器抽气管道出口管道的弯头（位置③），并在此处（位置②和位置③）安装 40 目滤网。

c. 在 TCA 过滤器的法兰上安装盲板。

d. 打开 TCA 下游抽气管线上的阀门⑪，关闭 TCA 过滤器下游抽气旁路管线上的阀门⑫和⑬。

e. 以高盘模式启动燃气轮机，确认 SFC 系统运行正常。

f. 检查所有温度、压力、振动和噪声正常，目视检查开口位置①吹扫后收集异物的情况。

g. 保持燃气轮机转速在 700r/min 连续运行 1h，后停燃气轮机。

h. 收集 40 目滤网上的异物，检查其清洁度（以没有直径超过 0.5mm 的异物为标准或执行供货商的技术要求）。并在法兰口安装临时盖子，避免在检查期间有异物进入管道内部。

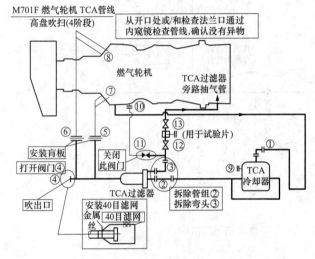

M701F 燃气轮机 TCA 管线
高盘吹扫(4 阶段)

从开口处或和检查法兰口通过
内窥镜检查管线,确认没有异物

燃气轮机

TCA 过滤器
旁路抽气管

安装盲板
打开阀门④

关闭
此阀门

吹出口

安装 40 目滤网
金属丝
40 目滤网

TCA 过滤器

拆除管组②
拆除弯头③

(用于试验片)

TCA
冷却器

图 4-19　TCA 高盘吹扫第四阶段

i. 目视和内窥镜检查 TCA 管道内部，其中应无异物。

j. 若吹扫结果不满足判断标准，清洁 40 目滤网并再次安装的法兰处，重复第 e. ～i. 步骤直至满足判定标准。

4）第四阶段示意图如图 4-19 所示。

a. 移除 TCA 过滤器法兰上的盲板（位置②和位置③），恢复安装 TCA 过滤器入口管道（位置②）和 TCA 过滤器抽气管道出口管道的弯头（位置③）。

b. 打开 TCA 管道盲法兰（位置④），并在此处安装 40 目滤网。

c. 拆除位置⑤、位置⑥和另一根与其平行布置位置处（图上未标出）的孔板并安装盲板。

d. 关闭 TCA 下游抽气管线上的阀门⑪，打开 TCA 过滤器下游抽气旁路管线上的阀门⑫和⑬。

e. 以高盘模式启动燃气轮机，确认 SFC 系统运行正常。

f. 检查所有温度、压力、振动和噪声正常，目视检查开口位置①吹扫后收集异物的情况。

g. 保持燃气轮机转速在 700r/min 连续运行 1h，后停燃气轮机。

h. 收集 40 目滤网上的异物，检查其清洁度（以没有直径超过 0.5mm 的异物为标准或执行供货商的技术要求）。并在法兰口安装临时盖子，避免在检查期间有异物进入管道内部。

i. 目视和内窥镜检查 TCA 管道内部，其中应无异物。

j. 若吹扫结果不满足判断标准，清洁 40 目滤网并再次安装的法兰处，重复第 e. ～i. 步骤直至满足判定标准。

5）第五阶段示意图如图 4-20 所示。

a. 拆除位置④处的滤网，恢复安装此处的法兰。

b. 拆除位置⑤、位置⑥和另一根与其平行布置位置处（图上未标出）的盲板，恢复此处的法兰。

c. 关闭 TCA 下游抽气管线上的阀门⑪，打开 TCA 过滤器下游抽气旁路管线上的阀门⑫和⑬。

d. 启动燃气轮机至额定转速（3000r/min）下空负荷运行完成热空气吹扫 TCA 管道。

e. 停止燃气轮机后，在 TCA 过滤器的抽气管道旁通管线阀门⑫和⑬之间的试验片上

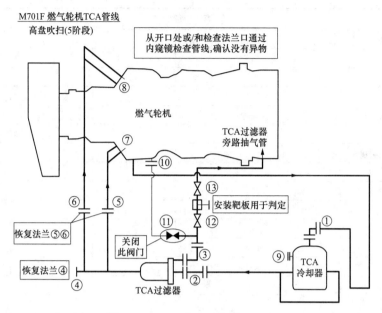

图 4-20 TCA 高盘吹扫第五阶段

安装靶板，靶板应是光洁的铜板。

f. 再次启动燃气轮机至额定转速，吹扫一段时间后停止燃气轮机，检查靶板以确认清洁状况（以异物打击印痕小于 $\phi0.5mm$ 为标准或执行供货商的技术要求）。

g. 若检验结果不符合要求，则再次进行 2h 燃气轮机空负荷下的空气吹扫，直至靶板清洁度满足要求。

h. 移除靶板并安装好开口处的盲板，打开 TCA 下游抽气管线上的阀门⑪，关闭 TCA 过滤器下游抽气旁路管线上的阀门⑫和⑬。

i. 确认 TCA 管道系统所有管线已恢复安装，用链条锁闭阀门（阀门⑪⑫⑬），防止误操作。

6）完成 TCA 高盘吹扫记录表 4-9 的填写。

表 4-9 TCA 高盘吹扫记录

第一阶段				
吹扫次数				
转速				
润滑油压				
润滑油温				
最高瓦温				
最高瓦振				
最高轮盘腔室温度				
吹扫持续时间				
吹扫间隔				

续表

第二阶段				
吹扫次数				
转速				
润滑油压				
润滑油温				
最高瓦温				
最高瓦振				
最高轮盘腔室温度				
吹扫持续时间				
吹扫间隔				
第三阶段				
吹扫次数				
转速				
润滑油压				
润滑油温				
最高瓦温				
最高瓦振				
最高轮盘腔室温度				
吹扫持续时间				
吹扫间隔				
第四阶段				
吹扫次数				
转速				
润滑油压				
润滑油温				
最高瓦温				
最高瓦振				
最高轮盘腔室温度				
吹扫持续时间				
吹扫间隔				
第五阶段				
吹扫次数				
转速				
润滑油压				
润滑油温				
最高瓦温				
最高瓦振				
最高轮盘腔室温度				
吹扫持续时间				
吹扫间隔				

7) 调试工作完成后应及时填写分系统调试质量验收表。

四、危险点分析及控制措施

透平冷却与密封空气系统调试需要对水侧进行冲洗、气侧进行吹扫，存在多种危险因素，因此，调试过程开始前应进行危险点分析并制定安全防护措施，避免调试过程中的人身、设备伤害及系统污染。

常见的危险点及预防措施如下。

（1）防止调试过程中污染燃气轮机。

1）水侧冲洗时应做好分段冲洗措施，在 TCA 前管道冲洗合格后再带上 TCA 进行冲洗。

2）冲洗时 TCA 冷却器的气侧液位开关应试验正常，一旦发生报警，应立即关闭 TCA 冷却器进口阀，打开气侧疏水阀，排出积水。

3）在高盘吹扫前要完成轴承冷却与密封空气系统的清理和验收工作，避免高盘吹扫时污染轴承箱。

（2）防止高盘吹扫时人身伤害事故。

1）每一阶段中都包含吹扫效果检查，检查人员在检查吹扫出口滤网清洁度期间，应与吹扫负责人做好沟通，确保燃气轮机停止，避免出现燃气轮机突然启动伤及检查人员的情况。

2）第五吹扫阶段中要进行打靶，应制定措施明确靶板安装流程和靶板安装后启动燃气轮机吹扫步序的传递关系，确保安装靶板人员的安全。

（3）防止高盘吹扫时设备损害事故。

1）应根据各阶段吹扫系统图确认各阀门和孔板、临时堵板的状态符合要求，吹扫管路中不能有其他物品遗落其中，避免吹扫时打坏设备。

2）吹扫应按步序进行，前一阶段合格后方可进行下一阶段，避免污染燃气轮机通流部分。

（4）高盘（冷拖）试验过程中其他风险分析及控制措施参见"第六章 第一节 燃气轮机冷拖试验"。

第四节　压气机防喘放气系统

根据压气机设计原理，在压气机启停阶段的低转速工况下，空气流量很小，气流在各级叶片的入口冲击角将变成正冲角，此时，容易在叶片背部产生气流附面层分离的现象，称为失速（stall）。旋转失速的进一步恶化会导致压气机产生喘振（surge）。喘振发生时压气机产生强烈振动，现场会有低沉噪声，可能会损坏压气机的叶片，是调试期间需要重点关注和避免的重大故障之一，第二节提到的 IGV 就是防止喘振发生的措施之一。

在压气机通流部分的某一个或若干个截面上安装防喘放气阀也是防止喘振的措施之一。在启动工况和低转速工况下，流经压气机前几级的空气流量过小，以致会产生较大的正冲角，从而导致压气机进入喘振工况。如果在容易发生喘振的级后面，开启一个或几个旁通放气阀，驱使更多的空气流过放气阀之前的那些级，这样就可避免在这些级中产生过大的正冲角，从而达到防喘的目的。

经过反复试验，如果把防喘放气阀安装在最前面几级并不能获得很好的防喘效果，如果放在最后几级，虽然效果较好，但由于放气压力很高，能量损失很大。所以总是将防喘放气阀分布在压气机的某些截面上。在一般情况下，压气机的防喘放气引出与第三节中的冷却密封空气引出，是在同一级的端面上甚至是同一个引出接口，包上保温后，现场的管道、阀门、走向从外观看起来颇为相似。但是两者的功能和控制逻辑完全不同，不可混淆。

本节以三菱公司 M701F 型燃气轮机为例，介绍压气机防喘放气系统的分系统调试。

一、常用术语及定义

典型的防喘放气系统通常涉及下列术语或概念，相关解释如下。

1. 喘振

由图 4-21 可以看到，在压气机特性线的左侧，有条喘振边界线。不同转速时，压气机发生喘振现象时所对应的最小流量的数值也不同，如某转速下流经压气机的空气流量减小到一定程度而使运行工况进入到喘振边界线的左侧，则整台压气机就不能稳定工作。此时，空气流量会出现波动，忽大忽小；压力出现脉动，时高时低。严重时，甚至会出现气流从压气机的进口处倒流出来的现象，同时还会伴随着低频的怒吼声响，还可能会使机组产生强烈的振动，这种现象通称为喘振现象。

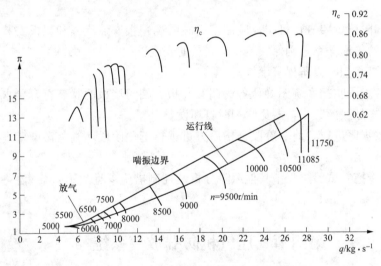

图 4-21 某多级轴流式压气机的特性线

2. 典型防喘放气动作流程

以三菱公司 M701F 燃气轮机为例，其防喘放气系统如图 4-22 所示，防喘放气的三个抽气口与透平冷却密封空气系统相同，第 1、2、3 级放气分别来自压气机第 6、11、14 级抽气，并在放气口加装了防喘阀。当机组处于低转速时，高、中、低压防喘放气阀打开，将进入压气机中的一部分空气放出，排放到燃气轮机的排烟扩散段的通道中，从而增加压气机在低转速下通流量，使运行工况点避开喘振边界。当机组转速到接近或达额定转速时，机组的运行工况已远离了压气机的喘振边界，防喘放气阀均关闭。

系统配置的高压、中压和低压防喘放气阀都是气动控制阀，受控制系统控制打开或关闭，各个防喘阀都配置有相应的位置开关，并将位置开关的反馈信号传送至控制保护系统。

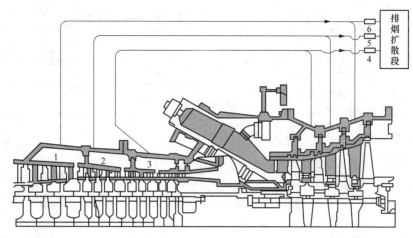

图 4-22 防喘抽放气通道

1—低压抽气室；2—中压抽气室；3—高压抽气室；4—高压防喘阀；5—中压防喘阀；6—低压防喘阀

3. 防喘放气阀

M701F 燃气轮机防喘放气系统配置三个压力等级的防喘放气阀，即高压、中压、低压防喘放气阀。三级阀门都是双位阀体、失气或失电开型阀门，如图 4-23 所示。电磁阀带电关闭后，压缩空气进入主阀体传动筒，筒内压力升高后，使防喘放气阀门关闭；当电磁阀失电打开后，作动筒内压缩空气排出，筒内压力降低，防喘放气阀在预置弹簧力作用下打开。

采用失气或失电开型阀门意味着在机组运行中如控制电源失去或仪用压缩空气气源失去，则防喘放气阀开启，燃气轮机跳闸。

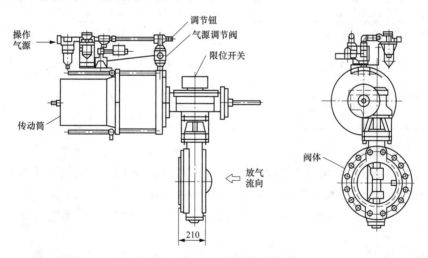

图 4-23 高压防喘抽放气阀结构

二、调试前的安装验收要求

在进入分系统调试前，压气机防喘放气系统所涉及的设备应安装完毕，单体试运完成且验收合格。仍以 M701F 燃气轮机为例，压气机防喘放气系统主要设备清单及调试前的安装要求见表 4-10。

表 4-10	典型压气机防喘放气系统主要设备清单及安装验收要求	
设备名称	设备功能	调试前验收要求
防喘放气阀	控制防喘放气系统的通断	单体调试完成，位置反馈及动作速度整定符合供货商要求
防喘放气管线	防喘放气通道	采用人工清洗、机械清洗和吸尘器清洗等方法清洁并验收合格后按图纸正确安装

三、调试通用程序

（1）收集资料，现场调研并编写调试措施，制订调试计划。

（2）压气机防喘放气系统调试应该在所有设备安装并连接完毕、热工控制系统安装校验完毕、相关系统试运结束以后进行。在调试前对要使用的仪器、仪表进行检查，确保完好无损。

（3）作业开始前，作业负责人组织检查质量、环境、职业健康安全措施是否符合要求，并向参加人做质量、环境、职业健康安全交底后，方可开始现场工作。

（4）阀门传动。因防喘放气阀的开关状态涉及燃气轮机保护，所以可在阀门传动时进行失气、失电等阀门动作方向性试验，确认阀门在事故工况下的安全动作方向正确。阀门传动时应确认阀门动作迅速灵活，动作时间符合技术协议相关要求。

（5）逻辑传动。阀门联锁和主机保护传动可在燃气轮机仿真状态下，通过实动阀门的方式进行传动。

M701F 燃气轮机防喘放气阀动作逻辑见表 4-11。

表 4-11	典型压气机防喘放气阀逻辑设计
条　件	动　作
燃气轮机启动	高、中、低压防喘放气阀打开
燃气轮机转速达到 2100r/min	高压防喘放气阀关闭
燃气轮机转速达到 2815r/min	低压防喘放气阀自动关闭
	延时 5s 后中压防喘放气阀自动关闭
燃气轮机脱网或机组跳闸	3 个防喘放气阀打开
惰走 20min 或 转速低于 300r/min 延时 10s	3 个防喘放气阀均关闭

燃气轮机防喘放气阀的动作正确与否或状态正确与否涉及燃气轮机主保护，当防喘放气阀位置出现以下任一异常时，控制系统发出报警，机组跳闸。一般包括下列条件：

1）机组启动，转速大于 2100r/min，延时 20s，高压防喘放气阀未完全关闭。

2）机组启动指令发出后延时 3s 且转速小于 2815r/min 时，低压防喘放气阀未完全开启。

3）升速期间转速达到 2815r/min 时延时 20s 或转速大于 2940r/min，低压防喘放气阀未完全关闭。

4）机组启动指令发出后延时 3s 且转速小于 2815r/min 时，中压防喘放气阀未完全开启。

5）升速期间转速达到 2815r/min 时延时 20s 或转速大于 2940r/min 时，中压防喘放气阀未完全关闭。

6) 正常运行中，限位开关显示低压防喘放气阀未关闭（三取二）延时 1s。

7) 正常运行中，限位开关显示中压防喘放气阀未关闭（三取二）延时 1s。

8) 正常运行中，限位开关显示高压防喘放气阀未关闭（三取二）延时 1s。

（6）调试工作完成后应及时填写分系统调试质量验收表。

四、危险点分析及控制措施

压气机防喘放气系统调试需要传动防喘放气阀、传动相关燃气轮机联锁保护逻辑，存在多种危险因素，因此，调试过程开始前应进行危险点分析并制定安全防护措施，避免调试过程中的人身、设备伤害。

常见的危险点及预防措施包括：

（1）传动时应有可靠通信手段，确保人员远离动作部件，防止意外伤害。

（2）应确认燃气轮机处于仿真状态，对仿真状态下由于模拟转速变化时可能触发的其他逻辑进行检查并采取合理措施，防止可能对其他系统的工作人员和设备造成伤害。

第五节　天然气调压站系统

天然气调压站系统主要作用是供给压力及洁净度满足燃气轮机要求的天然气，如电厂配备以天然气为燃料的启动锅炉，则启动锅炉所需的天然气一般也由调压站供给。调压站同时还具备故障工况下迅速切断天然气供应保护下游各系统安全的作用。如图 4-24 所示，以一套 9F 二拖一联合循环机组为例，其天然气调压站系统一般由进口及比对计量单元、调压单元及启动锅炉加热调压单元等部分组成。系统内配有氮气置换管路及泄压放空管路，同时还设有绝缘接头、天然气泄漏探测报警控制系统、火灾探测报警控制系统及灭火系统。

（1）计量单元。进口及比对计量单元主要用于过滤来自上游的天然气，定性、定量分析天然气组分并计算天然气流量，同时还保障天然气调压站系统及燃气轮机正常运行及紧急工况下的安全。该单元一般包含 ESDV（紧急关断阀）、粗精一体过滤分离器、气相色谱仪、天然气集团贸易计量撬、比对计量撬等装置。

（2）调压单元。调压单元主要用于调节天然气压力使其稳定在合适的范围内，以满足燃气轮机需求。图 4-24 所示系统，在正常情况下外部天然气供应压力略高于电厂燃气轮机燃烧所需压力，因此主调压装置为降压调压器；为预防冬季等天然气高需求时段外供天然气压力下降，不能满足电厂燃气轮机正常燃烧需求，系统中配置了天然气增压机，调压站可切换到增压方式供给天然气。调压单元可分为 5 路，分别为带增压机调压 2 路、热备用 1 路以及降压调压 2 路。当天然气压力较低时，带增压机调压管路处于工作状态，此时比对计量撬出口的天然气先经工作及监控调压器调压，再通过增压机加压然后进入对应下游的前置模块系统，并且当带增压机调压管路发生故障关闭后还可通过对应的热备用管路来为前置模块系统供给天然气。天然气压力较高时，降压调压管路处于工作状态，天然气经调压器调压后直接进入前置模块系统。

（3）启动锅炉加热调压单元。该部分主要用于加热天然气，使其温度满足启动锅炉燃烧需求，防止后续调压过程使天然气温度过低产生冷凝液体。加热后将天然气压力调节至满足启动锅炉正常运行所需压力值，降低来气压力，防止损坏设备。该单元一般包含启动

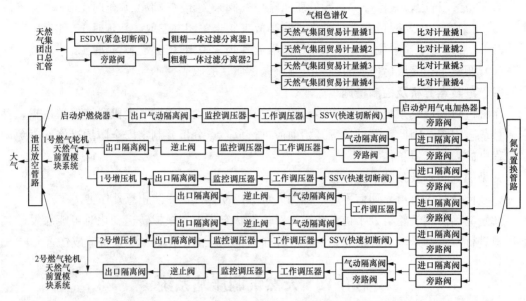

图 4-24　某二拖一联合循环机组天然气调压站系统示意图

锅炉用气电加热器、快速切断阀（SSV）、工作调压器、监控调压器、出口气动隔离阀等装置。

天然气调压站系统主要调试工作一般包括内容：

1）系统阀门传动试验，若阀门设有联锁功能或主控室盘前设有紧急按钮，应进行传动检验。

2）系统气体置换：

a. 在国家标准 GB 50973—2014《联合循环机组燃气轮机施工及质量验收规范》中，对于天然气调压站的气体置换作出了详细且严格的规定。

b. 氮气置换空气：置换合格标准为排放气体中氧气体积含量低于 1%，宜维持系统内氮气压力 0.15～0.30MPa。

c. 天然气置换氮气，直至天然气浓度达到设计要求，设计无要求时，天然气浓度应不低于 99%。

d. 按系统设计要求升压至工作压力。

3）调压装置调试：

a. 减压调压装置，调整调压装置后气体压力达到设计值，调压装置后气体压力超压应能隔断上游供气。

b. 增压调压装置，需要完成以下工作：天然气增压机附属系统调试；天然气增压机电动机试运；天然气增压机空载试运；天然气增压机带负荷试运。

一、常用术语及定义

典型的天然气调压站系统通常涉及下列术语或概念，相关解释如下。

1. 紧急关断阀（emergency shutdown valve，ESDV）

现场也称为 ESD 阀。ESDV 是 ESD（紧急切断）系统的核心装置，掌控了天然气调压站系统及下游燃气轮机的天然气供应。主要功能是在紧急工况下迅速关闭以实现调压站系统天然气供应的切断，保障电厂安全。该阀为开关型，正常运行为全开状态，当天然气调压站系统发生天然气浓度超高限报警、火灾、爆炸或其他紧急事件导致 ESD 系统关断条件触发，则 ESDV 迅速联锁关闭；也可由运行人员确认后通过手动操作就地急停按钮或远方盘前急停按钮发出关闭 ESDV 指令。ESDV 一般为气动阀并配有旁路阀，阀门装设限位开关并将开关信号传至远方 DCS 系统实现在线监控。其气动执行机构可用天然气也可用压缩空气作为控制气源，气缸为单路进气，失气阀关。阀开前应先开启旁路阀平衡前后压差，开启或关闭方式包括就地手动操作执行机构气源控制阀和远方 DCS 系统遥控两种。气动 ESDV 关闭时间一般要求小于或等于 3s，开启时间一般要求小于或等于 5s，具体时间可根据机组需求决定。

2. 粗精一体过滤分离器

一般布置在天然气集团贸易计量撬的上游，可分离去除天然气中的水分及重烃类等杂质，防止影响燃烧室正常运行，结构上主要包含挡板聚结式过滤器及排污装置。挡板聚结式过滤器分为两级：第一级为挡板，通过惯性离心作用以及直接挡板的撞击拦截作用使气流中的大量水滴及较大颗粒杂质分离去除；第二级为聚结式过滤器，通过聚结纤维材料去除剩余水分及细小杂质颗粒。过滤器为双联设置，单台 100％ 容量，一用一备。排污装置由气动排污阀、隔离阀及流量孔板构成。正常运行时，隔离阀保持常开，排污阀状态由电磁阀控制。液位高，液位开关报警并使电磁阀带电控制排污阀开启；反之液位开关复位，电磁阀失电使排污阀关闭。

3. 气相色谱仪

通过采样探头对天然气进行采样并将样品传递到采样调节系统，经过滤调节后再传递至分析系统进行天然气成分分离和定性、定量检测，并将结果传递到远方 DCS 系统供运行人员在线监测。

4. 比对计量撬

布置在天然气集团贸易计量撬的下游，一用两备，主要用于检查校验天然气集团贸易计量撬内流量计的准确性。该模块主要由进口隔离阀和旁路阀、超声波流量计以及出口隔离阀组成，通过超声波流量计对经过天然气调压站系统的天然气流量进行瞬时和累积计算，通过终端计算设备处理后获得以 m^3/h 为单位的标准状态下天然气体积流量，并将结果传递到远方 DCS 系统供运行人员在线监测。

5. 安全关断阀（safety shutdown valve，SSV）

现场也常称之为"快速切断阀"或"快速关断阀"。是自力式安全防爆快关阀，一般布置于调压单元带增压机调压管路以及启动锅炉加热调压单元。其主要功能是通过阀门关闭来切断相应管路的供气。该阀为开关型，正常运行为全开状态，阀门装设限位开关并将开关信号传至远方 DCS 系统实现在线监控。通过就地操作安装于 SSV 上部的指挥器可实现 SSV 的关闭及开启。当工作及监控调压器全部失效后，下游天然气压力升高或下降至设定值，SSV 均会自动关闭，此时热备用管路工作调压器投入运行。SSV 气动执行机构采用下游天然气为气源，失气关闭，一般会备有就地急停按钮用于手动及时关闭 SSV。

6. 工作调压器

自力式调压器，自动调控下游管线内天然气压力至所需值。失效状态下开启，失气关闭。是降压式调压装置，现场也常称之为"调压撬"。

7. 监控调压器

自力式调压器，当工作调压器失效时自动调节下游管线内天然气压力至所需值。失效状态下关闭，失气开启。同一管路工作和监控调压器以及不同管路调压器之间的自动切换是通过各调压器调控压力设定值的差异实现的。以调压单元带增压机调压管路为例，其工作调压器调控压力设定值略低于监控调压器，两者下游均配有压力表用于监督工作或监控调压器的工作状态，SSV（快速切断阀）的关闭压力设定值最高；热备用管路工作调压器调控压力设定值最低。正常运行工况下，工作调压器调压、监控调压器全开，两者下游压力表数值均为工作调压器调控压力设定值；当工作调压器失效全开，监控调压器开始工作，则工作调压器下游压力表数值为上游比对计量撬的来气压力，监控调压器下游压力表数值则为监控调压器调控压力设定值；当监控调压器也失效，则监控调压器全关，若监控调压器下游压力无法恢复其调控压力设定值，仍继续上涨至 SSV 的关闭压力设定值，则触发 SSV 自动关闭，带增压机调压管路停止供气。但此时下游燃气轮机仍在继续用气，则当监控调压器下游压力降至热备用管路工作调压器的调控压力设定值时，热备用管路的工作调压器开始工作。

8. 气动隔离阀

一般布置于调压单元热备用管路和直通调压管路。其主要功能是通过阀门关闭来切断相应管路的供气。该阀为开关型，正常运行为全开状态，气动隔离阀装设限位开关并将开关信号传至远方 DCS 系统实现在线监控。其气动执行机构采用压缩空气作为控制气源，气缸为双路进气，失气保位。开启或关闭方式包括就地手动操作执行机构气源控制阀和远方 DCS 系统遥控两种。

9. 旁路阀

安装于各管路及装置的 ESDV、进口隔离阀以及调压器前气动隔离阀的旁路。使用时须缓慢开启，用于对上述各阀门的下游管路缓慢升压。待阀前后压差平衡后，方可缓慢开启阀门，再关闭旁路阀，然后继续开启下游阀门，以防阀门前后压差过大强行开启使湍急气流划破阀面或对下游设备及阀门造成冲击损害。

10. 增压机

安装于调压单元带增压机调压管路末端，当外部供气压力不能满足燃气轮机燃烧需求时，对入厂天然气进行增压以满足燃气轮机压力需求。通常选用离心式气体压缩设备，分为变速调节与定速调节两类。以定速调节型为例，一般包含下列装置，

（1）增压机电动机：增压机驱动设备。

（2）齿轮箱：控制增压机变速装置。

（3）润滑油系统：包括主油泵、辅助油泵、压力调节器、过滤器、冷油器、油箱、排油烟风机、油箱加热器等设备，用于正常运行、启动及停止过程中为增压机旋转设备提供压力、温度合格的润滑油。

（4）防喘再循环旁路：旁路再循环阀在给定压力下当处于低流量工况时开启，防止增压机发生喘振。该再循环管路有冷却水冷却。

（5）冷却水系统：增压机电动机冷却水及润滑油的冷却水通常采用引自主厂房的闭式冷却水。

（6）制氮机：为防止增压机内部天然气及齿轮箱内部用油外漏，需要向增压机提供防

爆、惰性密封气体。制氮机即用于为增压机密封系统提供压力稳定的氮气源。

（7）储氮罐：当制氮机系统出现故障时，能够暂时满足氮气密封系统的用氮需求。

11. 启动炉用气电加热器

加热天然气使其温度满足启动锅炉燃烧需求，防止后续调压过程使天然气温度过低产生冷凝液体。加热器前后配有隔离阀方便检修时隔离。电加热器可通过就地 PLC 控制柜的启停按钮或远方 DCS 系统的启停遥控指令来控制电加热器的正常运行和停止。若发生紧急情况，可在就地 PLC 控制柜按急停按钮或在远方 DCS 系统遥控急停，使控制柜主断路器跳闸。当内部气体或管束温度超过报警值，则相应指示灯亮。当发生内部气体或管束温度超过关断值、断路器分闸等故障时，就地 PLC 控制柜联停电加热器，且相应指示灯亮，待故障修复且控制柜上复位按钮手动按下后，电加热器可以重新启动加热。当漏电联锁动作后，电加热器停运，待故障修复方可重新启动。为满足下游用气温度需要，电加热器的输出功率由其管路出口热电阻的温度信号进行无级控制。

12. 氮气置换管路

一般包含氮气置换接口、金属软管及氮气汇流排或槽车等装置，用于氮气置换。氮气置换接口包含进口逆止阀及一、二道截止阀，下游与天然气管路连接，上游可与氮气汇流排或槽车用金属软管连接。

13. 泄压放空管路

对超压泄放、紧急放空、启机、停机或检修时排放出的气体进行收集和处理的设施。泄压放空管路由气动放空阀（blowdown valve，BDV）、手动放空阀、减压阀、安全阀等泄压设备、收集管线、放空管和处理设备（如分离罐、火炬）或其中一部分装置组成。

BDV 一般布置在调压单元的直通调压管路出口隔离阀与天然气前置模块系统之间。主要功能是在紧急工况下迅速开启以实现调压站系统天然气放空，保障电厂安全。BDV装设限位开关并将开关信号传至远方 DCS 系统实现在线监控，其气动执行机构采用压缩空气作为控制气源，气缸为单路进气，失气阀开。开启或关闭方式包括就地手动操作执行机构气源控制阀和远方 DCS 系统遥控两种。

手动放空阀用于管线检修时，手动泄放压力或置换过程中排放混合气体；安全阀用于热态超压放散保护，当管线经调压后或过滤器超压时可自动泄压。

14. 绝缘接头

用于将天然气调压站系统内各管路与上游受阴极保护的埋地管分隔，以防静电产生爆炸。

15. 天然气泄漏探测报警控制系统

由天然气泄漏探测器、天然气泄漏控制器、联动输出设备及其他辅助装置构成。主要通过布置在各个区域的天然气泄漏探测器探测调压站系统内天然气的泄漏情况，并将天然气浓度以模拟量方式传递到对应的天然气泄漏控制器再传至远方 DCS 系统同时以开关量方式传递到火灾探测报警控制系统供运行人员在线监控。当天然气浓度超过上限，将触发火灾探测报警控制系统显示报警信息并发出相应的声光信号：当泄漏量大于高Ⅰ值时（通常为 25％爆炸下限，即＞25％LEL，Lower Explosive Limit），触发高报警信息并发出相应的声光信号；当泄漏量大于高Ⅱ值时（通常为 50％爆炸下限，即＞50％LEL）则触发高高报警信息并发出相应的声光信号，同时联锁关闭 ESDV，联锁开启 BDV。

16. 火灾探测报警控制系统

由火灾探测触发器、火灾报警控制系统、联动输出设备及其他辅助装置构成。可在火灾或爆炸前期，通过感温、感烟探头等传感器将燃烧生成的烟雾、热量、火焰及温度等物理量变成电信号，传输到火灾报警控制系统触发相应报警信息并发出声光指示以疏散着火区及周围邻近区域人员，同时联锁关闭 ESDV，联锁开启 BDV。火灾报警控制系统还会记录灾害发生的区域、时刻等。

17. 灭火设备

包括移动式灭火器、室外消火栓以及砂箱等灭火设施。移动式灭火器配置为推车式干粉灭火器及手提式磷酸铵盐干粉灭火器，根据《建筑灭火器配置设计规范》（GB 50140—2005）规定：移动灭火器存储地点温度不可超过 55℃，其中手提式灭火器位置最大保护距离不可超过 9m，推车式灭火器位置最大保护距离不可超过 18m。砂箱内细砂量不可少于规定数值。

二、调试前的安装验收要求

在分系统调试前检查天然气调压站系统所涉及的设备均安装完毕，单体试运完成且验收合格。典型的二拖一联合循环机组天然气调压站系统主要设备清单及调试前的安装要求见表 4-12。其中，安装位置为大致要求，可根据现场情况进行调整。

表 4-12　　　　　　　典型天然气调压站系统主要设备清单及安装验收要求

设备名称	设备功能	调试前验收要求
ESDV（紧急关断阀）	切断天然气调压站系统供气	按设计要求安装完毕
粗精一体过滤分离器	清洁天然气	单体试运完成
气相色谱仪	天然气成分分离和定性、定量检测	单体试运完成
比对计量撬	检查校验天然气集团贸易计量撬内流量计的准确性	单体试运完成
进/出口隔离阀	检修时与其他管路隔离	按设计要求安装完毕
SSV（快速切断阀）	切断相应管路的供气	按设计要求安装完毕
工作调压器	自动调控下游管线内天然气压力至所需值	按设计要求安装完毕
监控调压器	自动调控下游管线内天然气压力至所需值	按设计要求安装完毕
气动隔离阀	切断相应管路的供气	按设计要求安装完毕
止回阀	防止天然气逆流	按设计要求安装完毕
旁路阀	使调压管路缓慢升压	按设计要求安装完毕
增压机	对天然气增压满足燃机压力需求	单体试运完成
启动炉用气电加热器	加热天然气使其温度满足启动锅炉燃烧需求	单体试运完成
出口气动隔离阀	通过阀门关闭来切断启动锅炉的供气	按设计要求安装完毕
氮气置换管路	氮气置换	按设计要求安装完毕
泄压放空管路	对超压泄放、紧急放空、启机、停机或检修时排放出的气体进行收集和处理	按设计要求安装完毕
绝缘接头	分离地上管路与地埋管，以防静电产生爆炸	按设计要求安装完毕
天然气泄漏探测报警控制系统	探测并预防天然气泄漏等	单体试运完成
火灾探测报警控制系统	探测并预防火灾及爆炸等	单体试运完成
灭火系统	灭火	单体试运完成
闭式冷却水系统	为润滑油冷却器及电动机提供冷却水	分系统试运合格

三、调试通用程序

下述调试或试验过程中所涉及的定值均以某三菱 M701F 级二拖一联合循环机组为例，具体的调试项目面对不同厂商机型或机组设计，所涉及的定值会有所不同。

（一）系统完整性检查

系统完整性检查包括：

（1）天然气调压站系统所有管路及装置安装连接工作已经按照系统说明完成。

（2）天然气调压站系统管路吹扫、升压试验均已完成并验收合格。

（3）天然气调压站系统内防爆防火灾设施调试完毕并有签证。

（4）热工控制系统及就地仪表盘安装校验完毕并已投入运行。

（5）系统相关阀门单体调试合格，手动阀操作灵活可靠，并有相关记录。

（6）电气相关设备与系统安装调试完毕，回路及绝缘合格，正式电源已接并可正常投入。

（7）系统现场无影响试运的杂物，装置、管路、表计表面及周围环境清理干净并标注名称，无易燃物，工作区域内无明火作业。

（8）增压机润滑油冲洗已完成，管道系统恢复，油箱内油位正常。

（9）备好砂箱、灭火器等足够的消防工具，并有专人负责消防工作。

（10）闭式冷却水分系统调试完毕，增压机系统冷却水供应正常。

（11）氮气瓶供应充足，充氮系统及工具准备完毕。

（12）天然气已供给至调压站系统上游，且满足天然气调压站分系统调试需求。

（13）红外线温度计、防爆通信设备等准备完毕。在调试前还要对使用的仪器、仪表进行检查，确保完好无损。

（二）系统阀门传动

1. ESDV（紧急关断阀）功能传动

开启仪表气或压缩空气系统供气阀，通过操作调压旋钮使 ESDV 气动头进气压力维持在正常工作范围。

在 ESDV 关闭状态下，通过远方 DCS 系统阀门操作界面向 ESDV 发出开启指令，观察就地阀位是否处于全开状态，远方观察全开反馈是否出现。保持 ESDV 开启，分别用远方 DCS 系统阀门操作界面、就地急停按钮或远方盘前急停按钮向 ESDV 发出关闭指令，观察就地阀位是否处于全关状态，远方观察全关反馈是否出现。

若阀门有就地手动操作模式，则将 ESDV 控制气路中的三通阀切换到手动控制状态，就地手动操作三通阀控制 ESDV 开启，并观察就地阀位是否处于全开状态，远方观察全开反馈是否出现；保持 ESDV 开启，就地手动操作三通阀控制 ESDV 关闭，并观察就地阀位是否处于全关状态，远方观察全关反馈是否出现。

开启 ESDV，热工人员在远方继电器柜或就地控制柜切断控制线，使 ESDV 失去控制信号，机务人员就地及远方观察 ESDV 是否关闭，复测结束后恢复系统。

开启 ESDV，就地切除气动回路气源，使 ESDV 在失气状态，观察 ESDV 是否关闭，复测结束后恢复系统。

2. BDV（气动放空阀）功能传动

开启仪表气或压缩空气系统供气阀，通过操作调压旋钮使 BDV 气动头进气压力维持在正常工作范围。

在 BDV 开启状态下，通过远方 DCS 系统阀门操作界面向 BDV 发出关闭指令，观察就地阀位是否处于全关状态，远方观察全关反馈是否出现。保持 BDV 关闭，分别用远方 DCS 系统阀门操作界面、就地开启按钮或远方盘前开启按钮向 BDV 发出开启指令，观察就地阀位是否处于全开状态，远方观察全开反馈是否出现。

若阀门有就地手动操作模式，则将 BDV 控制气路中的三通阀切换到手动控制状态，就地手动操作三通阀控制 BDV 关闭，并观察就地阀位是否处于全关状态，远方观察全关反馈是否出现；保持 BDV 关闭，就地手动操作三通阀控制 BDV 开启，并观察就地阀位是否处于全开状态，远方观察全开反馈是否出现。

关闭 BDV，热工人员在远方继电器柜切断控制线，使 BDV 失去控制信号，机务人员就地及远方观察 BDV 是否开启，复测结束后恢复系统。

关闭 BDV，就地切除气动回路气源，使 BDV 在失气状态，观察 BDV 是否开启，复测结束后恢复系统。

3. 气动隔离阀传动

分别在远方 DCS 系统阀门操作界面和就地手动操作模式下开启和关闭各气动隔离阀，同时观察就地阀位及远方反馈的全开、全关状态是否正确，并分别记录阀门的开启和关闭时间。复测结束后恢复系统。

4. SSV（快速切断阀）传动

保证 SSV 所在管路压力处于 SSV 设定的正常工作范围值内且 SSV 出口无泄漏，通过开启 SSV 自带旁路阀使 SSV 上下游管路压力平衡。在 SSV 无故障条件下就地通过解除指挥器锁定手动开启 SSV，通过就地急停按钮关闭 SSV，同时观察就地阀位及远方反馈的全开、全关状态是否正确，并分别记录阀门的开启和关闭时间。复测结束后恢复系统。

5. 系统阀门传动结果记录

上述试验结束后将结果记录于表 4-13 中。

表 4-13 系统阀门传动记录

阀门	失电状态	失气状态	失信号状态	远方全开时间（s）	远方全关时间（s）	阀位指令 0% 对应远方反馈及就地阀位	阀位指令 100% 对应远方反馈及就地阀位	就地或远方盘前紧急按钮
ESDV								
1 号燃气轮机 BDV								
2 号燃气轮机 BDV								
1 号燃气轮机热备用管路气动隔离阀								
2 号燃气轮机热备用管路气动隔离阀								
1 号燃气轮机直通管路气动隔离阀								
2 号燃气轮机直通管路气动隔离阀								

续表

阀门	失电状态	失气状态	失信号状态	远方全开时间（s）	远方全关时间（s）	阀位指令0％对应远方反馈及就地阀位	阀位指令100％对应远方反馈及就地阀位	就地或远方盘前紧急按钮
启动锅炉加热调压单元出口气动隔离阀								
1号燃气轮机 SSV								
2号燃气轮机 SSV								
启动锅炉加热调压单元 SSV								

（三）报警、保护与联锁功能试验

1. 天然气泄漏探测器复测

多个天然气泄漏探测器布置在天然气调压站系统内，测量并显示调压站系统各个区域的天然气浓度，并以模拟量的方式传输到对应的天然气泄漏控制器再传输到远方 DCS 系统，同时以开关量方式传输到火灾探测报警控制系统，用于在线监控。根据现场情况，可用信号发生器在天然气泄漏探测报警控制系统相应端子排的输入端模拟天然气 25％LEL 的一级报警及 50％LEL 的二级报警信号。信号发生之后，观察火灾探测报警控制系统及远方 DCS 系统是否发出相应的天然气浓度超高限报警信号以及相应的声光信号，同时观察屋顶排风机联启是否正常、ESDV 是否联关、BDV 是否联开。记录触发报警及联锁的天然气浓度值并与设定值作比较，然后复位。试验结束后，恢复系统正常。

2. 火灾探测触发器复测

火灾探测触发器布置在天然气调压站系统内，测量并显示调压站系统各个区域发生火灾或爆炸前期产生的烟雾、热量、火焰及温度并以模拟量的方式传输到火灾报警控制系统，同时将相关信息传输到远方 DCS 系统用于在线监控。根据现场情况可用信号发生器在火灾探测报警控制系统相应端子排的输入端模拟火灾、爆炸等报警信号。信号发生之后，观察火灾探测报警控制系统及远方 DCS 系统是否发出相应的火灾、爆炸等报警信号以及相应的声光信号，同时观察天然气调压站系统屋顶排风机联启是否正常、ESDV 是否联关、BDV 是否联开。记录触发联锁的相应情况，然后复位。试验结束后，恢复系统正常。

3. 启动炉用气电加热器操作模式及联锁功能复测

通过在就地 PLC 控制柜切换远方和就地状态，分别在远方 DCS 系统电加热器操作界面和就地 PLC 控制柜启动和停止电加热器，并在启动状态下试验就地 PLC 控制柜急停按钮以及远方 DCS 系统急停按钮停止电加热器的功能，同时观察就地运行及远方反馈的启停状态是否正确。

（四）系统气体置换

1. 漏点检查

虽然管道系统在安装阶段应经过打压试验且合格，但仍有必要在置换过程中同步进行天然气查漏。查漏范围包括各管路及装置、各阀门前后法兰连接处、各表计取样管路接口处以及表计排污阀。多种查漏方法同时进行：第一、用肥皂水进行喷淋检查；第二、置换系统静置一段时间（宜 12h 以上），安排专门人员定期观察各管路及装置压力是否变化；第三、置换为天然气（重点在升压后）后使用专用设备进行天然气漏点检查。

2. 氮气置换空气

置换系统通天然气前必须将各管路及装置内的空气置换成氮气，不允许各管路及装置直接通天然气。置换系统内各单元的氮气置换由氮气置换管路以及泄压放空管路来完成。置换完毕后管道系统分段保压，检验各隔离阀的严密性。置换范围包括进口及比对计量单元、调压单元及启动锅炉加热调压单元等。

保压期间应定时对置换系统各隔离段压力表或压力变送器读数进行记录，记录表格见表 4-14。

表 4-14　　　　　　　　　　　氮气置换保压原始记录　　　　　　　　　　　MPa

分段	时刻 0	时刻 1	时刻 2	时刻 3	时刻……
粗精一体过滤分离器 1					
粗精一体过滤分离器 2					
气相色谱仪					
天然气集团贸易计量撬 1					
天然气集团贸易计量撬 2					
天然气集团贸易计量撬 3					
天然气集团贸易计量撬 4					
比对计量撬 1					
比对计量撬 2					
比对计量撬 3					
比对计量撬 4					
启动锅炉加热调压单元					
1 号燃气轮机带增压机调压管路					
2 号燃气轮机带增压机调压管路					
1 号燃气轮机热备用管路					
2 号燃气轮机热备用管路					
1 号燃气轮机直通调压管路					
2 号燃气轮机直通调压管路					
1 号增压机					
2 号增压机					

3. 天然气置换氮气

（1）天然气通入前的准备工作。氮气保压静置期间，各段气密性合格。再次确认置换系统的天然气泄漏探测报警控制系统、火灾探测报警控制系统、灭火系统安装调试完毕并已投入使用。

（2）天然气置换氮气。

1）沿管道下游按序缓慢开启置换系统内各管路及装置的进/出口隔离阀、SSV、气动隔离阀及旁路阀等（距离天然气最近的阀门及其所属旁路阀除外）。

2）缓慢开启置换系统最前端和最末端的各手动放空阀，将置换系统内氮气压力泄至微正压后再全部关闭。

3）缓慢开启距离天然气最近的阀门所属旁路阀，向下游充入天然气，使置换系统内压力缓慢上升，在指定的排放或排污口检测混气中天然气浓度，直至所有检测口排出的天然气浓度达到设计要求。设计无要求时，天然气浓度应不低于99％。

4）天然气浓度达标后，缓慢开启BDV、置换系统其他各处手动放空阀、过滤器及电加热器底部排污阀以及所有表计的排污阀等，排除各处死角内可能残存的氮气，然后全部关闭，置换过程结束。

5）再次缓慢开启距离天然气最近的阀门所属旁路阀，按设计要求将置换系统压力缓慢升压至额定工作压力，当主路阀两侧压力平衡后开启该阀门并关闭旁路阀。

6）系统升压到额定压力后，仍需要定期进行天然气系统的巡检，出现漏点及时安排消缺。

（五）减压调压装置调试

1. SSV调试

（1）系统充氮前，应验收和确认厂家对SSV亏压和超压联锁关闭压力的整定工作。

（2）通过旋转指挥器上的手柄转杆及复位按钮打开SSV（若SSV前后有压差，一定要先开旁路阀保证阀前后压力平衡，否则不许操作阀门）。

（3）将指挥器隔膜阀上的下游压力取样管法兰解开，用压力发生器（打压泵或定值器）加压设施模拟下游天然气压力对指挥器隔膜阀取样管缓缓打压，观察并记录手柄转杆动作、阀门关闭的压力值，并与厂家所给定值作比较，若相差较大，则调整指挥器上的弹簧压紧度，重复校验。

2. 调压器调试

（1）调压器压力整定只能在调压站系统通天然气后才能进行。

（2）先将监控调压器调压控制钮旋至最底部，使阀门全开。

（3）再将工作调压器的调压控制钮旋至最顶部，使阀门全关。

（4）保持该段管路SSV或气动隔离阀全开，使调压器内有气流通过。

（5）缓慢旋下调压控制钮，每次旋转度数不宜超过180°，每调整一次后观察调压器下游就地压力表读数，待压力不变后继续调整。

（6）当压力表读数接近设定值时，可能会调节过度，即调压超限。这时可以将调压控制钮小范围回调，然后依靠手动放空阀将下游气体压力降低，准备重新调节压力。

（7）工作调压器经调节达到厂家要求值后，工作调压器调压试验完成。

（8）将监控调压器的调压控制钮旋至最顶部，使阀门全关。

（9）通过手动放空阀将监控调压器下游气体放净，然后重复上面工作调压器调节过程。

（10）监控调压器经调节达到厂家要求值后，监控调压器调压试验完成。

（六）增压调压装置调试

增压调压装置，即指天然气增压机及其附属系统。以下以常见的定速调压增压机为例，具体工作应配合制造商技术人员完成。

1. 天然气增压机附属系统调试

（1）调试前的检查确认。

增压机各装置及管路的安装连接工作已经按照系统说明完成，但电动机与增压机齿轮箱输入端暂时脱开。

润滑油系统循环冲洗完毕，油质合格（以化验报告为准），系统的条件检查参照主机润滑油系统。

天然气进口管道滤网安装完毕，并且坚固可靠，非点焊。

热工控制系统及就地仪表盘安装校验完毕并已投入运行。

系统相关阀门（包括所有表计阀门、增压机阀组、油路截止阀、冷却水截止阀及其他所有阀门）传动试验合格，手动阀操作灵活可靠，并有相关记录。

相关电气部分安装调试完毕，回路及电动机绝缘合格。电动机已接正式电源，动力电源开关为非工作位，动力电源和控制电源可正常投入。

制氮机及仪用空气辅助系统调试完毕，管道已吹扫，系统严密性合格。确保仪用压缩空气压力正常。检查制氮机已启动，且氮气罐出口压力正常，氮气经调节后压力降为额定值。

增压机冷却水供应正常，将电动机冷却水、油冷却水、防喘再循环冷却水管道进行高点排空。

辅助油泵、润滑油箱电加热器及排油烟风扇等单体调试完毕且 380V 电源已送电。

增压机系统各阀门传动完成，阀门动作正常，反馈正常。传动结果记录于表 4-15 中。

表 4-15　　　　　　　　　　增压机阀门传动记录

阀门	全开时间（s）	全关时间（s）	阀位指令 0% 对应远方反馈及就地阀位	阀位指令 n% 对应远方反馈及就地阀位	……	阀位指令 100% 对应远方反馈及就地阀位
进口关断阀						
出口关断阀						
出口放空阀						
进口压力调阀						
进口 IGV						
防喘再循环调阀						
氮气密封压力控制阀						
天然气密封流量控制阀						

（2）报警、保护与联锁功能试验。

根据供货商提供的增压机逻辑保护清单，编制增压机的逻辑保护传动表，在增压机电动机启动前完成传动试验。通常包括：

1）电动机模拟启、停机；

2）轴承温度报警与保护；

3）进气、排气温度报警与保护；

4）进气、排气压力报警与保护；

5）增压机密封氮气压力报警与保护；

6）润滑油压力报警与保护；

7）润滑油温度报警与保护；

8）润滑油箱油位报警与保护；

9）轴振（或轴承振动）保护；

10）增压机喘振保护；

11）增压机入口、出口关断阀、出口排放的开关联锁；

12）润滑油系统辅助设备（如辅助油泵、排油烟风机等）相关联锁。

如上述联锁保护逻辑只输入到就地的 PLC 控制柜，则上述的传动工作要配合制造商现场技术代表进行。

（3）天然气增压机电动机试运。

按旋转方向手盘增压机电动机转子，确认转子轻便、灵活、无卡涩，动静部分无金属碰摩。检查确认增压机电动机绝缘合格，将增压机电动机动力电源和控制电源投入，动力电源开关送入远方工作位。

启动增压机电动机，记录启动电流等运行参数。确认转向正确。试运过程中，检查电动机的各项运行参数，如有异常状态应立即停运。每隔一段时间进行记录，并将记录结果填入表 4-16 中。

表 4-16　　　　　　　　　　　　　增压机电动机试运记录

参数	时刻 1	时刻 2	时刻 3	……	时刻 n
运行电流（A）					
转速（r/min）					
电动机振动（μm）					
辅助油泵电流（A）					
电动机轴承温度（℃）					
电动机线圈温度（℃）					
电动机壳体温度（℃）					

试运结束后，通知相关人员切断控制及动力电源。

2. 天然气增压机空载试运

从工期进展及安全角度考虑，增压机首次运行调试中可考虑不用天然气，而是用氮气。当天然气调压站系统内氮气置换空气完毕则可以开始增压机的空负荷首次试运。

系统内充入氮气后，要打开增压机壳体底部最低点排污门进行排污，将冷凝水全部排完后，再开始试运。

开始试转前，要就地与远方同时确认进出口关断阀、排空阀处于全关位，增压机进口压力调阀与进口 IGV 处于全关位，防喘再循环调阀为全开位；启动辅助油泵及排油烟风扇，并将辅助油泵联锁投入。

在远方 DCS 系统增压机操作画面上检查增压机相关参数，确认无报警显示，否则增压机可能无法启动。

启动增压机，记录启动电流并时刻监视润滑油箱油位变化。检查系统管道及接口有无泄漏，如果发现泄漏应及时停运增压机并消除漏点。检查增压机的各项运行参数是否正常，每隔一段时间进行记录，并将记录结果填入表 4-17 中。

表 4-17　　　　　　　　　　　　增压机空负荷试运记录

参　　数	时刻 1	时刻 2	时刻 3	……	时刻 n
增压机电流（A）					
转速（r/min）					
增压机轴振（μm）					
齿轮箱振动（μm）					
电动机振动（μm）					
增压机轴承温度（℃）					
齿轮箱轴承温度（℃）					
电动机轴承温度（℃）					
电动机线圈温度（℃）					
增压机进口压力（MPa）					
增压机进口温度（℃）					
增压机出口压力（MPa）					
增压机出口温度（℃）					
防喘再循环调阀后压力（MPa）					
润滑油母管油压（MPa）					
润滑油母管油温（℃）					
润滑油箱油位（mm）					
过滤器差压（kPa）					
氮气密封气过滤器差压（kPa）					
天然气密封气过滤器差压（kPa）					

增压机启动后，检查辅助油泵是否联停，并时刻监视油压及油温变化；观察增压机进/出口关断阀联开是否正常。

启动初期就地观察设备运转有无异音，天然气管道及设备是否有氮气泄漏，油系统有无滴漏。

增压机启动后，要确保防喘再循环调阀或出口放空阀开启，IGV 或进口压力调阀关闭，保持空载运行。

3. 天然气增压机停运

若系统无异常，可进行 4～8h 连续带负荷试运。待所有运行数据稳定后再停运。

停运前，先启动辅助油泵。停机后，记录惰走时间。辅助油泵至少运行 1h 方可停止，闭式水系统也要保证停机后至少运转 1h。运行环境温度低于 10℃ 的情况下，辅助油泵有条件时可连续运行。

若增压机长期停机，需定期手动盘动转子，每周需要启动辅助油泵运行 8h 以上，密封氮气要长期保持投运；冬季还要注意闭式水系统结冰。

长期停机后再次启动增压机时，要先将进口压力调阀、进口 IGV 及防喘再循环调阀、进/出口关断阀、出口放空阀、天然气密封流量控制阀及氮气密封压力控制阀开关试验一次；置换天然气前需要启动辅助油泵，然后手动盘车，检查增压机转子转动情况。

4. 天然气增压机带负荷试运

天然气增压机的带负荷试运，需要与燃气轮机启动后带负荷试运同步进行。需要配合制造商现场技术代表，对增压机出口压力进行带负荷全程整定，并能投入压力自动。同时完成防喘再循环调阀投自动试验。

带负荷试运过程中应密切注意各项参数，如电动机电流、线圈温度、振动、轴承温度、润滑油压力/温度、密封氮气压力等参数，发现异常应及时调整。

运行过程中，应监视进口压力调阀、进口 IGV 及防喘再循环调阀的开度。防喘再循环调阀开度应保持较小波动。在燃气轮机突发甩负荷或跳闸或正常停机时，增压机出口压力可能会突增，可能导致 BDV 开启。

四、危险点分析及控制措施

天然气调压站系统涉及天然气的利用，而天然气与空气混合后具有爆炸性；同时系统包含阀门、加热器及过滤器等各类单体设备，运行工况多变、调控过程复杂。因此，调试过程开始前应进行危险点分析并制定安全防护措施，避免调试过程中的人身伤害事故和环境污染以及设备损害事故。常见的危险点及预防措施如下。

1. 防止造成人身伤害事故

(1) 进入调压站区域开展调试工作，应严格执行防火防爆管理规定，所用调试工器具应具有防火防爆特性。

(2) 系统通天然气前应确认范围内管路吹扫合格、压力试验合格。

(3) 在置换过程中，天然气集团可能已将天然气至调压站系统的某处，因此与天然气集团所属管路或装置相邻的隔离阀必须保持关闭，并挂牌禁止操作或派专人看守，防止天然气窜入下游管路或装置与空气接触发生爆炸。

(4) 系统天然气置换氮气合格后分段保压，检验系统及各隔离门的严密性，不应对各管路及装置直接通天然气进行查漏。

2. 防止造成设备损害事故

(1) 确认系统内过滤器滤芯已安装，精度符合设计要求。

(2) 在启动充氮过程时，氮气汇流排出口减压阀应缓慢操作，以防高速气流对置换涉及的设备和阀门造成严重的损坏和冲击。充氮过程中汇流排加热器要投入，防止减压阀冻结。

(3) 在开启各管路及装置的 ESDV、进口隔离阀以及调压器前气动隔离阀时，必须先开启或按下旁路阀，向下游通气，待阀前后压力平衡后，方可开启主路阀，以免对阀体密封面及下游设备造成损坏。

(4) 严禁在排空的同时调节调压控制钮，防止调压器内皮膜损坏，导致调压器失效。

(5) 系统内天然气升压时，应控制天然气升压速度，避免升压过快造成不必要的设备泄漏，可参考 GB 50973—2014《联合循环机组燃气轮机施工及质量验收规范》相关规定；同时进行系统泄漏检查工作。

(6) 增压机首次试运前，应确认进出口管道，尤其是临时接入的管道经过了清理和吹扫，即使如此，仍可能出现杂物堵塞进、出口滤网的可能。如果在试运过程中出现出口压力或入口压力异常降低，应立即停机，检查滤网堵塞状况。

第六节　天然气前置模块系统

　　天然气前置模块系统处于天然气调压站系统的下游，燃气轮机入口之前。不同燃气轮机机型的前置模块系统差别较大，如西门子某些燃气轮机可燃烧常温天然气，则这类机型的前置模块系统就比较简略，一般由几组滤网和一些测量仪表组成，通常并不将其视为一个分系统。GE与三菱的大部分燃气轮机前置模块构成较复杂，除了对天然气组分含量进行分析，进行流量计算外，还设置了庞大的性能加热器，利用系统热源（如给水或压气机抽气）对天然气进行加热，满足燃气轮机的燃烧稳定性需求，最终再经过滤分离处理后供燃气轮机燃烧。

　　本节以三菱公司 M701F 级燃气轮机为例，如图 4-25 所示，其天然气前置模块系统一般由天然气热值计单元、天然气系统隔离阀、天然气流量计单元、天然气事故关断阀、天然气温度控制阀、性能加热器单元、天然气事故排放阀以及终端过滤分离单元等部分组成。系统内配有氮气置换管路及泄压放空管路，同时还设有天然气泄漏探测报警控制系统、火灾探测报警控制系统及灭火系统。

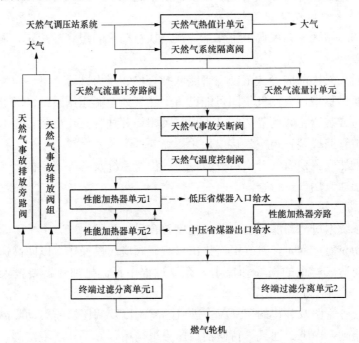

图 4-25　三菱 M701F 级燃气轮机天然气前置模块系统示意图

　　天然气前置模块系统主要调试工作如下：

（1）系统阀门传动试验。

（2）性能加热器单元调试：

1）性能加热器单元阀门、测点传动试验。

2）性能加热器单元热水侧冲洗，确认合格。

3）性能加热器单元投运，加热性能调整。

（3）系统气体置换：

1）氮气置换空气，置换合格标准为排放气体中氧气体积含量低于1%，宜维持系统内氮气压力0.15～0.30MPa。

2）天然气置换氮气，直至天然气浓度达到设计要求，设计无要求时，天然气浓度应不低于99%。

3）按系统设计要求升压至工作压力。

一、常用术语及定义

典型含性能加热器的燃气轮机天然气前置模块系统的调试通常涉及下列术语或概念，不同机型基本相同或相近。相关解释如下。

1. 天然气热值计单元

从天然气管线对天然气取样，然后分两路导入热值计的两个独立的检测装置中，对各组分含量进行分析，计算热值，并将结果传递到远方TCS系统供运行人员在线监测。热值计出口直通大气，也用于排放。

2. 天然气系统隔离阀

天然气前置模块系统进口设置的阀门，用于检修时与其他管路隔离。该阀为开关型，正常运行为全开状态。

3. 天然气流量计单元

实测通过前置模块系统的天然气流量，并将其与实测温度、压力、密度、组分数据及热值等实时修正信号传输到终端计算设备，处理后获得以 m^3/h（标准状态）为单位的实际天然气流量，同时也可与天然气调压站系统比对计量撬的流量计共同核验贸易计量撬内流量计的数值。天然气流量计单元主要由一台涡轮流量计及进/出口隔离阀组成。涡轮流量计利用流经的天然气带动涡轮旋转来计算流量。

4. 天然气事故关断阀

主要功能是在紧急工况下迅速关闭切断天然气前置模块系统供气，保障电厂安全。该阀为开关型，正常运行为全开状态，当燃气轮机跳闸，则天然气事故关断阀迅速联锁关闭；也可由运行人员确认后通过手动操作就地急停按钮或远方盘前急停按钮发出关闭天然气事故关断阀指令。天然气事故关断阀一般为气动阀，其气动执行机构采用压缩空气作为控制气源，气缸为单路进气，失气阀关。

5. 天然气温度控制阀

一般选用气动三通控制阀以防阻塞天然气流通，两个出口分别与性能加热器单元及旁路相连，调节性能加热器出口天然气温度。

6. 性能加热器单元

利用中压省煤器出口给水加热天然气，在满足燃气轮机进气温度要求的同时提高了机组效率。一般采用两台管壳式加热器串联布置，壳侧流通天然气，管侧流通中压给水。每台性能加热器单元壳侧底部安装有排污箱或疏水罐，内设4个液位开关，1个液位高开关及3个液位高高开关。

7. 天然气事故排放阀

主要功能是在紧急工况下迅速开启以实现前置模块系统天然气放空，保障电厂安全。

该阀为开关型，正常运行为全关状态，当发生燃气轮机跳闸，则天然气事故排放阀迅速联锁开启；也可由运行人员确认后通过手动操作就地开启按钮或远方盘前开启按钮发出开启天然气事故排放阀指令。天然气事故排放阀一般为气动阀，其气动执行机构采用压缩空气作为控制气源，气缸为单路进气，失气阀开。天然气事故排放阀前布置有手动阀，正常运行状态下全开，可用于就地手动关闭停止天然气放散。

8. 终端过滤分离单元

一般选用双联 Y 型过滤器，用于过滤掉天然气内杂质及水分，一用一备。过滤器配置了差压传感器，防止过滤器两端压降过大损坏设备。过滤器下游还装有天然气压力传感器、压力开关及热电偶，检测供给燃气轮机的天然气压力和温度。

9. 天然气泄漏探测报警控制系统

由天然气泄漏探测器、天然气泄漏控制器、联动输出设备及其他辅助装置构成。主要通过布置在各个区域的天然气泄漏探测器探测调压站系统内天然气的泄漏情况。当天然气浓度超过上限，将触发火灾探测报警控制系统显示报警信息并发出相应的声光信号；当泄漏量大于 25%LEL 时，触发高报警信息并发出相应的声光信号；当泄漏量大于 50%LEL 时，则触发高高报警信息并发出相应的声光信号，同时联锁关闭事故关断阀，联锁开启放空管路。

10. 火灾探测报警控制系统

由火灾探测触发器、火灾报警控制系统、联动输出设备及其他辅助装置构成。可在火灾或爆炸前期，通过感温、感烟探头等传感器将燃烧生成的烟雾、热量、火焰及温度等物理量变成电信号，传输到火灾报警控制系统触发相应报警信息并发出声光指示以疏散着火区及周围邻近区域人员，同时联锁关闭事故关断阀，联锁开启放空管路。

11. 灭火系统

包括移动式灭火器、室外消火栓以及砂箱等灭火设施。移动式灭火器配置为推车式干粉灭火器及手提式磷酸铵盐干粉灭火器，根据《建筑灭火器配置设计规范》(GB 50140—2005) 规定：移动灭火器存储地点温度不可超过 55℃，其中手提式灭火器位置最大保护距离不可超过 9m，推车式灭火器位置最大保护距离不可超过 18m。砂箱内细砂量不可少于规定数值。

二、调试前的安装验收要求

在调试前检查天然气前置模块系统所涉及的设备均安装完毕，单体试运完成且验收合格。典型三菱 M701F 燃气轮机天然气前置模块系统主要设备清单及调试前的安装要求见表 4-18。其中，安装位置为大致要求，可根据现场情况进行调整。

表 4-18　　　　　典型天然气前置模块系统主要设备清单及安装验收要求

设备名称	设备功能	调试前验收要求
天然气热值计单元	对天然气各组分含量进行分析，计算热值	单体试运完成
天然气系统隔离阀	检修时与其他管路隔离	按设计要求安装完毕
天然气流量计单元	实测并修正天然气流量	单体试运完成
天然气事故关断阀	紧急工况下迅速关闭切断天然气前置模块系统供气，保障电厂安全	按设计要求安装完毕

设备名称	设备功能	调试前验收要求
天然气温度控制阀	通过调节性能加热器单元天然气流量来改变天然气温度	按设计要求安装完毕
性能加热器单元	利用中压省煤器出口给水加热天然气，在满足燃气轮机进气温度要求的同时提高了机组效率	按设计要求安装完毕
天然气事故排放阀	在紧急工况下迅速开启实现天然气放空，保障电厂安全	按设计要求安装完毕
终端过滤分离单元	清洁天然气	单体试运完成
氮气置换管路	氮气置换	按设计要求安装完毕
泄压放空管路	对超压泄放、紧急放空、启机、停机或检修时排放出的气体进行收集和处理	按设计要求安装完毕
天然气泄漏探测报警控制系统	探测并预防天然气泄漏等	单体试运完成
火灾探测报警控制系统	探测并预防火灾及爆炸等	单体试运完成
灭火系统	灭火	单体试运完成
给水系统	为性能加热器单元提供加热水	分系统试运合格
天然气调压站系统	为天然气前置模块系统供给调试所需天然气	分系统试运合格

三、调试通用程序

下述调试或试验过程中所涉及的定值均以某三菱 M701F 级燃气轮机为例，具体的调试项目面对不同厂商机型或机组设计，所涉及的定值会有所不同，以实际为准。

（一）系统完整性检查

系统完整性检查内容包括以下方面：

（1）天然气前置模块系统所有管路及装置安装连接工作已经按照系统说明完成。

（2）天然气前置模块系统管路吹扫、打压及严密性均合格。

（3）天然气前置模块系统内防爆防火灾设施调试完毕并有签证。

（4）热工控制系统及就地仪表盘安装校验完毕并已投入运行。

（5）系统相关阀门传动试验合格，手动阀操作灵活可靠，并有相关记录。

（6）电气相关设备与系统安装调试完毕，回路及绝缘合格，正式电源已接并可正常投入。

（7）系统现场无影响试运的杂物，装置、管路、表计表面及周围环境清理干净并标注名称，无易燃物，工作区域内无明火作业。

（8）备好砂箱、灭火器等足够的消防工具，并有专人负责消防工作。

（9）天然气调压站及给水分系统调试完毕。

（10）红外线温度计、防爆通信设备等准备完毕。在调试前还要对使用的仪器、仪表进行检查，确保完好无损。

（二）系统阀门传动

1. 天然气事故关断阀功能传动

开启仪表气或压缩空气系统供气阀，通过操作调压旋钮使关断阀气动头进气压力维持在正常工作范围。

在关断阀关闭状态下，通过远方 TCS 系统阀门操作界面向关断阀发出开启指令，观察就地阀位是否处于全开状态。保持关断阀开启，分别用远方 TCS 系统阀门操作界面、就地急停按钮或远方盘前急停按钮向事故关断阀发出关闭指令，观察就地阀位是否处于全关状态。

若阀门有就地手动操作模式，则将关断阀控制气路中的三通阀切换到手动控制状态，就地手动操作三通阀控制关断阀开启，并观察就地阀位是否处于全开状态，远方观察全开反馈是否出现；保持关断阀开启，就地手动操作三通阀控制关断阀关闭，并观察就地阀位是否处于全关状态，远方观察全关反馈是否出现。

开启关断阀，热工人员在远方继电器柜或就地控制柜切断控制线，使关断阀失去控制信号，机务人员就地及远方观察关断阀是否关闭，复测结束后恢复系统。

开启关断阀，就地切除气动回路气源，使关断阀在失气状态，观察关断阀是否关闭。复测结束后恢复系统。

2. 天然气事故排放阀功能传动

开启仪表气或压缩空气系统供气阀，通过操作调压旋钮使排放阀气动头进气压力维持在正常工作范围。

在排放阀开启状态下，通过远方 TCS 系统阀门操作界面向排放阀发出关闭指令，观察就地阀位是否处于全关状态，远方观察全关反馈是否出现。保持排放阀关闭，分别用远方 TCS 系统阀门操作界面、就地开启按钮或远方盘前开启按钮向排放阀发出开启指令，观察就地阀位是否处于全开状态，远方观察全开反馈是否出现。

若阀门有就地手动操作模式，则将排放阀控制气路中的三通阀切换到手动控制状态，就地手动操作三通阀控制排放阀关闭，并观察就地阀位是否处于全关状态，远方观察全关反馈是否出现；保持排放阀关闭，就地手动操作三通阀控制排放阀开启，并观察就地阀位是否处于全开状态，远方观察全开反馈是否出现。

关闭排放阀，热工人员在远方继电器柜切断控制线，使排放阀失去控制信号，机务人员就地及远方观察排放阀是否开启，复测结束后恢复系统。

关闭排放阀，就地切除气动回路气源，使关断阀在失气状态，观察关断阀是否开启。复测结束后恢复系统。

上述试验结束后将结果记录于表 4-19 中。

表 4-19　　　　　　　　　　　　　　　气动阀门传动记录

阀门	失电状态	失气状态	失信号状态	全开时间（s）	全关时间（s）	阀位指令0%对应远方反馈及就地阀位	阀位指令100%对应远方反馈及就地阀位	就地或远方盘前紧急按钮
天然气事故关断阀								
天然气事故排放阀								

（三）报警、保护与联锁功能试验

1. 终端过滤分离单元差压传感器

与终端过滤分离单元并联布置，测量并显示终端过滤分离单元差压并以模拟量的方式传输到远方 TCS 系统用于在线监控。模拟终端过滤分离单元差压高于某值，观察 TCS 系统是否发出终端过滤分离单元差压高报警信号以及相应的声光信号。记录触发报警的差压值并与设定值作比较，然后复位。试验结束后，恢复系统正常。

2. 天然气供气压力低开关

布置在终端过滤分离单元下游，测量判断供给燃气轮机的天然气压力是否超低限并以开关量的方式传输到远方 TCS 系统用于在线监控。模拟三个开关中的任意两个同时监测到供给燃气轮机的天然气压力小于某低值，观察 TCS 系统发出天然气供气压力低跳机信号以及相应的声光信号。试验结束后，恢复系统正常。

3. 天然气供气压力传感器

布置在燃气压力开关下游，测量并显示供给燃气轮机的天然气压力并以模拟量的方式传输到远方 TCS 系统用于在线监控。模拟供给燃气轮机的天然气压力小于某低值，观察 TCS 系统发出天然气供气压力低报警信号以及相应的声光信号；模拟供给燃气轮机的天然气压力小于某低值，观察 TCS 系统发出天然气供气压力低联锁燃气轮机降负荷报警信号以及相应的声光信号。试验结束后，恢复系统正常。

（四）性能加热器单元调试

如图 4-26 所示，燃气轮机控制系统通过与燃气轮机负荷有关的中压省煤器出口给水温度预期值来调节流经性能加热器单元的中压省煤器出口给水流量，从而保证天然气温度达到与燃气轮机负荷相符的预设值。如图 4-26 所示，性能加热器单元进水侧包含两个远方 TCS 系统控制的进水阀，一大一小并联布置，一般选用气动快速关断阀，小阀用于启动初期从大阀旁路向性能加热器单元注水。性能加热器单元出水侧分两路，一路回低压省煤器入口，另一路回凝汽器，两回水管路上各配置一套出水阀组用于切换控制调节流经性能加热器单元的中压省煤器出口给水流量。出水阀组由出水调节阀及其前后隔离阀组成，调节阀一般选用气动执行机构，调节阀与隔离阀均受远方控制。

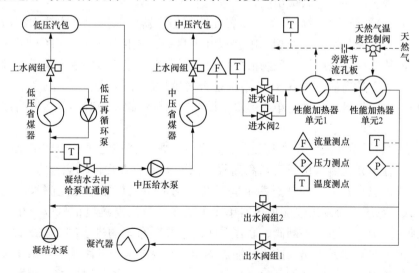

图 4-26 性能加热器单元及旁路示意图

1. 性能加热器单元阀门、测点传动

（1）进水阀及出水阀组。

分别在远方 TCS 系统阀门操作界面和就地手动操作模式下开启和关闭进水阀，同时观察就地阀位及远方反馈的全开、全关状态是否正确，并分别记录阀门就地和远方的开启和关闭时间。

分别在远方 TCS 系统阀门操作界面和就地手动操作模式下按一定阀位间隔在 0%～100%阀位范围内开启和关闭出水调阀，同时观察就地阀位及远方反馈的各阀点状态是否正确，并分别记录阀门就地和远方的开启和关闭时间。

分别在远方 DCS 系统阀门操作界面和就地手动操作模式下开启和关闭出水调阀前后隔离阀，同时观察就地阀位及远方反馈的全开、全关状态是否正确，并分别记录阀门就地和远方的开启和关闭时间。

上述试验结束后将结果记录于表 4-20 中。

表 4-20　　　　　　　　　　　性能加热器单元阀门传动记录

阀门	全开时间（s）	全关时间（s）	阀位指令 0%对应远方反馈及就地阀位	阀位指令 1%对应远方反馈及就地阀位	……	阀位指令 100%对应远方反馈及就地阀位
进水阀 1						
进水阀 2						
出水调阀 1						
出水调阀 2						
出水调阀 1 前隔离阀						
出水调阀 1 后隔离阀						
出水调阀 2 前隔离阀						
出水调阀 2 后隔离阀						

（2）测点报警、保护与联锁功能。

1）性能加热器单元液位高开关。布置在性能加热器单元排污箱或疏水罐内，测量判断性能加热器单元壳侧水位是否超高限并以开关量的方式传输到远方 TCS 系统用于在线监控。用灌液法或挂重法或根据现场情况用信号发生器在端子排的输入端模拟性能加热器单元壳侧水位大于某高值，观察 TCS 系统是否发出性能加热器单元 1 或 2 液位高报警信号以及相应的声光信号，若排污箱或疏水罐设有自动排污阀还应观察是否同时联锁开启排污阀。

2）性能加热器单元液位高高开关。布置在性能加热器单元排污箱或疏水罐内，测量判断性能加热器单元壳侧水位是否超高高限并以开关量的方式传输到远方 TCS 系统用于在线监控。模拟三个开关中的任意两个同时监测到性能加热器单元壳侧水位大于某高高值，观察 TCS 系统是否发出性能加热器单元 1 或 2 液位高高跳机信号以及相应的声光信号，并联锁关闭天然气事故关断阀、联锁关闭两个并联布置的进水阀 1 和 2 以及出水阀 2 从而切断性能加热器单元水路，防止性能加热器单元内部水侧管路破裂，给水失压随天然气进入燃气轮机内部，同时联锁开启天然气事故排放阀，天然气温度控制阀则使天然气全部走性能加热器旁路。

2. 性能加热器单元投运，加热性能调整

（1）在联合循环机组初次启动阶段，性能加热器单元投运前应满足下述各条件：

1）性能加热器单元热水侧冲洗完成并验收合格；

2）性能加热器单元 1 和 2 的液位不高；

3）对应余热锅炉给水系统已投运；

4）回水调阀 1、2 处于自动状态；

5）天然气事故关断阀处于自动联锁状态；

6）天然气事故排放阀处于自动联锁状态。

检查远方 TCS 系统上述条件全部满足后，可投运性能加热器单元。

（2）加热性能调整方式。

天然气侧：如图 4-26 所示，供给燃气轮机的天然气温度在气侧由安装在性能加热器单元和天然气事故关断阀之间的天然气温度控制阀控制，天然气温度控制阀将部分天然气从性能加热器旁路输送给燃气轮机，从而满足燃气轮机进气温度的要求。天然气流经性能加热器单元及旁路节流孔板后再汇合进入终端过滤分离单元，在不同的转速和负荷下，燃气轮机控制系统通过改变天然气温度控制阀的开度，使得性能加热器单元与旁路节流孔板内流经的天然气流量比发生变化，最终导致两路汇合后出口的天然气温度发生变化，以保证天然气温度达到与燃气轮机负荷相符的预设值。当燃气轮机全速空载前，所有天然气从性能加热器旁路进入燃气轮机不进性能加热器单元。

中压给水侧：如图 4-26 所示，性能加热器单元水侧出口由远方 TCS 系统通过负荷来计算出一个预期的中压省煤器出口给水温度，并根据该温度来计算给水流量，从而控制性能加热器单元回低压省煤器入口与回凝汽器的出水阀开度进而调节天然气进气温度。燃气轮机未点火前，回凝汽器的出水阀组 1 在保证中压给水最小通流量的前提下为性能加热器单元预热；当燃气轮机全速空载后，出水阀组 1 调节流经性能加热器单元的中压省煤器出口给水流量以配合天然气温度控制阀共同保证天然气温度达到与燃气轮机负荷相符的预设值；当燃气轮机负荷大于某预设值且性能加热器单元出口水温低于某预设值，则切换到出水阀组 2 调节中压省煤器出口给水流量；若回低压省煤器入口侧管路发生堵塞，则回凝汽器侧的出水阀组 1 开启，保证中压给水通流量；若燃气轮机负荷小于某预设值且性能加热器单元出口水温高于某预设值，则切回到出水阀组 1 调节中压省煤器出口给水流量。在进水阀上游布置有流量计用于测量中压省煤器出口给水流量，并将计算结果作为反馈发送给燃气轮机控制系统，使控制系统对性能加热器单元的两路回水阀进行控制。

在联合循环机组初次启动阶段，应密切观察 TCS 系统性能加热器单元的投运及切换控制过程是否符合上述要求。

（五）系统气体置换

1. 漏点检查

天然气与空气混合达到一定浓度范围具有爆炸性，为避免发生意外，天然气输送管路均应进行严格的查漏工作。虽然管道系统在安装阶段应经过打压试验且合格，但仍有必要在置换过程中同步进行天然气查漏。查漏范围包括各管路及装置、各阀门前后法兰连接处、各表计取样管路接口处以及表计排污阀。多种查漏方法同时进行：第一、用肥皂水进行喷淋检查；第二、置换系统静置一段时间（宜 12h 以上），安排专门人员定期观察各管路及装置压力是否变化；第三、置换为天然气（重点在升压后）后使用专用设备进行天然气漏点检查。

2. 氮气置换空气

置换系统通天然气前必须将各管路及装置内的空气置换成氮气，不允许各管路及装置直接通天然气查漏。置换系统内各部分的氮气置换由氮气置换管路以及泄压放空管路来完成。置换合格标准为排放气体中氧气体积含量低于1%。充氮过程中检查各管路及装置气密性。置换完毕后分段保压，检验各隔离阀的严密性。置换范围包括天然气热值计单元、天然气流量计单元、性能加热器单元以及终端过滤分离单元等。

置换完成后，在分段保压期间要系统各隔离段压力表或压力变送器读数进行记录，记录表格见表4-21。

表 4-21 　　　　　　　　　　　　　氮气置换保压原始记录　　　　　　　　　　　　　MPa

分段	时刻 0	时刻 1	时刻 2	时刻 3	时刻……
天然气热值计单元					
天然气流量计单元					
性能加热器单元					
终端过滤分离单元					

3. 天然气置换氮气

（1）天然气引入前的准备工作。氮气保压静置期间，各段气密性合格。再次确认置换系统的天然气泄漏探测报警控制系统、火灾探测报警控制系统、灭火系统安装调试完毕并已投入使用。

（2）天然气置换氮气。

1）沿下游按序缓慢开启置换系统内天然气系统隔离阀、各管路及装置的进/出口隔离阀、天然气事故关断阀以及旁路阀等（涡轮流量计进/出口隔离阀及天然气流量计旁路阀除外）。

2）缓慢开启置换系统最高点的天然气事故排放阀以及最前端和最末端的各手动放空阀，将置换系统内氮气压力泄至微正压后再全部关闭。

3）缓慢开启天然气流量计旁路阀，向下游充入天然气，使置换系统内压力缓慢上升，在预定排放口用天然气浓度测量仪检测混气中天然气浓度，直至所有检测口排放天然气浓度达到设计要求。设计无要求时，天然气浓度应不低于99%。

4）天然气浓度合格后，缓慢开启置换系统其他各处手动放空阀、终端过滤分离单元底部排污阀及所有表计的排污阀等，排除各处死角内残存的氮气，然后全部关闭，置换过程结束。

5）再次缓慢开启天然气流量计旁路阀，按设计要求将置换系统压力缓慢升压至额定工作压力，当天然气流量计单元上下游压力平衡后按序开启涡轮流量计进/出口隔离阀并关闭天然气流量计旁路阀。

6）系统升压到额定压力后，仍需要定期进行天然气系统的巡检，出现漏点及时安排消缺。

四、危险点分析及控制措施

天然气前置模块系统涉及天然气的利用，而天然气与空气混合后具有爆炸性；同时系统包含阀门、加热器及过滤器等各类单体设备，运行工况多变、调控过程复杂。因此，调试过程开始前应进行危险点分析并制定安全防护措施，避免调试过程中的人身伤害事故和环境污染以及设备损害事故。常见的危险点及预防措施如下。

1. 防止造成人身伤害事故

（1）进入天然气区域开展调试工作，应严格执行防火防爆管理规定，所用调试工器具应具有防火防爆特性。

（2）系统通天然气前应确认范围内管路吹扫合格、压力试验合格。

（3）系统天然气置换氮气合格后分段保压，检验系统及各隔离门的严密性，不应对各管路及装置直接通天然气进行查漏。

（4）系统内天然气升压时，应控制天然气升压速度，同时进行系统泄漏检查工作。

2. 防止造成设备损害事故

（1）确认系统内过滤器滤芯已安装，精度符合设计要求。

（2）天然气流量计单元进行气体置换时，在开启涡轮流量计进/出口隔离阀前，一定要先缓慢开启天然气流量旁路阀，使流量计下游升压，待流量计的上下游压力平衡后，再按序开启涡轮流量计进/出口隔离阀，防止高速气体夹带大型颗粒对流量计产生冲击，打坏叶片。正常运行过程中，若天然气前置模块系统内天然气压力低于正常值需进行充气，也必须执行上述操作。

（3）性能加热器水侧首次投运，应在就地观察，避免程序操作不当，进水与排空气不匹配，造成气水激振，损伤设备。

（4）性能加热器在正常运行中应观察气水端差，端差是性能加热器换热性能的重要指标。如果端差过大，则给水的回水温度偏高。要注意当回水温度过高，而回水又流向凝汽器，在回水调节阀后水压骤降，可能出现回水在管道内汽化，管道剧烈晃动。出现这种情况要及时调整运行方式，避免管道损坏。

第七节　燃气轮机本体气体灭火系统

燃气轮机本体配置有气体灭火系统为电厂内的燃气轮机及发电机本体提供全面灭火保护，其包含的火灾探测报警控制系统为燃气轮机及发电机本体区域提供探测火情的手段，在本体区域设置就地和远程的声光报警和可靠的灭火系统。一旦火灾情况出现，系统应能发出高于背景噪声的声音警报，并根据各联动设备的联动要求由火警信号自动启动或由相关人员手动控制启动相应区域的联动灭火设备。

燃气轮机的气体灭火系统多采用二氧化碳作为灭火剂，这种系统主要通过降低封闭空间内的氧气浓度来达到灭火作用，具有功能完善、自动性能好、工作可靠等优点。二氧化碳气体灭火系统的调试工作主要包括灭火设备及连接系统调试、末端检测探头的功能检查以及各种灭火触发方案的实际检验。

一、常用术语及定义

典型的二氧化碳气体灭火系统通常涉及下列术语，相关解释如下。

1. 主喷放

在检测到火灾初期，进行快速大量的二氧化碳释放，起主要灭火作用。

2. 持续喷放

在灭火以后，进行持续喷放，维持二氧化碳浓度以免二次起火。

3. 温感探头

利用热敏元件来探测火灾，遇到高温，探测器中的热敏元件发生物理变化，从而将温度信号转变成电信号，并进行报警处理。

4. 声光报警

又称声光警号，为了满足对报警响度和安装位置的特殊要求而设置，同时发出声、光两种警报信号。

5. 制冷模块

由压缩机、冷凝器、膨胀阀，蒸发器和控制系统等组成的温度控制装置，可用于气体灭火系统中保持二氧化碳储罐内压力与温度正常。

6. 高压二氧化碳灭火系统（high-pressure carbon dioxide extinguishing system）

灭火剂在常温下储存的二氧化碳灭火系统。

7. 低压二氧化碳灭火系统（low-pressure carbon dioxide extinguishing system）

灭火剂在 $-18 \sim -20℃$ 低温下储存的二氧化碳灭火系统。

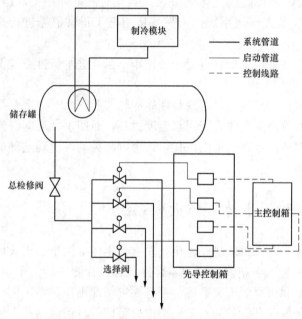

图 4-27　低压二氧化碳灭火系统示意图

二、调试前的安装验收要求

在调试前确认气体灭火系统所涉及的设备均安装完毕，单体试运完成且验收合格。当前主流燃气轮机中，GE 公司燃气轮机多配置低压二氧化碳灭火系统，三菱、西门子等公司燃气轮机多配置高压二氧化碳灭火系统。高压二氧化碳灭火系统中的二氧化碳存储于若干钢瓶中，组合成若干排钢瓶组；低压二氧化碳灭火系统的二氧化碳存储于低温储存罐中，需要配置一套制冷装置以保持低温。

相较而言，低压二氧化碳灭火系统更为复杂一些。本节以低压二氧化碳灭火系统为例介绍调试过程。典型的低压二氧化碳灭火系统示意图如图 4-27 所示，其主要设备清单及调试前的安装要求见表 4-22。其中，安装位置为大致要求，可根据现场情况进行调整。

表 4-22　　　　　　　　二氧化碳气体灭火系统主要设备清单及安装验收要求

设备名称	设备功能	调试前验收要求
二氧化碳储存罐	储存灭火剂	罐体已固定，安全可靠
总检修阀	控制灭火剂输送	阀门试验合格
选择阀	控制各分配管内灭火剂输送	阀门试验合格
各区手动隔离阀	控制各分配管内灭火剂输送	阀门试验合格

设备名称	设备功能	调试前验收要求
安全阀	超压通过泄压方式保护系统	阀门试验合格
制冷模块	保证罐内处于低温低压状态	单体试运完成
先导控制箱	控制手动、自动灭火功能转换及汽笛的延时时间等	控制箱软硬件均安装完毕，经试验可正常操作
主操作箱	控制与操作灭火系统	控制箱软硬件均安装完毕，经试验可正常操作
喷头与汽笛	喷放灭火剂并发出报警声音	安装位置正确，牢固可靠
各区域指示灯	实现光线报警	经试验可正常使用
热工控制系统——包括温感探头、前置器、隔离器等	实现系统控制	牢固、可靠

三、调试通用程序

（1）收集资料、现场调研并编写调试措施，制订调试计划。

（2）调试工作应该在所有设备安装并连接完毕、热工控制系统安装校验完毕、二氧化碳充装工作完成、单体试运完成且验收合格之后进行。系统检查项目一般应包括：

1）检查并确保二氧化碳储存罐至各区域灭火剂输送管道安装完毕。

2）主喷放、持续喷放、汽笛三路管道上所有阀门均与系统图对应。

3）温感探头、前置器及测量控制线路均与控制箱连接完毕。

4）击碎玻璃（break glass）、就地触发按钮、各区域声光指示灯、隔离钥匙均与控制箱连接完毕。

（3）在调试前对要使用的仪器、仪表进行检查，确保完好无损。

（4）作业开始前，作业负责人组织检查质量、环境、职业健康安全措施是否符合要求，并向参加人做质量、环境、职业健康安全交底后，方可开始现场工作。

（5）二氧化碳储存罐参数检查。

1）观察罐体装置压力、温度指示是否正常。

2）检查并确保液位仪上、下阀和平衡阀处于正常工作状态（液位仪上阀、液位仪下阀处于开启状态，平衡阀处于关闭状态）。

（6）制冷模块检查。

1）调节液位上、下限报警值，分别模拟系统处于高、低液位状态，控制柜应有声光报警。

2）模拟系统处于高、低压状态，观察制冷模块是否能自动启停。

（7）漏点检查。虽然在安装阶段进行过管道打压试验，为了避免二氧化碳对试运人员造成人身伤害，同时要确保二氧化碳气体灭火系统的可靠性，在系统正式投运前，应对系统进行二氧化碳泄漏检查。

（8）温感探头与声光报警试验。在漏点检查合格后，应进行温感探头与声光报警试验。试验前确保总检修阀处于关闭状态，分别对燃气轮机各个区域探头进行传动试验，并记录控制柜显示屏报警与各区声光报警系统以及一区的联锁挡板动作是否正常。

试验完后，应完成表 4-23 的填写。

表 4-23　　　　　　　　　各区域探头触发情况调试记录表

区域一		区域二		……	
探头	触发情况	探头	触发情况	探头	触发情况
1		1		1	
2		2		2	
3		3		3	
…		…		…	
声光报警		声光报警		声光报警	
联锁挡板		联锁挡板		联锁挡板	

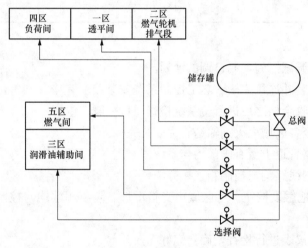

图 4-28　GE 公司燃气轮机发电机组灭火区域划分示意图

（9）各区域功能模拟试验。在温感探头和声光报警试验完成后，应对各区域触发功能进行模拟试验。以 GE 公司燃气轮机发电机组为例，典型的区域划分方式如图 4-28 所示。

试验进行前，确保总检修阀处于关闭状态，对各区进行各种功能测试，记录总检修阀后各选择阀在四种功能的触发下，能否正常开闭，并检查控制箱报警显示是否正常。本部分目的是为了验证各区触发功能，并无二氧化碳的实际喷放。模拟试验前，应与其他分系统的调试人员进行沟通，防止灭火报警导致部分设备联锁跳机，影响其他分系统调试。

上述二氧化碳气体灭火系统具有四个功能，其模拟试验过程如下：

1）自动方式：将控制柜上触摸屏"手动/自动"转换按钮转到"自动"状态，对各区域选择任意一组温感探头进行先后加热，当其中一个探头超温时，控制箱应进行预报警，当一组温感均超温时，触摸屏显示对应回路火警信息，此时声光报警应该动作，同时进入延时状态（延时时间可调，通常在 0～30s），延时结束，对应区域主喷放选择阀开，开始释放主喷放灭火剂，主喷放喷放（延时时间可调，通常在 0～30s）结束后主喷放选择阀关，持续喷放选择阀开，并开始释放持续喷放灭火剂，喷放持续时间延时（延时时间可调，通常在 0～60s）结束后持续喷放选择阀关，终止释放灭火剂，然后按下复位键，让系统重新回到伺服状态。

2）电气手动方式：将控制柜上触摸屏"手动/自动"转换按钮转到"手动"状态，手动按下触摸屏上对应区域的选择阀，此时声光报警应该动作，同时进入延时状态，其他部分动作情况应与自动方式相同，直到按下复位键，让系统重新回到伺服状态。

3）机械手动方式：在先导控制柜中，手动打开相应保护区的手动控制阀手柄，观察各区选择阀是否动作正常。这种方式中，选择阀会在转动手柄的同时立即动作，并且声光报警不被触发。这种方式中，需要手动操作控制阀手柄来结束喷放，并将手动控制阀进行复位操作，让系统重新回到伺服状态。

4）击碎玻璃（break glass）和就地触发方式：击碎各区的击碎玻璃或者按下就地触发按钮，此时声光报警应该动作，其他部分动作情况应与自动方式相同，直到在触摸屏上按下复位键，让系统重新回到伺服状态。

模拟试验完成后，应完成试验记录填写。记录表格参考表 4-24。

表 4-24　　　　　　　　　　　　各区域功能模拟试验记录

____燃气轮机气体灭火系统	区域一	区域二	……
自动方式			
电气手动方式			
机械手动方式			
击碎玻璃（break glass）			
就地触发方式			

（10）实际喷放试验（选择性试验）。实际喷放试验属于选择性试验。部分电厂在与制造商的技术协议约定中会有灭火气体实际喷放试验要求，这种情况下应作实际喷放试验。在各区域功能模拟试验结束并验收合格后，再进行实际喷放试验。实际喷放试验步骤如下：

1）试验前，应做好试验区域隔离工作，整个试验过程中，要保证喷放区域及安全距离内无任何人员，确保安全性。另外，实际喷放试验前，要通知各单位工作人员，各区域设备（泵与风机等）均应该停止运行，并做好措施避免设备在实际喷放试验期间启动，否则会影响试验过程的进行。

2）考虑经济性与工作的危险性，实际喷放试验时，对于每个区域，不再对各种触发功能进行一一实现。可在各个区域各选一个功能进行触发，触发前确保总检修阀处于打开状态，各区域沿途手动隔离阀处于打开状态，区域手动钥匙隔离处于未隔离状态。

3）试验前每个区域在合适的位置装氧气浓度测量仪，实际喷放后，观察数据变化，并做好试验记录。具体操作步骤与模拟试验中相同。由于二氧化碳会实际喷放到各个区域，为了保证人员安全，温感探头触发方式可采用控制柜内短路方式触发。

4）实际喷放试验完成后，应完成试验记录填写。记录表格参考表 4-25 与表 4-26。

表 4-25　　　　　　　　　　各区域实际喷放试验前后状态参数记录

____燃气轮机气体灭火系统	区域一	区域二	……
喷放时间			
结束时间			
触发方式			
声光报警			
主喷放持续喷放动作			
喷前气罐压力（MPa）			
喷前气罐容积（m³）			
喷后气罐压力（MPa）			
喷后气罐容积（m³）			

表 4-26 各区域实际喷放后区域内氧气浓度记录

燃气轮机气体灭火系统	区域一	区域二	……
主喷放时间			
持续喷放时间			
60s			
5min			
10min			
15min			
20min			
25min			
30min			
35min			
40min			
45min			
50min			
55min			
60min			
……			

5）检验浓度测试数据是否合格。根据表 4-26，绘制各区域内实际喷放后浓度变化曲线，与标准曲线进行对比，检查最终氧气浓度以及氧气浓度变化速率是否满足要求。

6）实际喷放试验结束后，应打开各区域风机对内部二氧化碳进行驱散。如果该区域没有风机，则应打开区域门并挂牌警示。

四、危险点分析及控制措施

二氧化碳是一种能够造成窒息危险和引起冻伤的气体。在标准状态下，二氧化碳是一种无色、无味的气体，即使发生气体泄漏，现场工作人员短时间内也难以发现。因此，调试过程开始前应进行危险点分析并制定安全防护措施，避免调试过程中的人身伤害及环境污染。

常见的危险点及预防措施如下。

1. 防止二氧化碳气体造成人身伤害事故

（1）二氧化碳具有致命的窒息危险，所有作业人员进入现场前，要阅知灭火系统的安全警告。

（2）二氧化碳系统的释放会引起强烈的扰动和噪声，释放气体具有相当大的能量，裸露的皮肤接触释放的气体会引起冻伤。所有作业人员要按规定做好防护措施，知晓气体灭火系统中不能直接由身体接触的部分。

（3）二氧化碳充装工作完成以后，任何时候进入各区域工作前，都要将总检修阀关闭，并且安排专人看守或者挂牌警告，防止实际喷放，造成人身伤害事故。

（4）如调试合同约定有实际气体喷放试验，则在实际气体喷放试验完成后，应开启各区域风机对内部二氧化碳进行驱散。如区域内没有风机，应打开区域门并挂牌警示。在工作人员进入区域前，应进行二氧化碳浓度测试，确认浓度合格以后，方可进入相应区域。

2. 防止一般人身伤害事故

（1）各区域挂好危险指示牌，告知所有作业人员以及经过人员危险区域。

（2）所有作业人员在进入各区域工作前，要熟悉该区域的逃生路线，保证在出现突发事故时，能够在短时间内逃出该区域。

第八节　燃气轮机罩壳通风系统

燃气轮机系统设计有罩壳，隔离燃气轮机运行时产生的高温与噪声。罩壳内通常隔离成几个相对独立的隔间，如 GE 机组的罩壳内区分为透平间、燃气间、排气扩散段、负荷间等，另有单独的滑油间，内部封闭的是润滑油及控制油系统。

燃气轮机罩壳通风系统为罩壳内各独立隔间以及透平框架、燃气轮机支撑轴承等提供可靠的通风冷却性能。系统在燃气轮机启停期间按照设计逻辑启停相关风机，在正常运行期间为每个隔间以及各个部件提供通风保证温度正常，在事故情况下按照设计逻辑启停相应风机，防止危险气体堆积。

一、常用术语及定义

典型的燃气轮机罩壳通风系统调试通常涉及下列术语或概念，相关解释如下。

1. 隔间（compartment）

燃气轮机本体外部利用罩壳形成的密闭空间，主要用于隔离燃气轮机运行时产生的高温与噪声。一般来讲，不同隔间均配备冷却通风系统，如图 4-29 所示。

2. 透平间

压气机以及燃气透平、燃烧室等设备所在的空间，外部有罩壳封闭。

3. 排气扩散段

燃气透平排气至余热锅炉的连接部分，内部有透平排气温度、排气压力等测量装置。相应的，排气扩散段隔间，就是指排气扩散段外部利用罩壳形成的密闭空间。

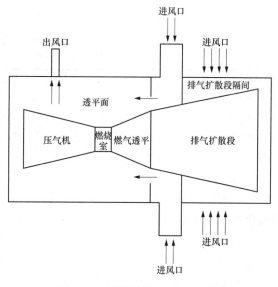

图 4-29　某燃气轮机隔间示意图

4. 框架冷却系统

用于对燃气轮机排气框架进行冷却的通风系统，包括冷却风机、连接管道等。

二、调试前的安装验收要求

在调试前确保燃气轮机罩壳通风系统所涉及的设备均安装完毕，单体试运完成且验收合格。GE 公司 9F 级机组的罩壳隔间较多，罩壳通风系统配置的设备较多，系统相对复杂，本节以此为例，介绍其调试过程。GE 公司 9F 级机组燃气轮机罩壳通风系统主要设备清单及调试前的安装要求见表 4-27。

表 4-27 典型燃气轮机罩壳通风主要设备清单及安装验收要求

设备名称	设备功能	调试前验收要求
透平间通风风机	对透平间罩壳进行通风的风机，一般为外抽式	风机单体试运合格
排气扩散段通风风机	对排气扩散段罩壳进行通风的风机，一般为外抽式	风机单体试运合格
框架冷却风机	在框架冷却系统中对燃气轮机排气框架进行冷却的风机，一般为内吹式	风机单体试运合格
燃气轮机扩散段支撑轴承冷却风机	对燃气轮机支撑轴承进行冷却的风机，一般为内吹式	风机单体试运合格
燃气间通风风机	对燃气间罩壳进行通风的风机，一般为外抽式	风机单体试运合格，通风管道要伸出至厂房外
滑油间通风风机	对滑油间罩壳进行通风的风机，一般为内吹式	风机单体试运合格
排烟风机	将主油箱内油烟抽出的风机，一般位于滑油间内	风机单体试运合格，通风管道要伸出至厂房外
挡板	风机出/入口设置的靠风力打开的挡板，在风机不工作时闭合	挡板安装牢固可靠，动作正常
压力开关	位于风机出/入口，对出/入口压力进行测量并按照整定值进行动作	安装牢固可靠，热工校验合格

三、调试通用程序

1. 编制措施

各型燃气轮机的罩壳通风系统配置差别较大，调试单位应进行实际现场勘察并编写调试措施，制订调试计划。

2. 系统检查

调试工作应该在所有设备安装并连接完毕、热工控制系统安装校验完毕、单体试运完成且验收合格之后进行。系统检查项目一般应包括：

（1）所有风机单体试运合格。

（2）所有通风管道必须连接完成，并且清洁度符合施工验收要求。

（3）所有工作场地安全措施到位，如：位于高处的风机，必须有可靠、安全的工作平台。

（4）检查与其他系统的调试是否冲突，如：二氧化碳灭火系统与水洗系统在调试过程中，会将部分罩壳通风系统的风机联锁关闭或联锁开启，影响本部分的调试。

3. 排气扩散段通风系统调试

排气扩散段通风风机主要用于进行排气扩散段罩壳内的通风，保证罩壳内的温度处于正常范围内。再则，如果消防系统发生喷放，可用于气体的排放，防止危险气体堆积。一般设置两台，一用一备。

（1）启动风机前，清理罩壳内的工作人员，并将罩壳门封闭，模拟正常运行情况。

（2）启动预选风机，确认电动机转向正确，入口挡板动作正常，压力开关动作正常。观察电动机电流是否正常，测试振动、轴承温度等参数，并作原始数据记录。

（3）按照表4-28进行预选风机与备用风机联锁试验，完成表4-28的填写。表中所列为通用逻辑设计，现场调试需按照实际逻辑设计编制表格。

表4-28 排气扩散段通风风机联锁试验项目表

风机联锁逻辑	逻辑内容	试验结果
1	风机进/出口压力开关动作，联启备用风机，停主风机	
2	MCC故障，联启备用风机	
3	MCC运行信号消失，联启备用风机	
4	透平间通风风机运行，联启预选风机	

4. 框架冷却通风系统调试

框架冷却风机主要用于冷却燃气轮机排气框架，防止其在高温环境下发生变形。一般设置两台，一用一备。

（1）启动前，现场检查确认排气框架周围以及燃气轮机内部没有人工作，以免出现安全问题。

（2）启动预选风机，确认电动机转向正确，出口挡板动作正常，压力开关动作正常。观察电动机电流是否正常，测试振动、轴承温度等参数，并作原始数据记录。

（3）按照表4-29进行预选风机与备用风机联锁试验，完成表4-29的填写。表中所列为通用逻辑设计，现场调试需按照实际逻辑设计编制表格。

表4-29 框架冷却风机联锁试验项目表

风机联锁逻辑	逻辑内容	试验结果
1	风机进出口压力开关动作，联启备用风机，停主风机	
2	MCC故障，联启备用风机	
3	MCC运行信号消失，联启备用风机	
4	燃气轮机点火，联停运行风机	
5	水洗模块启动，联启预选风机	
6	燃料清吹30s后，联启预选风机	
7	燃气轮机转速大于95%额定转速，联启预选风机	

5. 燃气轮机支撑轴承冷却通风系统调试

燃气轮机支撑轴承冷却风机主要用于冷却燃气轮机透平的支撑轴承，防止轴承温度过高。一般设置两台，一用一备。

（1）启动风机前，确保燃气轮机太空舱内没有工作人员，并且已清理干净，防止出现安全事故。

（2）启动预选风机，确认电动机转向正确，出口挡板动作正常，压力开关动作正常。观察电动机电流是否正常，测试振动、轴承温度等参数，并作原始数据记录。

（3）按照表4-30进行预选风机与备用风机联锁试验，完成表4-30的填写。表中所列为通用逻辑设计，现场调试需按照实际逻辑设计编制表格。

表 4-30   燃气轮机支撑轴承冷却风机联锁试验项目表

风机联锁逻辑	逻辑内容	试验结果
1	风机进出口压力开关动作，联启备用风机，停主风机	
2	MCC 故障，联启备用风机	
3	MCC 运行信号消失，联启备用风机	
4	燃气轮机点火后，联启预选风机	

6. 燃气间通风系统调试

燃气间通风风机主要用于燃气间的通风，防止小间内温度过高。再则，如果消防系统发生喷放，可用于危险气体的排放。一般设置两台，一用一备。正式调试前，检查通风管道是否将罩壳内的气体抽至厂房外。

（1）启动风机前，清理燃气间内的工作人员，并将燃气间罩壳门进行封闭。

（2）启动预选风机，确认电动机转向正确，入口挡板动作正常，压力开关动作正常。观察电动机电流是否正常，测试振动、轴承温度等参数，并作原始数据记录。

（3）按照表 4-31 进行预选风机与备用风机联锁试验，完成表 4-31 的填写。表中所列为通用逻辑设计，现场调试需按照实际逻辑设计编制表格。

表 4-31   燃气间通风风机联锁试验项目表

风机联锁逻辑	逻辑内容	试验结果
1	风机进出口压力开关动作，联启备用风机，停主风机	
2	MCC 故障，联启备用风机	
3	MCC 运行信号消失，联启备用风机	
4	危险气体浓度高，联启预选风机	
5	燃气小间进气截止阀未全关或开，联启预选风机	
6	燃气小间空间温度＞预设值 1，联启预选风机	
7	燃气小间空间温度＜预设值 2，联停预选风机	

7. 滑油间通风系统调试

GE 公司燃气轮机润滑油与控制油共用一个透平油箱，且油系统集中封装在一个箱体内，便于运输、安装。箱体内的空间称为润滑油间（简称滑油间）。滑油间通风风机主要用于滑油间的通风，防止小间内温度过高。一般设置两台，一用一备。

（1）启动风机前，清理滑油间内的工作人员，并将罩壳门进行封闭。

（2）启动预选风机，确认电动机转向正确，出口挡板动作正常，压力开关动作正常。观察电动机电流是否正常，测试振动、轴承温度等参数，并作原始数据记录。

（3）按照表 4-32 进行预选风机与备用风机联锁试验，完成表 4-32 的填写。表中所列为通用逻辑设计，现场调试需按照实际逻辑设计编制表格。

8. 排烟通风系统调试

滑油间排烟风机的作用与汽轮机润滑油箱排烟风机作用相同，用于抽出油箱内的油烟与水汽等杂质，维持主油箱内部微负压，便于回油顺畅。一般设置两台，一用一备。

本部分通常情况下划分在润滑系统中，属于润滑油分系统调试措施的一部分。为了明确通风系统的功能，在本节中单独加以介绍，实际机组调试时只在一个分系统调试措施中执行。

表 4-32　　　　　　　　　　　　滑油间通风风机联锁试验项目表

风机联锁逻辑	逻辑内容	试验结果
1	风机进出口压力开关动作，联启备用风机，停主风机	
2	MCC 故障，联启备用风机	
3	MCC 运行信号消失，联启备用风机	
4	燃气轮机启动，联启预选风机	
5	危险气体浓度高，联停预选风机	
6	滑油模块小间内温度高于预设值 1，并且任意一台润滑油泵运行，联启预选风机	
7	滑油模块小间内温度低于预设值 2，联停运行风机	

（1）启动风机前，确保主油箱已封闭，风机出口管道已排至厂房外。

（2）启动预选风机，确认电动机转向正确，出口挡板动作正常，压力开关动作正常。观察电动机电流是否正常，测试振动、轴承温度等参数，并作原始数据记录。

（3）按照表 4-33 进行预选风机与备用风机联锁试验，完成表 4-33 的填写。表中所列为通用逻辑设计，现场调试需按照实际逻辑设计编制表格。

表 4-33　　　　　　　　　　　　排烟风机联锁试验项目表

风机联锁逻辑	逻辑内容	试验结果
1	风机进出口压力开关动作，联启备用风机，停主风机	
2	MCC 故障，联启备用风机	
3	MCC 运行信号消失，联启备用风机	

9. 透平间通风系统调试

透平间通风风机主要用于进行透平间罩壳内的通风，保证罩壳内的温度处于正常范围内。再则，如果消防系统发生喷放，可用于危险气体的排放。一般设置三台，两用一备。

（1）启动风机前，清理透平间内的工作人员，并将罩壳门进行封闭。

（2）启动预选风机，确认电动机转向正确，入口挡板动作正常，压力开关动作正常。观察电动机电流是否正常，测试振动、轴承温度等参数，并作原始数据记录。

（3）按照表 4-34 进行预选风机与备用风机联锁试验，完成表 4-34 的填写。表中所列为通用逻辑设计，现场调试需按照实际逻辑设计编制表格。此系统风机有三台，联锁试验需要两两交叉来做。

表 4-34　　　　　　　　　　　　透平间通风风机联锁试验项目表

风机联锁逻辑	逻辑内容	试验结果
1	风机进出口压力开关动作，联启备用风机，停主风机	
2	MCC 故障，联启备用风机	
3	MCC 运行信号消失，联启备用风机	
4	机组启动，联启预选风机	
5	透平间内温度高，联启预选风机	
6	停机后，透平间内温度正常，联停运行风机	

（4）调试过程中需要注意：当燃气轮机控制系统失电时，三台通风风机会自动启动。所以在控制系统断电或控制器重新启动前要做好这三台风机 MCC 挂牌上锁，避免突然启动时发生事故。

10. 填写质量验收表

分系统调试工作完成，填写质量验收表并完成验收签证。

四、危险点分析及控制措施

燃气轮机罩壳通风系统，涉及旋转机械与高处作业两大危险源。调试工作人员必须严格按照旋转机械和高处作业的相关规定，做好安全防范措施。常见的危险点及预防措施如下。

1. 防止操作不当造成人身伤害事故

（1）工作人员注意避免接触转动部件，例如电动机、风机叶轮等，穿戴必须符合规定。

（2）必须采取预防措施，避免接触热空气管道造成烧伤。

（3）必须佩戴个人防护装备，避免风机噪声给工作人员带来伤害。

2. 防止操作不当造成设备损坏

（1）框架冷却风机、燃气轮机支撑轴承冷却风机、排烟风机都设置有公用管道，在启动其中一个风机而另外一个风机停止的情况下，如果另一个风机未设置逆止门（挡板）或逆止门（挡板）不严，会出现倒转的情况。这种情况下，如果倒转转速过高（具体数值参考厂家要求），必须进行处理，不能进行联锁试验，防止转轴突然承受较大反向力矩而产生裂纹或者断裂，出现安全事故。

（2）两台风机不能长时间同时运行，否则容易造成出/入口挡板损坏。

3. 防止高空坠落事故

罩壳通风系统的风机多布置在燃气轮机罩壳顶部，上、下需通过攀爬检修直梯，调试作业需在罩壳顶部。调试作业前需制定防坠落事故措施，严格执行。

第九节　燃气轮机压气机水洗系统

随着燃气轮机运行时间的增加，即使吸入的空气经过多级过滤，仍然会有微量杂质被吸入并附着在压气机叶片上。一方面会使压气机的通流部分逐渐积垢或积盐，导致压气机的压缩比和效率下降；另一方面，压气机叶片还会因积盐而逐渐被腐蚀，给机组的安全运行带来隐患。为解决上述问题，针对燃气轮机压气机设计了清洗系统来维护压气机内部的清洁。

压气机清洗分为干洗和水洗两种方式。目前，国内电站燃气轮机组多采用水洗方式，水洗又分为离线水洗和在线水洗两种形式。一般来讲离线水洗的效果优于在线水洗。当前主流燃气轮机中，大多配备有压气机水洗系统，但各制造商配置的水洗系统及水洗流程不尽相同，相对而言，GE 公司配置的水洗系统从系统构成到控制功能更为复杂一些。本节以 GE 公司的压气机水洗系统为例介绍其调试过程。

一、常用术语及定义

典型的燃气轮机压气机水洗系统调试通常涉及下列术语，相关解释如下。

1. 离线水洗

指在燃气轮机停止运行后、冷拖（高盘）状态下，采用水和清洗剂对压气机进行的全面清洗，通常包括预洗、浸泡、漂洗、干燥等阶段。

2. 在线水洗

指在燃气轮机正常运行期间，接近基本负荷，IGV 开度较大的状态下，采用水对压气机进行的清洗。

3. 预洗阶段

指离线水洗程序中，采用水和清洗剂混合液进行的最初阶段清洗。

4. 浸泡阶段

指离线水洗程序中，预洗阶段结束后进行的等待阶段。

5. 漂洗阶段

指离线水洗程序中，浸泡阶段结束后用水对压气机内残留混合液进行的清洗。

6. 干燥阶段

指离线水洗程序中，漂洗阶段结束后，燃气轮机升速对内部残留水分进行烘干的阶段。

二、调试前的安装验收要求

对于压气机水洗系统，不同燃气轮机制造商的系统结构类似，均具有离线水洗、在线水洗等模式。在分系统调试前应检查确认压气机水洗系统所涉及的设备均安装完毕，单体试运完成且验收合格。

GE 公司的压气机水洗系统示意图如图 4-30、图 4-31 所示，其主要设备清单及调试前的安装要求见表 4-35。其中，安装位置为原则性要求，根据现场实际情况可有所调整。

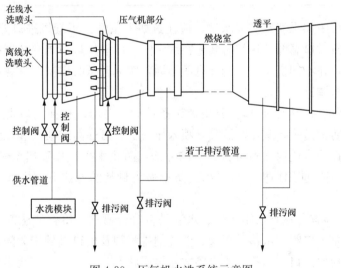

图 4-30　压气机水洗系统示意图

三、调试通用程序

（1）收集资料、现场调研并编写调试措施，制订调试计划。

（2）调试工作应该在所有设备安装并连接完毕、热工控制系统安装校验完毕、单体试运完成且验收合格之后进行。系统检查项目一般应包括：

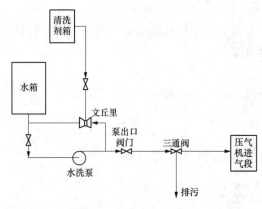

图 4-31　水洗模块示意图

1）检查水洗模块（包括水箱、清洗剂箱、水洗泵、文丘里连接管道等）安装是否完整。

2）检查水洗泵单体试运记录，是否满足验收标准。

3）查验记录，水洗系统管道冲洗合格。

4）检查压气机进气段部分离线喷头、在线喷头的安装是否满足验收标准。

（3）分系统调试开始前，负责人应组织检查质量、环境、职业健康安全措施是否符合要求，并向参加人做质量、环境、职业健康安全交底后，方可开始现场工作。

表 4-35　　　　　　　压气机水洗系统主要设备清单及安装验收要求

设备名称	设备功能	调试前验收要求
水箱	储存水	安装牢固可靠
清洗剂箱	储存清洗剂	安装牢固可靠
水洗泵	提供带压清洗液体	安装牢固可靠，单体试运合格
文丘里	将水和清洗剂进行掺混均匀	安装牢固可靠
离线喷头	离线液体喷洒	安装牢固，无异物堵塞
在线喷头	在线液体喷洒	安装牢固，无异物堵塞
控制阀	远程（或手动）控制喷头是否喷水	安装牢固可靠

（4）调试过程中如果涉及实际水洗，应注意如下条件：压气机进口温度≤4℃时禁止离线水洗；压气机进口温度≤10℃时禁止在线水洗；压气机进口加热装置投入时，禁止在线水洗。上述定值在不同机型上可能会有所不同，实际调试时以制造商规定值为准。

（5）就地模拟调试。

1）做模拟调试保护措施。检查具备调试条件后，在压气机前入口垂直段离线和在线水洗喷头处加装防护措施，避免水流实际喷入压气机。可在离线喷头和在线喷头处进行封闭，例如采用软性防水透明材料进行封装的方法，防止水雾直接喷出至进气段内。另外，应在压气机入口 IGV 前用挡板进行隔离，防止喷头封装的方法万一失效导致水流或水雾喷入压气机。

2）水洗模块检查。检查水箱水位、水温是否符合要求，检查清洗剂箱中清洗剂液位是否合适。水洗泵出口阀、水箱排污阀、清洗剂排污阀及出口阀处于关闭状态，再循环阀处于打开状态，模块出口三通阀处于主路方向导通状态。

3）打开在线水洗雾化喷嘴或射流喷嘴隔离阀。

4）启动水洗泵，就地检查泵振动、温度正常。

5）逐步打开水洗泵出口阀，根据压力表将出口压力调节至所需压力（如 GE 公司 9F 级机组要求压力 0.75MPa），就地检查模块内外管路有无泄漏点。

6）就地检查在线喷头工作正常，喷水量满足要求，保证喷头喷出液体能够形成水雾。

7）停水洗泵，关闭水洗泵出口门，关闭在线水洗雾化喷嘴或射流喷嘴隔离阀。

8）打开离线水洗雾化喷嘴或射流喷嘴隔离阀，打开清洗剂箱出口阀。

9）启动水洗泵，就地检查泵振动、温度正常。

10）逐步打开水洗泵出口阀，根据压力表将出口压力调节至所需压力（GE公司9F级机组要求压力0.75MPa），就地检查模块内外管路有无泄漏点。

11）逐步打开清洗剂箱出口阀将药箱流量调至设计值，调好以后固定该阀门并挂牌提醒，如无特殊要求，无须再进行操作。

12）检查离线喷头工作正常，喷水量满足要求，保证喷头喷出液体能够形成水雾。

13）恢复系统，拆掉喷头上的封闭装置和IGV前的挡板等防护装置，并检查压气机入口前进气垂直段，打开排污阀排除积水，然后清洗干净，经验收合格后，方可关闭进气段人孔门。

14）就地模拟调试完后，水泵出口手动门、清洗剂箱出口手动门位置均应固定，并且挂牌警示，没有特殊要求，不允许进行操作，以保证系统投入使用后出口压力和清洗剂的加入量是固定的。如有其他电动门，均应关闭。

15）系统恢复，就地模拟调试工作完成。

（6）正式离线水洗调试（以GE燃气轮机远程控制系统为例）。

1）模拟调试以后，表明就地系统正常。在此基础上，可进行远程控制，进入正式水洗调试。水洗调试前，应首先核查清洗水质是否满足制造商规定。检查清洗水水质报告，符合要求以后，方能用以水洗。通常对水质的要求包括：全部固体物质（溶解的和不溶解的）、碱金属量、其他可能会产生热腐蚀的金属、pH值等。

2）如果机组的水洗系统涉及与透平排气框架冷却风机的联锁运行，则在燃气轮机水洗前应检查透平排气框架冷却风机运转是否正常，远程进行开关试验。

3）离线水洗前，如果燃气轮机刚从运行状态停下，必须按运行规定对燃气轮机进行冷却，避免对燃气轮机造成热冲击。水洗时水温应满足机组要求，平均轮间温度、水温与透平轮间温度温差均要符合要求。

4）检查系统阀门状态是否正确，水洗模块阀门状态同就地模拟调试要求，燃气轮机各水洗排污阀应保持打开状态。

5）进行离线水洗操作。

a. 在控制系统中选择"启动"页面，选择"冷拖"。

b. 从燃气轮机主控制屏上选择"离线水洗"，按离线水洗操作程序开始工作。

c. 在主控页面上选择"启动"燃气轮机。

d. 机组升速至水洗转速。

e. 检查IGV全开，排气框架冷却风机联锁启动。

f. 在水洗画面上选择"预洗"，开始预洗阶段。就地检查水洗泵正常启动，离线水洗喷嘴隔离阀开，预洗水将按照设定时间进行自动喷射。

g. 检查清洗剂箱出口电动阀按要求打开，清洗剂以脉冲方式自动喷射，就地检查是否正常。

h. 当清洗剂喷射结束后，清洗剂出口电动阀关闭。

i. 检查机组惰走至盘车转速，进入浸泡阶段，计时浸泡20min。

j. 20min 后，在水洗画面上选择"漂洗"，漂洗阶段开始。

k. 检查机组被升至水洗基准转速，水将以脉冲方式自动喷射。

l. 在漂洗结束时，进行水质检查，如果检查合格，选择"结束漂洗"；如果检查不合格，选择"继续漂洗"，进行额外的漂洗，直到水质检查合格为止。具体检查方法与评定标准按照主机制造商规定执行。

m. 漂洗完成后，选择"结束漂洗"。

n. 在主控页面上选择"停机"，燃气轮机惰走至盘车转速。

o. 在水洗画面上选择"结束"，此时预洗、浸泡、漂洗三个阶段已经完成。

p. 关闭水洗模块水洗泵出口阀门。

q. 重新启动燃气轮机，燃气轮机升速进行甩干。

r. 预设时间结束，观察各低点排放及疏水处不再有水后，在主画面上选择"停机"，燃气轮机惰走至盘车转速。

s. 离线水洗结束，进行系统恢复，关闭各处排污阀。

（7）正式在线水洗调试（以 GE 燃气轮机远程控制系统为例）。

1）进行在线水洗操作前，确保压气机进口加热装置已经关闭，燃气轮机负荷降低至要求范围内，环境温度符合水洗要求，IGV 开度符合要求。水洗过程中需要注意：每次水洗的时间以及 24h 之内累计水洗时间均不能超过制造商规定。

2）进行在线水洗操作。

a. 确认阀门状态正确，保证清洗剂箱的出口阀处于关闭状态。

b. 打开三通阀排污，启动水洗泵冲洗管道。冲洗完关闭水洗泵，并关闭三通阀排污。

c. 进入控制系统中的"在线水洗"页面，点击"启动"按钮，启动在线水洗自动清洗程序。

d. 就地检查在线水洗喷嘴隔离阀开，水洗泵启动。

e. 水洗 30min 后程序自动结束（以厂家规定的水洗时间为准）。

f. 检查水洗泵是否已停止运行，如果已停止，关闭水箱出水阀和水洗泵出口阀。

g. 打开在线水洗母管放水阀，待水放尽后关闭该阀。

（8）调试工作完成后，及时填写调试质量验收表。

四、危险点分析及控制措施

压气机水洗系统虽然相对独立于电厂其他的水系统，但是调试工作涉及旋转机械和压气机进气段内的一些操作，并且涉及污水排放。因此，调试过程开始前应进行危险点分析并制定安全防护措施，避免调试过程中的人身伤害、设备损坏和环境污染。

常见的危险点及预防措施如下。

1. 防止操作不当造成人身伤害事故

（1）与水洗系统联锁运行的设备（各种水泵、风机），在调试前需要告知相关工作人员。调试过程中应由专人在设备前进行看护，避免因设备突然启停造成相关工作人员受到伤害。

（2）压气机进气段一般位于高处，作业人员需要根据高空作业的安全要求做好安全措施。

2. 防止操作不当导致设备损坏

（1）进行模拟水洗时，在喷头处和 IGV 前加装的防护措施一定要牢固可靠，防止杂物从 IGV 入口处进入压气机，给后续工作带来不便。

（2）模拟水洗完成后，应排净压气机入口进气室内积水，彻底检查进气室内无异物、杂物后，再撤离并封闭人孔门，避免正式投入水洗时有异物被带进压气机，损伤压气机叶片。

（3）离线水洗所用的水和清洗剂、在线水洗所用的水应符合制造商要求，防止液体对压气机叶片造成腐蚀，影响叶片强度，带来安全隐患。

（4）离线水洗或在线水洗时，燃气轮机的轮间温度、水温、水温与透平轮间温度温差应符合制造商要求，防止水洗时燃气轮机受到热冲击。

3. 防止因水洗系统调试造成环境污染

（1）各排水区域需事先做好污水排放措施，避免因污水排放造成环境污染。

（2）未用完的清洗剂，如需要排放，也要做好污水排放措施。

第十节　燃气轮机点火及火检系统

点火系统在燃气轮机启动时为燃烧室提供点火能量，实现可靠点火。

火检系统可通过光检测的方式监控燃烧室内的燃烧情况，一旦失去火焰则发出报警或跳机信号。

一、常用术语及定义

典型的点火及火检系统通常涉及下列术语或概念，相关解释如下。

1. 燃烧室的布置型式

不同厂家的燃气轮机燃烧室型式不同，也决定了点火系统的布置不尽相同，这里对两种燃烧室型式作一简要介绍。

如图 4-32 所示，三菱 M701F 燃气轮机采用了环管型预混多喷嘴干式低 NO_x 燃烧室结构，整个燃烧室由 20 个圆周布置的干式低 NO_x 燃烧筒组成。燃烧筒之间用联焰管相连（18 号和 19 号燃烧筒之间除外）。该燃烧室结合了环形燃烧室和分管形燃烧室的优点，既便于分开调节燃料又便于火焰连接不至于部分燃烧筒熄火。

西门子 V94.3A 型燃气轮机采用环形燃烧室，包括 24 个组合式燃烧器，通过扩散、预混、值班气源的切换可以实现扩散燃烧和预混燃烧等不同燃烧模式，在保证燃烧的稳定性的同时又尽可能减少 NO_x 污染物的生成，如图 4-33 所示。

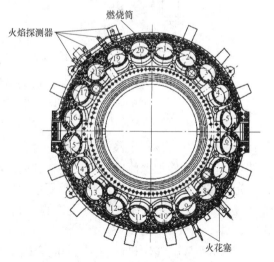

图 4-32　M701F 燃气轮机燃烧室部件布置图

2. 点火系统及火检系统

M701F 燃机在第 8 和第 9 个燃烧筒分别安装两个点火系统。如图 4-34 所示，点火系统包括点火棒、气缸和点火变压器。点火棒通过一个空心套筒穿过压气机燃烧室缸体，插

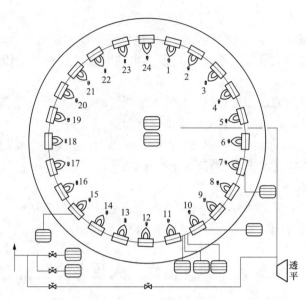

图 4-33　V94.3A 燃气轮机燃烧室布置图

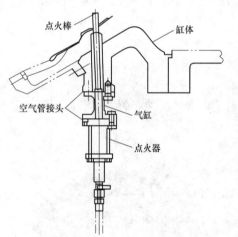

图 4-34　M701F 点火器系统

入对应的两个燃烧器的过渡段开口中。在机组启动时，点火棒由仪用空气推入点火区。点火完成后，点火棒在弹簧力和压气机缸内气体压力作用下从燃烧区退出，返回到初始备用位置，防止电极被火焰烧坏。点火变压器在点火期间以设定时间产生 1200V 高电压，该电通到点火棒，点火棒将产生高密度能量激发持续火花来点火。设定时间结束时，无论是否点火成功点火棒都将失电退出。

在第 18 和第 19 号火焰筒分别安装了一组火焰检测器（各包含两个火焰检测器）。火焰检测器可检测波长在 1900～2900Å（埃）（1Å＝1×10^{-10}m）的紫外线辐射，有这种紫外线存在时表明有正常火焰存在。每个检测器包括一个含有纯金属的电极和一种内含纯净气体的特殊玻璃外壳。电极上施加交流电压后，会在它们之间流过较短时间的电流脉冲。只要有特定波长的光存在就能使得这些电流脉冲重复地发生，也表明火焰一直存在。此系统用来监控燃烧系统，如果其中一个火焰检测器检测不到火焰发出报警，两个都检测不到火焰，机组跳闸。

V94.3A 型燃气轮机配置 24 个混合燃烧器，每个燃烧器天然气出口安装 2 根电极。220V 厂用电分别经 24 个微型整流变压器整流升压后产生±5000V 的高压接于燃烧器外部接线柱。燃气轮机启动过程中，点火系统接到逻辑指令后在电极末端间隙放电点火，过程持续 9s。在点火开始 12s 内火焰探测器监测到火焰则点火成功，反之则点火失败。

如图 4-35 所示，火检探头透过火焰观测孔石英玻璃捕捉燃烧室内燃烧产生的可见光，通过凸透镜聚光到光感元件上，光感元件转化可见光，计算出火焰强度信号。

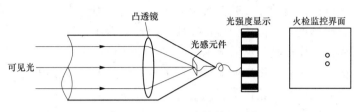

图 4-35 V94.3A 火焰检测系统

3. 联焰管

如图 4-36 所示，为了确保 M701F 燃气轮机所有燃烧筒中的燃气点火，在每两个相邻的燃烧室（18 号和 19 号燃烧室间除外）的火焰筒上安装有联焰管。联焰管将 20 个燃烧室的内部空间连接成一体，起传递火焰的作用。当点火器点燃 8 号和 9 号燃烧室内的火焰时，火焰会通过联焰管利用两个火焰筒之间的压力差向两侧相邻的燃烧器传播。当火检装置在 18 号和 19 号燃烧室内部均检测到火焰后，即表明全部 20 个燃烧室内均已成功点火。

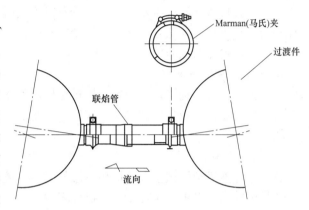

图 4-36 M701F 燃气轮机联焰管结构

二、调试前的安装验收要求

在进入分系统调试前，点火及火检系统所涉及的设备应安装完毕，单体试运完成且验收合格。典型的 M701F 点火及火检系统主要设备清单及调试前的安装要求见表 4-36。

表 4-36 典型 M701F 点火及火检系统主要设备清单及安装验收要求

设备名称	设备功能	调试前验收要求
点火器推进系统	利用压缩空气将点火棒推进点火区，点火完成压缩空气失去后会在弹簧力作用下退出防止烧坏电极	单体调试完成，推进、退出灵活到位
点火系统	提供高压电到点火电极产生火花，引燃燃气	系统安装完成，单体调试结束，验收合格，相关设备绝缘良好
火检系统	通过接受特定波长的光并将其转化成电流脉冲，持续监测燃烧室火焰情况	系统安装完毕，单体调试完成，验收合格

三、调试通用程序

（1）收集资料，现场调研并编写调试措施，制订调试计划。

（2）点火及火检系统调试应该在所有设备安装并连接完毕、热工控制系统安装校验完毕、相关系统试运结束以后进行。在调试前对要使用的仪器、仪表进行检查，确保完好无损。

（3）作业开始前，作业负责人组织检查质量、环境、职业健康安全措施是否符合要求，并向参加人做质量、环境、职业健康安全交底后，方可开始现场工作。

（4）点火电极推进弹出动作试验。解掉点火电极的动力电缆，导通压缩空气气源，确认气源压力合适，操作点火电极执行机构完成一次点火动作，就地观察点火电极推入和弹出的动作情况，确保动作正确，灵活无卡涩。

（5）点火电极打火试验。将压缩空气气源关掉，将点火电极拔出，通过逻辑强制发点火指令，在试验前需关掉燃气轮机罩壳内的灯光，观察点火电极放电产生火花的情况。

（6）调试工作完成后应及时填写分系统调试质量验收表。

四、危险点分析及控制措施

点火及火检系统调试需要传动点火器及其推进机构，存在多种危险因素，因此，调试过程开始前应进行危险点分析并制定安全防护措施，避免调试过程中的人身、设备伤害。

常见的危险点及预防措施如下。

1. 防止人身伤害事故

（1）传动执行机构时，人应远离推进位置，防止弹簧弹出机构时受到伤害。

（2）进行点火电极打火试验时，应确保有可靠的绝缘措施和正确的试验方法，防止触电事故。

2. 防止设备损害事故

（1）应尽量避免因试验火检探头在燃气轮机罩壳内使用明火而导致火灾的事故发生。

（2）试验点火电极时应在燃气轮机前未通入天然气的情况下进行，避免因燃气泄漏引发事故。

（3）试验点火电极应控制好通电时间不超过正常点火通电时间，避免长时间通电损坏电极。

第十一节　燃气轮机润滑油、顶轴油系统及盘车装置

燃气轮机润滑油、顶轴油系统及盘车装置是燃气轮机本体配置的一个重要辅助系统。它的主要功能有：在机组启动、正常运行、停机时向燃气轮机及其发电机的轴承、顶轴装置、盘车装置提供符合质量要求的润滑油。从而保证轴承温度、机组振动等参数在合理范围内。盘车装置在机组启动前和机组停运以后投入使用，以保证机组转子弯曲度在正常范围内。

润滑油、顶轴油系统一般主要包含如下主要部件：润滑油箱、交流润滑油泵组、直流润滑油泵组、顶轴油泵组、温度调节阀、冷油器、滤油器、液位开关、加热器等以及控制装置和连接它们的管道及附件。润滑油油箱储存燃气轮机机组所需的润滑油及顶轴油。润滑油模块及油箱通常布置在燃气轮机发电机组中心线以下。油泵由电动机驱动，从油箱里抽取所需的油以满足各种需要，所有供到燃气轮机机组轴承的润滑油最终返回油箱。

燃气轮机的润滑油系统与传统汽轮机润滑油系统之间一个较明显的区别是：燃气轮机基本上不配置同轴主油泵，而是设置两台交流润滑油泵，一运一备，同时设置一台直流润滑油泵作为紧急情况下停机惰走备用油泵。这种类型系统在某些进口式汽轮机及一些联合循环汽轮机上也有配置。无同轴主油泵的系统设计对于分系统调试提出了新的要求。

一、常用术语和定义

1. 直流油泵带载能力试验

为考核润滑油泵在电动机失去外部供电且蓄电池不在充电情况下，验证其安全、持续

运行能力而进行的试验。

2. 润滑油压扰动试验

为考核润滑油系统在润滑油泵跳泵联锁启动过程中系统油压波动的最低值是否满足汽轮机安全运行要求而进行的试验。

二、调试前的安装验收要求

在调试前燃气轮机润滑油系统所涉及的设备均应安装完毕，单体试运完成且验收合格。典型的燃气轮机润滑油系统主要设备清单及调试前的安装要求见表 4-37。

表 4-37　　　　典型燃气轮机润滑油系统主要设备清单及安装验收要求

设备名称	设备功能	调试前验收要求
润滑油箱	存储、提供系统所需的润滑油，同时将回油中夹杂的空气及水蒸气析出	内部清理干净，验收合格，注入充足的润滑油
交流润滑油泵组	为润滑油系统提供润滑油源	交流油泵电动机及泵安装完毕，对轮连接完毕，电动机经过单体试运，转向正确
直流润滑油泵组	在交流电源失去或交流润滑油泵全部故障的紧急情况下，为润滑油系统提供油源，保障燃气轮机组安全惰走停机	直流油泵电动机及泵安装完毕，对轮连接完毕，电动机经过单体试运，转向正确
顶轴油泵组	为顶轴油系统提供顶轴油源	顶轴油泵电动机及泵安装完毕，对轮连接完毕，电动机经过单体试运，转向正确
排烟风机	在润滑油系统运行中，将油箱内部油烟抽出排入大气，保持油箱内部为微负压，控制润滑油中含水量	电动机及风机安装完毕，对轮连接完毕，电动机经过单体试运，转向正确。风机入口逆止阀安装方向正确
过滤器	过滤液压油中的杂质	安装正确，内部装入符合设计要求的滤网
调压阀	调整润滑油系统母管油压	阀门试验合格
试验电磁阀	可在线进行润滑油泵联锁启动试验	阀门试验合格
压力仪表组	指示所在位置的系统压力	远传、就地压力表安装完成，指示正确
油箱液位仪表	指示油箱液位数值	远传、就地仪表安装完成，指示正确
热工控制系统	实现系统控制	牢固、可靠

三、调试通用程序

（1）收集资料，现场实地调研并编写调试措施，制订调试计划。

（2）系统安装检查。

润滑油系统调试前应完成润滑油系统设备及管道安装，经油系统冲洗合格并恢复至正常系统；润滑油箱中已按制造商图纸充装合格的润滑油到规定油位，并备有足量、合格的备用润滑油；系统内各油泵单体试运合格，排烟风机试运正常，正式电源已经接好，系统检查无泄漏；油系统设备、管道表面及周围环境清理干净，无易燃物，工作区域内无明火作业；备好沙箱、灭火器等足够的消防工具，并有专人负责消防工作；润滑油温度满足油泵启动要求，冷却水系统可以投入运行，系统内各阀门操作灵活；事故排油系统安装正确，阀门操作灵活，各压力表及阀门应有明显标志；热控仪表经校验合格，安装完毕，接线工作已完成，各压力开关、压差开关、液位开关整定合格。

（3）作业开始前，作业负责人组织检查质量、环境、职业健康安全措施是否符合要求，并向参加人做质量、环境、职业健康安全交底后，方可开始现场工作。

（4）润滑油箱油位标定。参照制造商图纸及说明书，确认正常运行油位及高、低报警油位和跳机油位在就地液位显示器上与远传液位计上的数值对应关系，协同热工专业人员确保就地与远传液位显示值的一致性，并在就地液位计上做出对应标识，方便巡检。对于某些类型油箱，由于不便直接操作油标，或远传液位计置于油箱顶部，则油位标定更多的是借助充放油的机会进行，检查油箱内油位处于正常范围，打开放油阀将油箱内的油缓慢放掉，至低油位时应发出报警，至低低油位时应发出跳机信号，关掉放油阀，启动补油泵并打开补油阀，向油箱缓慢注入合格的润滑油，观察并记录低低报警复位值及低报复位值，继续补油至高及高高油位时应同样发出报警，再关停补油阀及油泵。打开放油阀，缓慢卸去油箱中的润滑油直至正常油位，期间观察并记录高报及高高报警的复位值，如有数值与规定不一致的，应采取相应措施，如重新调整油位开关的位置等直到一致。

（5）润滑油电加热器的调试。当润滑油温低至一定温度时，不允许启动燃气轮机。此时处于备用状态的电加热器应能自动运行，提升润滑油温度，通过温度测点观察并记录油箱温度变化，可以分别尝试投入一组或多组加热器，观察升温效果，当温度升高到一定数值后加热器应能联锁退出。

（6）润滑油排烟风机的调试。

1）初调排烟风机风门至小开度，分别启动两台排烟风机，观察转向正确，电流、振动及轴承温度正常，而后调整入口风门开度并观察运行电流及主油箱真空度的变化情况，在保证电流不超过额定电流的情况下，真空度达到额定值。

2）按照设计逻辑编制逻辑传动单并进行排烟风机的联锁试验，通常包括跳闸联启及真空度下降联启等内容。

3）分别进行两台排烟风机试运，期间应监视并记录风机的振动、轴承温度、油箱真空度及风机运行电流等。

（7）交流润滑油泵的调试。

1）分别启动主、辅交流油泵。检查其转向是否正确，振动、电流是否正常，查看出口压力是否符合厂家要求，如有偏差，应调整调压阀至合适值。由于多数的燃气轮机厂家已将各轴承的油量分配由不同缩孔尺寸的孔板匹配好，所以在油泵启动前应向安装单位核查、确认孔板已按设计安装，而油压调整只需要调节母管调压阀至规定压力即可。

2）按照逻辑传动单进行主、辅交流润滑油泵联锁切换试验，试验过程中记录油压最低值，不得低于跳机定值。

3）分别进行主、辅交流润滑油泵试运，期间记录泵的电流、振动、轴承温度和母管压力。

（8）直流润滑油泵的调试。

1）启动直流润滑油泵。检查其转向是否正确，振动、电流是否正常，检查并记录润滑油母管压力，巡视系统无泄漏。

2）进行直流润滑油泵的联锁试验，通常包括交流油泵均跳闸联启及润滑油压低联启等软硬逻辑条目，记录联锁试验切换过程中润滑油压最低值，应符合制造商设定及反事故措施规定。

3）直流润滑油泵带载能力试验：将蓄电池充电装置与蓄电池断开，蓄电池不在充电情况下，进行直流润滑油泵不少于 1.5h 试运，期间记录泵的电流、振动、轴承温度和母管压力。典型记录见表 4-38。

表 4-38　　　　　　　　　直流润滑油泵带载能力试验过程参数记录

试验记录参数	单位	试验开始时刻	试验结束时刻
时间	h		
直流润滑油泵电流	A		
直流润滑油泵出口压力	MPa		
润滑油系统母管压力	MPa		
电气直流系统电压	V		

某电厂直流润滑油泵带载能力试验趋势图如图 4-37 所示。

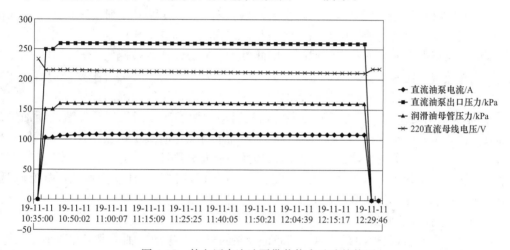

图 4-37　某电厂直流油泵带载能力试验趋势图

（9）润滑油压扰动试验。为考核润滑油系统在跳泵联锁启动过程中系统油压最低值是否满足机组安全运行要求，在交流润滑油泵跳闸联锁启动备用交流润滑油泵、两台交流润滑油泵均跳闸联锁启动直流润滑油泵试验过程中，结合现场管道设计和测点的分布，利用 DCS 或者外接录波仪进行关键数据的采集工作，并进行重复性测试。要求交流润滑油泵跳闸联锁启动备用交流润滑油泵时润滑油母管油压最低值高于机组润滑油母管压力低跳闸保护定值，两台交流润滑油泵均跳闸联锁启动直流润滑油泵母管油压最低值高于机组安全惰走油压定值。一般进行的记录见表 4-39。

表 4-39　　　　　　　　　润滑油压扰动试验参数记录

试验方式	单位	试验前稳定值	试验中最低值	试验后稳定值
1号交流油泵跳联启2号交流油泵	MPa			
2号交流油泵跳联启1号交流油泵	MPa			
1号交流油泵跳联启直流油泵	MPa			
2号交流油泵跳联启直流油泵	MPa			
2台交流油泵均停联启直流油泵	MPa			

（10）冷油器的调试。

1）冷油器投入。冷油器是与温度控制阀一同配合完成润滑油温度控制的，在投入冷油器时应注意冷却水侧与油侧投入的一致性，投入前应充分注油或注水排空，由视窗或排空阀可见注油及排空情况。投入运行后应记录润滑油母管压变化情况及温度调节情况，并与历史数据作对比，如发现换热效果差情况，应及时切换冷油器，并对已经脏污堵塞的冷油器进行清洗。

2）冷油器的切换试验。为了避免燃气轮机启动后切换冷油器出现意外造成断油烧瓦的事故，也为了万一出现极端工况，需要对冷油器进行操作时提供数据支撑，在燃气轮机启动前，应进行冷油器的切换试验。冷油器切换前应充分注油排空气，先投水侧再投油侧，切换过程中动作应尽量平稳、缓慢，密切监视母管油压波动情况和各瓦供回油情况，注意润滑油压如有降低，不应低于跳机和直流润滑油泵联启定值。

（11）滤油器的调试。

1）滤油器投入。滤油器投入时应充分注油排空，注油过程中仔细检查将排污及放油门关闭。很多供货商的滤油器配有临时滤网和正式滤网，调试工作前期，通常在滤油器工作侧安装临时滤网而另一侧不安装滤网，因此投入前务必确认待投侧已安装可用滤网。在长期运行并监视滤网差压良好后，可以两侧均投入正式滤网运行，运行中要密切监视滤网差压，如发现差压报警，应及时切换滤油器，并对已经脏污堵塞的滤网进行清洗。

2）滤油器的切换试验。为了避免燃气轮机启动后切换滤油器出现意外造成断油烧瓦的事故，也为了万一出现极端工况，需要对滤油器进行操作时提供数据支撑，在燃气轮机启动前，应进行滤油器的切换试验。滤油器切换前应充分注油排空，切换过程中动作应尽量平稳、缓慢，密切监视母管油压波动情况和各瓦供回油情况，注意润滑油压如有降低，不应低于跳机和直流润滑油泵联启定值。

（12）顶轴油泵的调试。

1）分别进行两台顶轴油泵试运，期间记录泵的电流、振动、轴承温度和顶轴油压力。

2）进行顶轴油泵联锁试验，通常包括跳闸联启和顶轴油压低联启，切换过程中监视并记录母管油压最低值。

3）打开顶轴油泵出口球阀，全开调压模块上的母管限压阀，分别关闭至各瓦的调压阀；用千分表抵触各轴颈上部，准备测量各轴承处机组转子的顶起高度；调整限压阀，将过滤器后母管压力调至额定值；使用调压模块的 4 个调压阀，分别调节发电机励磁端、发电机燃气轮机端、燃气轮机压气机端和燃气轮机透平端的顶轴油压，将高度顶起至规定的范围内。停止顶轴油泵，确认各千分表指数归零。

4）启动另一台顶轴油泵，检查各轴瓦顶起高度在规定的范围内。停止顶轴油泵，确认各千分表指数归零。

5）做好顶轴调整记录，见表 4-40 和表 4-41。

表 4-40   顶轴系统母管油压调整参数记录

试验记录参数	单位	参数记录
A 顶轴油泵出口压力	MPa	
A 顶轴油泵出口溢流阀整定压力	MPa	
A 顶轴油泵电流	A	
B 顶轴油泵出口压力	MPa	
B 顶轴油泵出口溢流阀整定压力	MPa	
B 顶轴油泵电流	A	

表 4-41 机组轴颈顶起高度调整记录

项目	发电机前轴承		发电机后轴承		压气机前轴承		透平后轴承	
运行油泵	A 泵	B 泵	A 泵	B 泵	A 泵	B 泵	A 泵	B 泵
支管油压/MPa								
顶起高度/μm								

（13）盘车装置调试。

1）燃气轮机盘车简介。电站重型燃气轮机（E 级和 F 级）盘车装置按制造厂商的不同，主要分为如下几种类型：

a. GE 公司燃气轮机：电动盘车，SSS 离合器啮合，以交流电动机作为驱动盘车的动力源。

b. 三菱公司燃气轮机：电动盘车，摆线齿轮啮合，以交流电动机作为驱动盘车的动力源。

c. 西门子公司与安萨尔多公司的燃气轮机盘车类型相似，基本有两种：在 E 级燃气轮机上常用同轴油涡轮式盘车，以燃气轮机润滑油作为驱动盘车的动力源；在 F 级燃气轮机上常用液压马达式盘车，以高压顶轴油驱动盘车液压马达，E 级燃气轮机也有采用。

各类型盘车装置的盘车转速见表 4-42。

表 4-42 燃气轮机常见盘车及盘车转速 （r/min）

盘车类型	驱动源	盘车转速
电动盘车，SSS 啮合	交流电动机	5～8
电动盘车，齿轮啮合	交流电动机	3
油涡轮盘车	润滑油	50～80
液压马达盘车	高压顶轴油	100～120

其中，电动盘车现场调试工作内容相对少，盘车投入后基本无须后续调整工作。同轴油涡轮式盘车结构较为简单，目前数量相对较少。液压马达式盘车在国内应用较多，结构相对复杂，盘车投入后可能会有后续的调整工作，故本节以液压马达式盘车为例，介绍盘车调试步骤。

2）燃气轮机启动前顶轴、盘车设备的试运：

a. 检查燃气轮机润滑油系统运行情况，润滑油泵、排油烟风机、顶轴油泵已投入运行，润滑油母管压力及顶轴油母管压力正常。

b. 检查燃气轮机处于静止状态，盘车电磁阀和啮合电磁阀处于关闭状态，流量控制阀将盘车液压油流量降至最低。

c. 打开啮合电磁阀，使摆动臂齿轮与齿圈啮合。

d. 打开盘车电磁阀，并将流量控制阀设定至较大流量，观察燃气轮机转速上升并稳定在规定转速左右。

3）燃气轮机启动后顶轴、盘车设备的试运：

a. 燃气轮机冲转后，确认盘车装置自动脱开。

b. 当燃气轮机转速升高至顶轴油泵联锁停止转速时，顶轴油泵应自动停运。

c. 燃气轮机停机后，当转速降至顶轴油泵联锁启动转速时，顶轴油泵应自动启动。

d. 当燃气轮机转速降至厂家设定转速时，盘车电磁阀打开，流量控制阀设定至较大流量，盘车装置开始升速。

e. 当液压马达的转速与燃气轮机转速匹配时，啮合电磁阀打开，液压流量控制阀调节燃气轮机转速在规定盘车转速左右运行。

四、危险点分析及控制措施

为确保作业过程的安全，有效防止事故的发生，作业负责人应在作业开始前，组织全体作业参加人员，针对本次作业现场的实际情况，进行本次作业危险点分析并对每一个危险点或危险源制定相应的控制措施。润滑油系统调试常见的危险点及预防措施见表 4-43。

表 4-43　　　　　　　　　　危险点及其控制措施

序号	危险点内容	可能导致的事故	控　制　措　施
1	高压油泄漏	造成人身伤害，周围环境污染	提前制订预防方案，对油系统管路、表计进行检查，防止油位过高，系统启动时疏散周围的工作人员
2	高压氮气泄漏	造成人身伤害	对蓄能器进行检查，防止气压过高，系统启动时疏散周围的工作人员
3	润滑油泄漏	周围环境污染	提前制订预防方案，对油系统管路、表计进行检查。避免油箱油位过高
4	油系统着火	造成人身伤害，设备损坏	（1）系统检查及试运操作，应执行《防止电力生产事故的二十五项重点要求》（国能安全〔2014〕161 号）第 2.3 节规定； （2）系统试运时准备好干沙等应急消防设施，系统周围不得有明火； （3）消防系统按规定正常投入运行
5	旋转部件卷带衣服、长发，或滑倒接触旋转部件	造成人员伤害事故	（1）在旋转设备周围工作要穿紧口衣服、防滑鞋、收起长发； （2）地面保持干燥，如有水、油要擦干
6	高空掉落物体打击	造成人员伤害事故	（1）不在高空作业下方停留； （2）在上方或侧方有掉落物体风险的环境工作、行走时，要提高警惕，需在有人监护下快速工作、快速通过
7	现场地面凹凸不平或有未封闭的孔洞	影响人员行走，跌倒或绊倒，造成扭伤或摔伤	（1）调试前对作业人员专项提醒； （2）在现场工作前应先检查现场状况； （3）在危险场地预先设置警示标志

第十二节　燃气轮机控制油及调节保安系统

根据联合循环机组单轴或分轴的布置方式，控制油及调节保安系统可分为燃气轮机及蒸汽轮机共用一套或单独各配置一套两种方式。以三菱公司分轴布置的 M701F4 级联合循环机组为例，其燃气轮机控制油及调节保安系统主要作用是为燃气主供气压力控制阀、燃气流量控制阀、燃烧室旁路阀和 IGV（进口可调导向叶片）等阀门的液压伺服执行机构提供温度、压力、油质满足正常工作需要的稳定高压油源，实现燃气轮机调节与保安需求。

无论单轴还是分轴布置方式，燃气轮机控制油及调节保安系统一般由供油组件、执行机构及危机遮断三个部分组成。如图 4-38 所示，供油组件一般包含控制油箱、控制油泵、控制油泵出口滤油器及溢流阀、蓄能器、供回油管路、控制油回油母管逆止阀、控制油净化装置、控制油回油滤油器及冷却器、控制油回油逆止阀、就地仪表盘以及各类远传仪表等设备；执行机构一般包含油动机、止回阀、伺服阀（电液转换器）、快速卸荷阀、线性位移变送器（LVDT）及相关管道等设备；危机遮断一般包含跳闸电磁阀（OST 电磁阀）、跳闸先导阀、机械超速跳闸机构、手动跳闸阀及相关热控元件等设备。整个系统构成一个闭式循环，两台交流控制油泵一主一备，正常运行时，控制油箱内的油液首先进入主控制油泵加压，然后送入出口滤油器过滤，最终以设定的压力送入各液压伺服执行机构。从各伺服执行机构排出的低压回油经过滤和冷却处理后再返回控制油箱，进行下一次循环。

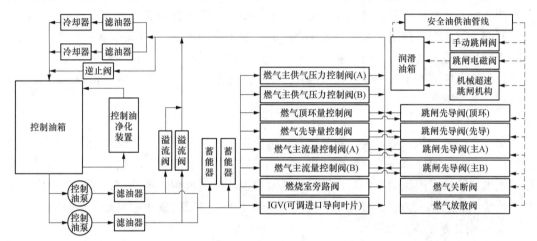

图 4-38　三菱分轴布置 M701F4 级联合循环机组燃气轮机控制油及调节保安系统示意图

燃气轮机控制油及调节保安系统主要调试工作如下：

（1）确认燃气轮机控制油系统油循环冲洗后油质符合 DL/T 571 及 DL/T 5210.3 的规定，并符合设备供货商要求。

（2）控制油系统调试：

1）蓄能器充压检查；

2）在确认蓄能器隔离后，进行控制油系统压力试验，检查管道及接口无泄漏；

3）控制油系统压力调整；

4）控制油冷却系统投运；

5）联锁保护试验，包括控制油箱油位保护、油箱油温联锁保护、控制油泵启停联锁等。

（3）调节阀同时全开过程中，检查控制油压力应满足安全运行要求。

（4）控制油压扰动试验，控制油系统跳泵联锁启动，记录油泵联锁启动时间和系统最低油压值。

一、常用术语及定义

以三菱分轴 M701F4 级联合循环机组燃气轮机为例，控制油及调节保安系统的调试通常涉及下列术语或概念，相关解释如下。

1. 控制油

通常采用磷酸酯抗燃油（又称 EH 油）作为油源，应用于发电厂电液控制系统。为确保系统正常稳定运转，控制油温应保持在 $45\sim55℃$ 范围内，油质的控制指标执行 DL/T 571《电厂用磷酸酯抗燃油运行维护导则》规定，进口燃气轮机通常也需同时满足供货商的规定。

某些特殊型式燃气轮机，如 GE 公司产品，使用透平油作为控制油，与主机润滑油共用一个油箱，但是油中颗粒度指标仍需满足 DL/T 571 的规定。

2. 控制油箱

储存满足燃气轮机正常运行的控制油，一般顶部配有呼吸器及空气滤清器，可防止油箱内压过高或真空过高，并对进入油箱空气所带来的杂质及水分起到过滤和吸附作用。油箱内侧底部一般配有微型分离磁棒，可清除油箱中游离的磁性颗粒，但需定期更换。油箱内侧底部一般还配有控制油泵进口滤油器，用于防止油箱内底部沉淀杂质进入控制油泵。为防止控制油温过低，油箱内一般还配有浸没式电加热器，可自动投入或退出运行，从而保持控制油温度不低于最小要求值。油箱外部一般还配有液位测量装置，可控制油箱油位保持在正常范围。

3. 控制油泵

布置在控制油箱底部，为各伺服执行机构提供压力符合要求、流量可随工况变化的稳定油源。一般选用柱塞泵、交流电动机驱动，采取一用一备双泵并联设置，可通过手动或联锁逻辑（跳泵或控制油压低）自动实现两泵切换。启泵前须将油注满，泵体排净内部空气，严禁空载运行。当油温过高或过低或油质低于规定级别时禁止控制油泵运行。

4. 控制油泵出口滤油器

每台控制油泵出口均配置一台全流量单联通式滤油器，主要用于去除控制油中杂质，提高供油品质，防止油中杂质堵塞下游伺服执行机构影响机组正常运行。每台滤油器配有差压开关用于监视滤芯堵塞情况。

5. 控制油泵出口溢流阀

布置在控制油泵出口滤油器之后、逆止门之前，当系统供油管路压力超过设定值时，该阀打开使多余控制油直接流入控制油回油管路，保持系统压力稳定，防止设备损坏。

6. 蓄能器

一般在控制油泵出口供油母管上布置两台高压蓄能器，控制油侧进油阀常开、泄油阀常闭，内部气侧通过预充氮气存储控制油的压力势能，并在紧急工况下，如系统用油量瞬间暴涨或两台控制油泵切换时，为系统及时供油并减缓管道系统的压力波动与冲击。

7. 安全油

安全油来自润滑油系统，正常的安全油压力可保证执行机构稳定安全工作。安全油压建立，燃气紧急关断阀打开、燃气放散阀关闭，同时各燃气流量控制阀可以正常开启；安全油压失去，燃气紧急关断阀关闭、燃气放散阀打开，同时各燃气流量控制阀迅速关闭。

8. 伺服执行机构

执行机构以控制油为传递介质，对控制系统发出的电指令信号作出反馈，对机组进行调节和控制。油动机是执行机构实现阀门开关控制及调节的核心构成部分，分为"开关型"和"伺服型"两类。开关执行机构油动机控制的阀门只有全开或全关位；伺服执行机构油动机控制的阀门可保持在任一阀位，以满足调节控制需求。

9. 燃气关断阀

其执行机构为"开关型"，由安全油驱动，当手动打闸、机械超速跳闸、盘前打闸或触发其他跳闸条件时，安全油压失去，该阀门迅速全关，将燃气隔离。

10. 燃气放散阀

该阀门与燃气关断阀为联动状态，其执行机构仍为"开关型"，由安全油驱动，当手动打闸、机械超速跳闸、盘前打闸或触发其他跳闸条件时，安全油压失去，该阀门迅速全开，排尽燃气关断阀与燃气流量控制阀之间管道内的燃气。

11. 燃气主供气压力控制阀

其执行机构为"伺服型"，该阀门用于调节进入燃气流量控制阀的燃气压力以保证其在合适的范围内变化。根据燃气流量的大小可分为 A、B 两个阀进行分段控制，小体积阀用于低流量段控制，大体积阀用于高流量段控制。

12. 燃气流量控制阀

其执行机构为"伺服型"，该阀门用于调节进入燃烧器各喷嘴的燃气体积流量，为控制系统发出相应的电指令信号提供依据。根据对应的喷嘴类别可分为燃气顶环流量控制阀、燃气先导流量控制阀、燃气主流量控制阀（A）及燃气主流量控制阀（B）四个阀进行分段控制，其中燃气先导流量控制阀用于燃气轮机启动和低流量段控制，燃气顶环流量控制阀用于 $20\% \sim 100\%$ 负荷段控制，燃气主流量控制阀（A）和（B）中的小体积阀用于低流量段控制，大体积阀用于高流量段控制。当手动打闸、机械超速跳闸、盘前打闸或触发其他跳闸条件时，安全油压失去，该阀门迅速全关，将燃气隔离。

13. 燃烧室旁路阀

其执行机构为"伺服型"，控制压气机排气进入燃烧室过渡段的流量。根据机组运行需要，通过改变旁路阀开度来调节机组燃空比，同时提升机组启动时燃烧稳定性。

14. 手动跳闸阀

布置在安全油母管上。当燃气轮机需要就地打闸时，可以手动操作此阀，安全油直接泄至润滑油箱且油压迅速降低，燃气关断阀关闭、燃气放散阀打开，同时各燃气流量控制阀对应的跳闸先导阀打开，控制油直接泄至回油管且油压迅速降低，各燃气流量控制阀迅速关闭；机组启动阶段，该阀手动复位，安全油侧停止泄油且油压建立，燃气关断阀打开、燃气放散阀关闭，同时各燃气流量控制阀对应的跳闸先导阀关闭，控制油侧停止泄油且油压恢复正常，各燃气流量控制阀能够正常操作。

15. 机械超速跳闸机构

三菱 M701F 型燃气轮机配置有机械超速机构，一般布置在燃气轮机透平尾部，使用重心偏离转子中心的飞锤实现跳闸操作。当透平转子超速时，飞锤由于离心力超过弹簧预紧力从原位置击出，触发安全油母管上的机械保安装置，手动跳闸阀被打开，安全油压失去，燃气轮机跳闸；当燃气轮机转速恢复正常之后，飞锤复位，但是布置在燃气轮机透平排气段外部的手动跳闸阀杆需要人工复位。

16. 跳闸电磁阀

布置在安全油母管上。当盘前打闸或触发其他跳闸条件时，该阀失电打开，安全油直接泄至润滑油箱，燃气关断阀关闭、燃气放散阀打开，同时各燃气流量控制阀对应的跳闸先导阀打开，控制油直接泄至回油管，各燃气流量控制阀迅速关闭。机组挂闸状态下，该阀带电关闭，安全油压建立，燃气关断阀打开、燃气放散阀关闭，同时各燃气流量控制阀对应的跳闸先导阀关闭，控制油侧建立正常油压，各燃气流量控制阀能够正常操作。

17. 跳闸先导阀

选用隔膜阀，膜两侧分别与安全油及控制油管路相连，布置在各燃料流量控制阀的伺服执行机构中，由安全油压控制其开闭。当手动打闸、机械超速跳闸、盘前打闸或触发其他跳闸条件时，手动跳闸阀或跳闸电磁阀打开，安全油直接泄至润滑油箱，各跳闸先导阀打开，控制油直接泄至回油管，各燃气流量控制阀迅速关闭。机组挂闸状态下，跳闸电磁阀关闭或手动跳闸阀复位，安全油侧停止泄油且油压建立，各跳闸先导阀关闭，控制油侧停止泄油且油压恢复正常，各燃气流量控制阀能够正常操作。

18. 控制油回油母管逆止阀

弹簧式逆止阀，布置在回油管路上。为防止回油超压损坏滤油器及冷油器，在控制油回油滤油器前装设一旁路经逆止阀返回油箱，当回油压力高于设定值时顶开逆止阀，回油不经滤油器直接返回油箱。

19. 控制油回油滤油器

控制油从各伺服执行机构排出后汇入回油母管，首先进入控制油回油滤油器。控制油回油滤油器仍选用全流量单联通式滤油器，采取一用一备并联设置，主要用于去除回油中杂质，提高回油品质，防止各伺服执行机构运行产生的杂质被工作后的控制油带回油箱。每台滤油器配有差压开关用于监视滤芯堵塞情况。

20. 控制油回油冷却器

串联安装在控制油回油滤油器与油箱之间的管路上，保证控制油工作温度在正常范围内。通常选用板式冷却器，两台满流量冷却器并列设置，一用一备。冷却器温控阀开度可调节水侧流量以控制油温。

21. 控制油净化装置

该装置具有独立的进回油管路与控制油箱直接相连，开启进口阀并通过自带的循环油泵将控制油箱中的油吸入，净化处理过后为控制油箱补油。控制油净化装置通过聚结过滤器可去除控制油中的水分及杂质颗粒，并通过静电作用使油中细小杂质颗粒聚集吸附于采集筒上，能够有效除去油内所含氧化油泥，同时通过树脂类过滤器还能够保持油液的中性。装置内部有自动控制器监视其运行状态，保证净化系统与控制油系统同步运行。运行时若净化装置压力或油位超过限制、净化油箱中加载电流超限或达到设定的运转时间，自动控制器还能够实现循环油泵的自动停止功能，同时提醒更换采集筒。

22. 控制油压扰动试验

为考核控制油系统在控制油泵跳泵联锁启动过程中系统油压波动的最低值是否满足汽轮机安全运行要求而进行的试验，试验时需投入充氮合格的蓄能器。

二、调试前的安装验收要求

在调试前检查控制油及调节保安系统所涉及的设备均安装完毕，单体试运完成且验收合格。仍以三菱分轴 M701F4 级联合循环机组燃气轮机为例，其控制油及调节保安系统主要设备清单及调试前的安装要求见表 4-44。其中，安装位置为大致要求，可根据现场情况进行调整。

表 4-44　　　　　　　典型控制油及调节保安系统主要设备清单及安装验收要求

设备名称	设备功能	调试前验收要求
控制油箱	储存控制油	按设计要求安装完毕
控制油泵	为各用户提供高压稳定油源	单体试运完成
控制油泵出口滤油器	去除控制油供油中杂质	按设计要求安装完毕
控制油泵出口溢流阀	保持系统供油压力稳定，防止设备损坏	相关阀门试验合格
蓄能器	为系统及时供油并减缓管道系统的压力波动与冲击	单体试运完成
燃气主供气压力控制阀（A）	对应工况段调节燃气压力	按设计要求安装完毕
燃气主供气压力控制阀（B）	对应工况段调节燃气压力	按设计要求安装完毕
燃气顶环流量控制阀	对应工况段调节燃气流量	按设计要求安装完毕
燃气先导流量控制阀	对应工况段调节燃气流量	按设计要求安装完毕
燃气主流量控制阀（A）	对应工况段调节燃气流量	按设计要求安装完毕
燃气主流量控制阀（B）	对应工况段调节燃气流量	按设计要求安装完毕
燃烧室旁路阀	调节燃空比	按设计要求安装完毕
IGV（进口可调导向叶片）	调节空气压缩机进气压力及流量	按设计要求安装完毕
机械超速跳闸机构	超速工况下迅速卸掉安全油，实现保安功能	相关阀门试验合格
跳闸电磁阀	跳闸工况下迅速卸掉安全油，实现保安功能	相关阀门试验合格
手动跳闸阀	手动跳闸工况下迅速卸掉安全油，实现保安功能	相关阀门试验合格
跳闸先导阀	相应工况安全油压下降，迅速卸掉控制油，使各燃气流量控制阀关闭	按设计要求安装完毕
控制油回油母管逆止阀	保持系统回油压力稳定，防止设备损坏	相关阀门试验合格
控制油回油滤油器	去除控制油回油中杂质	按设计要求安装完毕
控制油回油冷却器	冷却控制油回油	按设计要求安装完毕
控制油净化装置	去除控制油中水分及杂质颗粒，同时保持油液中性	单体试运完成
润滑油系统	提供安全油	分系统试运合格
闭式冷却水系统	为控制油回油冷却器提供冷却水	分系统试运合格

三、调试通用程序

下述文字所涉及的定值均参考三菱分轴布置 M701F4 级燃气轮机发电机组相关设计。

1. 系统完整性检查

（1）系统经油循环冲洗合格，所有管道及滤网清理干净，抗燃油油质化验满足标准 DL/T 571《电厂用磷酸酯抗燃油运行维护导则》及主机供货商技术要求，以正式化验报告为准。系统设备及油管路已按正常运行要求回装完毕，恢复正式系统，各油动机、节流孔、伺服阀、跳闸先导阀、跳闸电磁阀、机械超速跳闸机构、手动跳闸阀及线性位移变送器（LVDT）复装完毕且分系统试运前准备工作已经完成。

（2）控制油系统单体试运工作已完成且验收合格，现场作业环境条件满足分系统调试的要求。

（3）闭式水分系统调试完毕。冷却水系统可投入正常运行，冷却水压力正常，冷却水回水安全阀整定为 0.98MPa，其余各阀门操作灵活。

（4）燃气轮机润滑油分系统调试完毕。滤油工作已结束，油质合格，系统可投入正常运行，润滑油箱液位正常，安全油压正常。

2. 蓄能器充压检查

系统试运前，应对充氮工作进行验收或确认。关紧蓄能器的进油截止阀，打开液压油蓄能器的回油截止阀，使蓄能器活塞下的油压消失，利用随机供货压力表检查蓄能器内氮气压力，若压力不足，则需进行充氮到蓄能器气压表读数为制造厂商规定的正常压力。关闭蓄能器回油阀，缓慢全开蓄能器进油阀。

应注意，控制油系统管道打压开始前，应关闭蓄能器进油阀，打压结束后再重新投入。

3. 油压的试运及系统压力试验

（1）全关蓄能器进油阀，将蓄能器与系统隔离。

（2）检查系统各阀门位置正确，控制油温大于 20℃。将 1 号控制油泵压力补偿器及出口溢流阀的外侧锁紧螺母松开并将两阀旋松，以防止系统超压。

（3）启动 1 号控制油泵，记录启动电流，监视控制油箱油位变化。检查系统管道及接口有无泄漏，如果发现泄漏应及时停泵并消除漏点。

（4）在油温达到正常运行范围内时，关闭 1 号控制油泵的出口阀并旋紧 1 号控制油泵出口溢流阀，然后旋紧 1 号控制油泵压力补偿器，使泵出口压力达到工作的额定值。缓慢打开 1 号控制油泵的出口阀，检查系统管道及接口有无泄漏，如果发现泄漏应及时停泵并消除漏点。检查系统各个用户，逐个打开各用户手动隔离阀（包括 IGV 与燃烧器旁路阀的伺服执行机构进出口阀以及需投运的控制油回油滤油器进口阀）并检查各用户投入前后系统油压变化，如果发现泄漏应及时隔离并消除漏点。

（5）停 EH 油泵，启动另一台油泵，调整方法同上。

（6）运行 10min 以上后，将 1 号控制油泵出口溢流阀旋紧至全关位，旋紧 1 号控制油泵压力补偿器使供油母管压力缓慢达到最高设定压力，保压 10min 进行系统耐压试验。升压过程中系统管道及接口不得有泄漏，如果发现泄漏应及时停泵并消除漏点。

（7）耐压试验完成后，旋松 1 号控制油泵压力补偿器使泵出口压力缓慢降低到溢流阀动作压力以上，再缓慢旋松控制油泵出口溢流阀，将其动作值调整为设计值，并在压力稳定后将其锁紧螺母拧紧。

（8）旋松 1 号控制油泵压力补偿器使泵出口压力缓慢降低至额定工作值，并在压力稳定后将其锁紧螺母拧紧。

（9）2 号泵调整过程与 1 号泵相同。

（10）投入蓄能器，分别完成 1、2 号控制油泵的 4h 连续试运，检查泵的各项运行参数是否正常，定期进行记录，并将记录结果填入表 4-45。试运结束后，通知相关人员切断控制及动力电源。

表 4-45   控制油泵试运记录

运行参数	单位	时刻 1	时刻 2	……	时刻 n
运行电流	A				
泵体振动	μm				
电动机振动	μm				
泵轴承温度	℃				
电动机轴承温度	℃				
油泵出口油压	MPa				
供油母管压力	MPa				
回油母管压力	MPa				
安全油母管压力	MPa				
控制油箱油位	mm				
控制油箱油温	℃				

4. 控制油冷却系统试运

(1) 冷却系统的投入可与控制油泵连续试运同时进行。

(2) 确认控制油净化装置已投运，再次确认需投运的控制油回油滤油器进口阀已打开。

(3) 缓慢打开需投运的控制油回油冷却器水侧进、出口阀，并将冷却器温控阀自动跟踪温度设定为额定值。

(4) 监视已投运控制油回油滤油器差压和控制油温的变化，如调节不佳，可调整冷却器的进油量。

5. 控制油系统联锁保护传动试验

控制油系统的联锁保护通常包括：

(1) 控制油泵的联锁保护，如：控制油母管压力低联锁启动备用油泵；运行泵跳泵联锁启动备用油泵。

(2) 再循环冷却油泵的联锁，如：运行泵跳泵联锁启动备用油泵。

(3) 控制油箱油位联锁保护，如：油位低Ⅰ值时报警；油位低Ⅱ值时联锁停止加热装置；油位低Ⅲ值时禁止启动油泵或联锁停止油泵。

(4) 控制油及循环冷却油滤网压差报警。

(5) 控制油箱电加热器的联锁，如：油箱油温低时联锁投入电加热器；油箱油温高时联锁停止电加热器；油箱油位低时禁止投入及联锁停止电加热器。

在传动控制油泵跳泵联锁启动备用油泵过程中，应记录系统母管油压扰动的最低值，见表 4-46。

表 4-46   控制油压扰动试验记录

试验方式	单位	试验前稳定值	试验中最低值	试验后稳定值
1 号控制油泵停泵联启 2 号控制油泵	MPa			
2 号控制油泵停泵联启 1 号控制油泵	MPa			

6. 燃气轮机燃料阀全开试验

（1）控制油供油母管压力及安全油压力保持额定工作值。

（2）TCS站远方同时全开燃气主供气压力控制阀（A）、燃气主供气压力控制阀（B）、燃气顶环流量控制阀、燃气先导流量控制阀、燃气主流量控制阀（A）、燃气主流量控制阀（B）、燃烧室旁路阀、IGV（进口可调导向叶片）等控制油用户，记录各阀门全开过程中控制油供油及回油母管压力的最低值，检查控制油压力是否满足安全运行要求。

（3）对于其他型式燃气轮机，则对应开启所有控制油驱动的燃料控制阀以及关断阀。

四、危险点分析及控制措施

控制油及调节保安系统涉及高压抗燃油的存储及利用，而系统采用的磷酸酯抗燃油具有一定的毒性；同时整个系统包含阀门、泵等各类单体设备，运行工况多变、调控过程复杂。因此，调试过程开始前应进行危险点分析并制定安全防护措施，避免调试过程中的人身伤害事故和环境污染以及设备损害事故。常见的危险点及预防措施如下。

1. 防止造成人身伤害事故

（1）避免控制油的泄漏，避免控制油接触人身、溅入眼部或被吸入，同时还应避免溅到保温材料或电缆绝缘层和涂层上，如发生沾染应立即用水冲净。

（2）运行维护人员应定期巡检，仔细检查系统是否存在漏油现象，如有漏点应根据情况判断是否停运系统，同时将漏点及时消除。同样，当控制油箱油位发生下降且无法查明原因时，应根据情况判断是否停运系统并消除漏点，同时根据油位下降情况及时补油。

（3）调整溢流阀及压力补偿器等带有弹簧的机械组件时应注意人身安全。

（4）消防系统完成调试工作并已投入运行，防止发生火灾。

（5）对系统某部件进行隔离检修时，应做好泄压工作。

2. 防止造成设备损害事故

（1）严禁控制油泵在无油空吸状态下启动，首次启动前需通过注油孔将泵注满，并沿泵旋转方向手盘转子以排出泵内空气。

（2）控制油温过高或过低、控制油油质不合格、控制油箱油位超限均不得启动控制油泵。

（3）调节保安系统调试时，应排净内部空气，防止各阀门用户发生抖动影响试验准确性。

（4）调试过程中监视控制油泵出口压力、电流、振动等运行参数的变化趋势，当各参数偏离正常运行工况时需及时作出调整；若发生危急工况，如设备或管道剧烈振动或各运行参数大幅超标，应立即停运油泵，对事故原因进行分析并提出解决方案。

（5）系统管道打压时蓄能器应与系统隔离，打压结束后应确认蓄能器已恢复投入且充压正常。

第十三节　燃气轮机透平液压间隙优化系统

燃气轮机透平液压间隙优化系统（Hydraulic Clearance Optimization，HCO），作用对象为燃气轮压气机推力轴承，其作用是控制燃气轮机转子的轴向位移。在启动及低负荷阶段维持相对较大的轴向间隙，利于机组受热膨胀，顺利启动；在较高负荷阶段维持相对较小的轴向间隙，减小级间漏气，从而提升燃气轮机运行效率。该系统目前常见配备于西门子燃气轮机，如STG5-4000F、STG5-8000H等。

　　燃气轮机透平液压间隙优化系统通常是一个独立的装置模块，置放于燃气轮机润滑油箱附近，该装置的油源取自于燃气轮机发电机组润滑油供油母管，其输出的液压油提供给压气机推力轴承液压油腔室，腔室回油回至润滑油箱。

　　燃气轮机透平液压间隙优化系统通常包含三大部分：供油部分、主推部分和辅推部分，如图4-39所示。

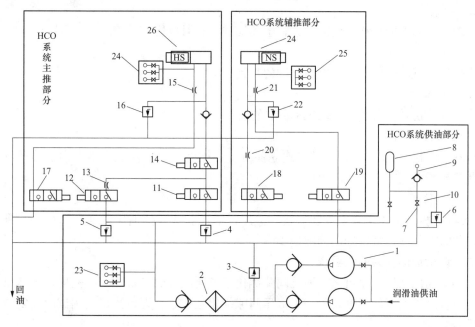

图4-39　燃气轮机透平液压间隙优化系统图

1—液压泵组；2—过滤器；3—溢油阀1；4—溢油阀2；5—溢油阀3；6—溢油阀4；7—蓄能器供油截止阀；
8—充氮蓄能器；9—蓄能器压力表；10—手动泄压阀；11—电磁阀1；12—电磁阀2；13—手动节流阀1；14—电磁阀3；
15—手动节流阀2；16—溢油阀5；17—电磁阀4；18—电磁阀5；19—电磁阀6；20—手动节流阀3；21—手动节流阀4；
22—溢油阀6；23—压力仪表组1；24—压力仪表组2；25—压力仪表组3；26—液压主推腔室；27—液压辅推腔室

　　燃气轮机透平液压间隙优化系统供油部分：取自于润滑油供油母管，经过液压泵组（由2台液压泵，及对应的入口手动截止阀和出口单向阀组成）升压，汇流至一根供油母管。该供油母管上装有溢油阀1。供油母管经过滤器后，给系统主、辅推部分供油，在过滤器后也有两个溢油阀，溢油阀2及溢油阀3，其中溢油阀3前有一个手动截止阀，正常运行时为关闭状态。另外，液压油供油经蓄能器供油截止阀，连接充氮蓄能器。蓄能器需要泄压时，可以关闭蓄能器供油截止阀，打开手动泄压阀。

　　燃气轮机透平液压间隙优化系统主推部分：液压油供油经两路供油电磁阀后汇至一根母管，其中供油电磁阀2后有手动节流阀1，再经电磁阀3到达HCO主推力腔室，近主推力腔室侧有溢油阀5，目的是保证主推力腔室不超压。主推力腔室回油经手动节流阀2和回油电磁阀4，至润滑油回油母管。

　　燃气轮机透平液压间隙优化系统辅推部分：供油经电磁阀5和手动节流阀3，到达辅推力腔室，近辅推力腔室侧有溢油阀6，目的是保证辅推力腔室不超压。辅推力腔室回油经手动节流阀 4 和回油电磁阀 6，至润滑油回油母管。

燃气轮机透平液压间隙优化系统可以将燃气轮机转子在启动位置和优化位置间切换。当燃气轮机处于启动位置时，辅推力腔室建立油压，主推力腔室无油压，将推力轴承向透平方向推动。此位置为系统停运时的位置。当燃气轮机转子处于优化位置时，主推力腔室建立油压，辅推力腔室无油压，将推力轴承向压气机方向推动。

一、常用术语及定义

典型的燃气轮机透平液压间隙优化系统调试过程通常涉及下列术语，相关解释如下。

1. 轴向位移

沿着轴方向上的位移，反映的是转子和气缸的相对位置。

2. 主推部分

将燃气轮机转子向压气机方向推动的装置。

3. 辅推部分

将燃气轮机转子向透平方向推动的装置。

4. 启动位置

HCO 辅推部分工作，辅推腔室建立油压，主推腔室泄掉油压，推力轴承移动到透平侧，此时转子在运行中轴向间隙最大。

5. 优化位置

HCO 主推部分工作，主推腔室建立油压，辅推腔室泄掉油压，推力轴承移动到压气机侧，此时转子在运行中轴向间隙最小。

二、调试前的安装验收要求

在调试前确认燃气轮机透平液压间隙优化系统所涉及的设备均安装完毕，单体试运完成且验收合格。典型的燃气轮机透平液压间隙优化系统主要设备清单及调试前的安装验收要求见表 4-47。

表 4-47　　典型燃气轮机透平液压间隙优化系统主要设备清单及安装验收要求

设备名称	设备功能	调试前验收要求
润滑油箱	提供系统所需的润滑油	内部清理干净，注入充足的合格润滑油
液压泵组	为 HCO 系统提供动力油源	液压泵电动机及泵安装完毕，对轮连接完毕，电动机经过单体试运，转向正确
过滤器	过滤液压油中的杂质	安装正确，内部装有符合设计的滤网
液压主推腔室	将燃气轮机转子向压气机方向推动	安装完毕，油管路安装正确
液压辅推腔室	将燃气轮机转子向透平方向推动	安装完毕，油管路安装正确
充氮蓄能器	将液压油能量转变为压缩能，系统压力降低时快速维持系统压力	蓄能器已固定，安全可靠，内部充入合格压力的氮气
溢油阀	稳定系统压力，保护系统不超压	阀门试验合格，定值整定正确
节流阀	调节进入主推腔室及辅推腔室的进油量和泄油量	阀门试验合格
电磁阀	工作油在主推腔室和辅推腔室之间的切换	阀门试验合格
压力仪表组	指示所在位置的系统压力	远传、就地压力表安装完成，指示正确
热工控制系统	实现系统控制	牢固、可靠

三、调试通用程序

（1）收集资料、现场勘察装置及管道并编写调试措施，制订调试计划。

（2）调试工作应该在所有设备安装并连接完毕、热工控制系统安装校验完毕、油系统冲洗完成、单体试运完成且验收合格之后进行。系统检查项目一般应包括：

1）检查液压泵组及相应油管道安装完毕。

2）检查液压泵组、主推部分、辅推部分管道上所有阀门均安装完毕，且与系统图对应。

3）检查蓄能器安装完毕，查看充氮记录。

4）检查远传及就地压力表安装完毕。

5）检查润滑、顶轴油系统已经调试完毕，各瓦顶轴油压及顶起高度经过调整合格并验收。

（3）液压泵组参数检查。

1）检查润滑油箱油位是否正常。

2）启动液压泵，检查运行电流、出口压力、振动等参数是否正常。

（4）蓄能器检查。

1）关闭蓄能器进油门，开启蓄能器放油门，注入氮气至设计压力范围内。

2）关闭蓄能器放油门，开启蓄能器进油门，使蓄能器处于正常工作状态。

（5）主推部分及辅推部分检查。

1）检查主推部分电磁阀安装完毕，带电动作是否正常。

2）检查辅推部分电磁阀安装完毕，带电动作是否正常。

（6）漏点检查。

为了避免高压液压油泄漏对试运人员造成人身伤害，同时要确保液压油系统的可靠性，在系统正式投运前，应对系统进行液压油泄漏检查。

（7）透平液压间隙优化系统冷态调整过程。

1）调试前期收集资料，确认推力盘工作行程以及推力设计间隙。

2）在燃气轮机驻厂调试技术人员（TA）指导下制订调整方案及调试计划。

3）启动润滑油泵、顶轴油泵，启动液压泵，使系统建立油压。

4）使用千斤顶将转子推向透平侧，直至不能移动，此时转子贴在推力轴承工作面上。

5）打开辅推部分进油电磁阀，使辅推力装置建立油压，将推力轴承推向透平侧。

6）撤去千斤顶，等待一段时间，待形变恢复后记录此时的轴向位移，为 X_1 mm。此时推力盘与推力轴承工作面接触，推力轴承在最靠近透平侧的位置，标记此处为 0 位。

7）关闭辅推部分进油电磁阀，打开辅推部分泄油电磁阀，使辅推力装置泄压。

8）打开主推部分进油电磁阀，使主推力装置建立油压，将推力轴承推向压气机侧，并保证推力盘仍与工作面接触，记录此时的轴向位移，为 X_2 mm。此时推力盘仍与工作面接触，推力轴承在最靠近压气机侧的位置，故轴向位移完全来自推力轴承的移动，（X_2-X_1）mm 即为推力盘工作行程，与设计数值作对比。

9）使用千斤顶，将转子推向压气机侧，直至不能移动，此时转子贴在推力轴承非工作面上。

10）撤去千斤顶，等待一段时间，待形变恢复后，记录轴向位移为 X_3 mm。此时推力盘与非工作面接触，推力轴承仍在最靠近压气机侧的位置，故（$X_3 - X_2$）mm 即为推力间隙，与设计数值作对比。

11）保持主推力装置建立油压，使用千斤顶将转子推向透平侧，直至不能移动。

12）撤退千斤顶，等待一段时间，待形变恢复后，记录轴向位移应为 X_2mm，此时轴系状态应与（7）-8）相同，轴向位移也应相同，验证（7）-10）的推力间隙无误。

13）冷态调整完后，应完成表 4-48 的填写。

表 4-48　　　　　　　　透平液压间隙优化系统冷态调整过程记录

参数名称	单位	参 数 记 录
液压泵运行电流	A	
液压泵出口压力	MPa	
液压泵振动	μm	
主推力装置整定油压	MPa	
辅推力装置整定油压	MPa	
蓄能器充氮压力	MPa	
推力盘设计工作行程	mm	
推力盘实际工作行程	mm	
设计推力间隙	mm	
实际推力间隙	mm	

（8）透平液压间隙优化系统热态调整过程：

1）燃气轮机启动初期，透平液压间隙优化系统辅推部分建立油压，推动燃气轮机推力轴承向透平方向移动，转子处于启动位置。

2）燃气轮机并网带负荷稳定运行满足制造商规定的时间后，透平液压间隙优化系统顺控满足投入条件。

3）透平液压间隙优化系统顺控投入后，主推部分建立油压，辅推部分泄压，推动燃气轮机推力轴承向压气机方向移动，转子由启动位置移动至优化位置。

4）选取特定负荷点分别记录转子移动前后的轴位移变化量和负荷变化量。

5）热态调试完后，完成表 4-49 的填写。

表 4-49　　　　　　　　透平液压间隙优化系统热态调试过程参数记录

转子状态	参数名称	单位	参数记录
启动位置	机组负荷	MW	
	轴向位移	mm	
优化位置	机组负荷	MW	
	轴向位移	mm	

四、危险点分析及控制措施

燃气轮机透平液压间隙优化系统所用油源通常为润滑油，具有可燃性，同时液压泵出口油压通常会达到 10MPa 以上，属于高压油，因此，调试过程开始前应进行危险点分析并制定安全防护措施，避免调试过程中的人身伤害及环境污染。常见的危险点及控制措施如下。

1. 冷态调整过程发生设备损伤事故

（1）危险区域应挂好危险指示牌，告知所有作业人员以及经过人员。

（2）润滑油箱周围消防喷淋系统须可靠投入，并备有灭火器等备用工具。

（3）启动液压泵之前在液压泵事故按钮处安排人员，在液压泵启动后若系统有漏油现象，立刻按下事故按钮停止液压泵，通知施工单位处理漏点。

2. 热态调整过程发生设备损伤事故

（1）燃气轮机带负荷后应满足制造商规定的运行时间。在机组未进入热态、充分膨胀之前，严禁投入 HCO 系统，严禁转子离开启动位置。

（2）燃气轮机转子由启动位置向优化位置推动的过程中，要严密监视轴位移变化量，防止由于轴位移变化量过大而使燃气轮机转子与缸体接触造成设备损坏。

第十四节　SSS 离合器

在现有联合循环电发电厂的机组轴系中，无论是单轴布置轴系还是多轴布置中的汽轮机轴系，部分机组配置有 SSS 离合器。在某些单轴布置联合循环机组的轴系中安装有 SSS 离合器，布置于燃气轮机发电机与蒸汽轮机之间，是为了方便机组的快速启停。在多轴布置联合循环机组中的汽轮机轴系中，SSS 离合器位于汽轮机的高中压缸与低压缸之间，实现机组在抽凝供热与背压供热两种运行方式的在线切换。一般来讲，多轴布置的联合循环汽轮机中的 SSS 离合器带有锁止机构，与单轴布置轴系中的 SSS 离合器相比，结构更为复杂。

不论是机组静态下或高速旋转动态下，只要 SSS 离合器输入端与输出端存在转速差，离合器就可以实现脱开与啮合，以适应机组轴系在静止状态和高速旋转状态下均有的脱开和啮合需求。SSS 离合器的调试工作基本上都在机组静态下完成，动态下主要是进行 SSS 离合器的投、退以及状态确认。单轴 SSS 离合器的动态投退，在整套机组启动停机过程中完成。而联合循环汽轮机的 SSS 离合器动态投退，需要等待抽凝供热与背压供热工况切换的机会方可进行。

本节以联合循环汽轮机轴系上的 SSS 离合器为例，介绍现场调试过程。

一、常用术语及定义

典型的 SSS 离合器系统通常涉及下列术语，相关解释如下。

1. SSS 离合器

见第二章第一节相关解释。

2. 锁止装置

用于锁定输入轴和转矩传递装置。SSS 离合器在输入端与输出"同步、啮合"后，必须存在一定的从输入端到输出端的转矩传递，离合器的啮合才是稳定的，否则就是不稳定的。如果没有锁止装置或锁止装置不投入或投入不正常，即使啮合上，如果没有一定的正向转矩传递，只要同步状态稍有变化，即转速稍有波动，就可能导致已啮合上的离合器再次脱开。当锁止装置正确投入后，即使正向转矩不足，转速有波动，甚至反向传递转矩，已啮合上的 SSS 离合器也不会再脱开。

单轴 SSS 离合器连接的联合循环机组，汽轮机定速，SSS 离合器啮合后，控制系统会给汽轮机发一个初负荷指令，让汽轮机带一定负荷，从而在 SSS 离合器上实现稳定的正向转矩传递，保证离合器的稳定啮合，因此不必再设置锁止装置。

在联合循环汽轮机上，在启动升速过程中进汽量很少，且主要由高中压缸做功，即高中压转子拖动低压转子升速，对 SSS 离合器而言，此过程中转矩是反向传递的，因此必须设计有锁止装置，且正确投入，才能保证拖动低压转子与高中压转子共同升速。如果锁止装置投入但存在异常故障，即使汽轮机冲车到 3000r/min，也可能因微小的转速波动，SSS 离合器再次脱开。只有当汽轮机并网，带上足量的初负荷，低压缸开始做功，才能实现 SSS 离合器的稳定啮合。

3. 伺服机构

伺服控制装置，通常利用润滑油压驱动 SSS 离合器锁止套筒，实现锁止套筒的轴向移动，实现"锁止"或"解锁"功能。通常在 SSS 离合器水平两侧各设置一个伺服驱动机构，确保锁止套筒平稳移动、有效锁止。

二、SSS 离合器原理介绍

1. 基本型离合器工作原理

基本型离合器包括主动件（连接输入端转子）、从动件（连接输出端转子）、棘轮、棘爪、中间件等部件。离合器具有自动啮合、脱开作用的核心部件是棘轮棘爪结构。当离合器主动件转速超过从动件转速时，由于棘轮棘爪结构的存在，将产生转动力矩驱动中间件进行轴向移动，实现齿轮啮合。当主动件转速低于从动件转速时，中间滑动件在反向力矩的作用下轴向反方向移动，实现齿轮脱开。

SSS 离合器的啮合过程如图 4-40 所示，其中，中间件安装在主动件上，可与主动件相对滑动。主啮合齿在中间件上（以下简称主动齿），副啮合齿在从动件上（以下简称从动齿）。当主动件转速低于从动件时，离合器处于分离状态，中间件与主动件同步运动，从动件单独运动，棘轮棘爪处于超越运行状态，没有转矩传递，如图 4-40（a）所示。当主动件转速大于从动件转速时，棘轮棘爪作用会使中间滑动件与从动件转速同步，与主动件产生转速差。在螺旋花键的作用下，主动件与从动件的转速差会推动中间滑动件相对于主动件向左侧运行，如图 4-40（b）所示。在中间件相对于主动件滑动的过程中，主、副啮合齿缓慢啮合，棘轮与棘爪慢慢脱开，当中间件移动到主动件上相应的死点时，主动件、中间滑动件与从动件三者转速相同，完全啮合的主、从动齿开始将主动件的转矩传递至从动件，转矩的传递路线如图 4-40（c）所示。离合器脱开过程相反。

2. 中间继动式离合器工作原理

由于棘轮棘爪承受的力矩有限，所以基本型离合器适用于传递小转矩，对于传递转矩较大的应用场合，一般采用中间继动式离合器（以下简称中继式离合器）。目前，联合循环机组中的汽轮机高中压转子与低压转子之间所用的离合器几乎全部为中继式离合器。中继式离合器包括主动件、中间件、继动离合器（以下简称继动件）、从动件、低速棘轮棘爪、高速棘轮棘爪、两副螺旋齿、锁止装置等部件，如图 4-41 所示。

中继式离合器具体啮合过程如下：在离合器输入轴转速小于输出轴转速的情况下，离合器处于脱开状态，如图 4-41 上半部分所示，此时棘轮棘爪超越运行，离合器无转矩传递。当输入轴加速并超过输出轴转速时，继动离合器由棘轮棘爪接合，棘轮棘爪带动继动

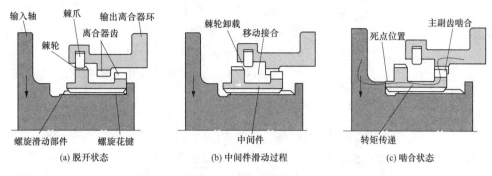

(a) 脱开状态　　　(b) 中间件滑动过程　　　(c) 啮合状态

图 4-40　基本型 SSS 离合器啮合过程示意图

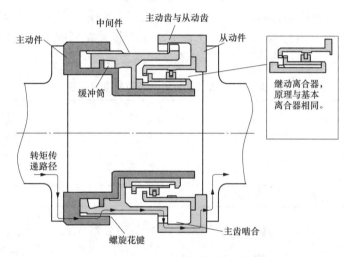

图 4-41　中继式离合器原理示意图

件在中间件滑动花键上运动，继动件的齿轮逐步啮合，棘轮棘爪逐步脱开。当继动件运动至设计死点，此时继动件齿轮完全接合，中间件将在力矩的驱动下沿着主动件上的螺旋花键运动，中间件一侧的主从动齿开始啮合。同时，缓冲桶中的阻尼油发生作用，产生阻尼力矩，使主齿缓慢平稳啮合，直至离合器完全啮合，如图 4-41 下半部分所示。SSS 离合器完全啮合后，利用锁止装置将中间件和主动件锁止为一体，防止主动件速度低于从动件的时候，SSS 离合器自动脱开。中继式离合器的脱开过程与啮合过程相反。

现场实际 SSS 离合器设备如图 4-42 所示。

图 4-42　SSS 离合器设备实物图

3. SSS 离合器的状态与反馈

在 SSS 离合器伺服机构行程两端（分别对应"解锁"与"锁定"位置），各有一个状态开关，称为"开关 1"与"开关 2"。运行中的 SSS 离合器"啮合""锁定""解锁"等状

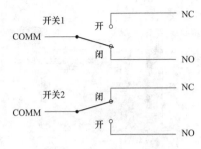

图 4-43　SSS 离合器在解锁
状态下的开关状态

态就是通过这两个开关"常开""常闭"触点状态的变化组合来表征并传送到控制室。如 SSS 离合器在解锁的状态下的开关状态如图 4-43 所示。

SSS 离合器实际位置与开关触点状态之间的对应关系见表 4-50。

表 4-50 中第二项状态，是指在机组动态下 SSS 由脱开状态向啮合状态切换过程中（即第三项向第一项切换），输入端转速上升接近输出端转速时，锁指令发出，伺服机构已推动锁止装置滑动，但由于输入端和输出端转速还没有同步，因此啮合不上，故锁止装置也没有滑动到位，此时开关 1 触点状态已变而开关 2 触点状态尚未改变，这种状态被称为"预锁"。当输入端转子转速继续提升，达到同步状态时，输入端与输出端啮合上，锁止装置在伺服机构的推动下也滑动到位，SSS 离合器便切换到"啮合且锁定"状态，开关 2 触点状态同时改变。

表 4-50　　　　　　　　　　SSS 离合器/伺服机构位置与开关触点的关系

SSS 离合器远方显示状态	开关 1		开关 2	
	NO	NC	NO	NC
啮合且锁定	开	闭	闭	开
已发锁指令而未啮合（预锁）	开	闭	开	闭
解锁（可能是啮合或脱开）	闭	开	开	闭

反之，当"啮合且锁定"状态下，如果要将 SSS 离合器脱开，则要先发出解锁指令，锁止装置在伺服机构的推动下滑动到"解锁"位，即表 4-50 中第三项状态，同时开关 1 与开关 2 触点状态均发生转变。但是要注意，此时 SSS 离合器可能仍处于"啮合"状态，只有当输入端转速下降，输入端转速低于输出端转速时，SSS 离合器才会在反向力矩的作用下"脱开"。而在"脱开"过程中，开关 1 与开关 2 触点状态不会有新的变化。

三、调试前的安装验收要求

SSS 离合器在现场静态调试开始前，主要设备清单及调试前的安装要求见表 4-51。

表 4-51　　　　　　　　　　SSS 离合器设备清单及安装验收要求

SSS 离合器远方显示状态	设备功能	调试前验收要求
SSS 离合器本体	实现转矩传递	安装完成，找中心合格
伺服机构	驱动锁止装置轴向移动的机构	安全牢固，热控信号反馈良好

四、调试通用程序

（1）收集资料、现场调研，编写调试措施，制订调试计划。

（2）调试工作应该在所有设备安装并连接完毕、热工控制系统安装校验完毕且验收合格之后进行。系统检查项目一般应包括：

1）检查 SSS 离合器已经安装完毕，处于原始啮合状态，两端对轮安装的张口、中心数据在允许范围内。

2）检查盘车系统、润滑顶轴油系统、伺服机构均已调试完毕，可以投入使用。

3）转子的顶轴高度已经调整完毕，转子具备转动条件。

4）检查热工测量装置均已通过测试整定，能够正常投用。

5）高中压转子、低压转子均有盘动措施。

6）通过 SSS 离合器所在轴承箱上部的观察窗看到 SSS 离合器内部有润滑油流出，两侧伺服机构与锁止机构推力盘的未接触转动接合面（润滑用）间隙中有润滑油流出、已接触转动接合面（润滑用）则有润滑油溅出。如机组没有设计观察窗，则需要揭开轴承箱上盖观察确认后，才能开始调试程序。

7）机组整个轴系投入盘车，建议盘车时间不少于 24h。

（3）SSS 离合器静态调试。

1）如机组没有设计 SSS 离合器观察窗，要在安装单位的配合下，揭开轴承箱上盖，首先按上述要求观察并确认 SSS 离合器装置的润滑油供油正常，方可开始调试程序。如已设计有观察窗且观察效果良好，可通过观察窗观察确认条件并完成以下调试过程。

2）锁止装置试验：当离合器在原始啮合状态时，处于锁定状态。远方发离合器的解锁指令，现场确认伺服机构动作，带动锁止装置滑动到解锁位置，确认远方收到解锁反馈。远方发锁定指令，现场确认伺服机构动作，带动锁止装置滑动到锁定位置，确认远方收到锁定反馈。期间要观察转子两侧的伺服机构与锁止机构推力盘前后共 4 个转动接合面接触/脱开状态变化时，接合面上润滑油流出状态的变化，确认伺服机构与锁止机构推力盘之间转动时有润滑油正常供应。

3）在"啮合且锁定"状态下，低压转子带动高中压转子正常盘车。此时远方发解锁指令，锁止装置滑动到解锁位，离合器处于解锁状态，远方确认离合器解锁反馈正常。现场观察此时低压转子仍可以带动高中压转子正常盘车。

4）停止轴系盘车。待轴系静止后，正向盘动高中压转子，由于高中压转子转速大于低压转子转速，此时离合器应该脱开。现场观察高中压转子转动而低压转子静止，则表示离合器已经脱开。停止盘动高中压转子，则轴系慢慢惰走至静止状态。

5）停止高中压转子盘车。远方发离合器锁定指令，此时由于离合器处于脱开状态，锁止装置滑动离开解锁位但到不了锁定位，处于"预锁"状态，远方确认开关反馈正常。

6）正向盘动低压转子，由于低压转子速度高于高中压转子，离合器开始啮合，啮合成功后，锁止装置同时滑动到锁定位置。现场确认高中压转子与低压转子同转速转动，锁止装置滑动到位，远方确认开关反馈正常。停盘车，轴系慢慢惰走至静止状态。

7）离合器处于啮合且锁定状态，正向盘动高中压转子，由于锁止装置的作用，低压转子和高中压转子一起同步旋转。停止盘动高中压转子，轴系惰走至静止状态。

8）离合器处于啮合且锁定状态，盘动低压转子，高中压转子随低压转子一起同步旋转。停止盘动低压转子，轴系惰走至静止状态。

9）静态调试工作结束，填写静态传动记录，见表 4-52。

表 4-52　　　　　　　　　　　SSS 离合器静态传动记录表

项目序号	操 作 项	反 馈 状 态	结果确认
1	投入润滑油、顶轴油系统	锁定盘与固定件滑动面（两侧）均有润滑油流出	

项目序号	操作项	反 馈 状 态	结果确认
2	低压转子静止； 发"解锁"指令	锁止装置解锁到位，滑动面油量变化正常 开关1： 开关2：	
3	低压转子静止； 发"锁定"指令	锁止装置锁定到位，滑动面油量变化正常 开关1： 开关2：	
4	低压转子盘车； 低压转子带动高压转子转动； "锁定"指令发出且锁定	离合器已啮合且已锁定 开关1： 开关2：	
5	低压转子盘车； 低压转子带动高压转子转动； "锁定"指令退出且已解锁	离合器未锁定 开关1： 开关2：	
6	低压转子停止盘车； "锁定"指令退出； 高压转子盘车； 离合器脱开，低压转子不动	离合器未锁定 开关1： 开关2：	
7	低压转子停止盘车； 高压转子停止盘车； "锁定"指令发出且锁定； 离合器脱开状态	离合器已锁且未啮合（预锁定） 开关1： 开关2：	
8	低压转子盘车； 离合器啮合，带动高压转子转动	离合器已啮合且已锁定 开关1： 开关2：	
9 （验证项）	离合器在锁定状态； 盘动高压转子； 低压转子随动，离合器脱不开	离合器已锁定且已啮合 开关1： 开关2：	

注 1. 试验前离合器默认状态为"啮合且锁定"。

2. 所有盘车均为正常转动方向。

（4）SSS 离合器动态试验。

SSS 的动态试验是指在汽轮机已并网运行状态，脱开及啮合 SSS 离合器，观察 SSS 离合器动作正常且主控状态显示正确的调试过程。上述章节讲到，联合循环汽轮机的 SSS 离合器动态投退，需要等待抽凝供热与背压供热工况切换的机会方可进行。大多数机组的SSS 离合器投退都已经做成了程序控制，实现了一键投退。

国内不同机型的联合循环机组汽轮机系统结构也有不同，导致 SSS 离合器的投退条件、一键切换程序也略有不同。在进行 SSS 离合器的动态投退试验时，必须严格按照机组"抽凝-背压"工况切换的条件进行确认，符合试验条件，方可进行 SSS 离合器的动态投退。

联合循环机组汽轮机 SSS 离合器动态脱开与啮合过程如图 4-44 所示。

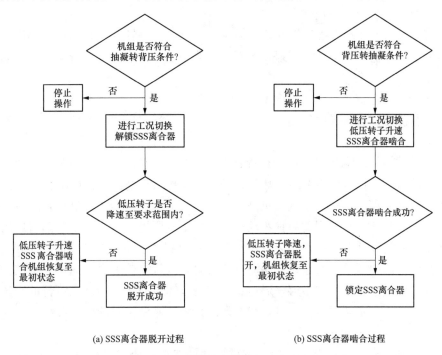

(a) SSS离合器脱开过程　　　　(b) SSS离合器啮合过程

图 4-44　SSS 离合器动态脱开与啮合过程流程图

在 SSS 离合器由"啮合"向"脱开"切换过程中，监视画面上 SSS 离合器状态按如下流程转变：

在 SSS 离合器由"脱开"向"啮合"切换过程中，随着输入端（低压转子）转速上升，接近输入出端（高中压转子）转速时，监视画面上 SSS 离合器状态按如下流程转变：

五、危险点分析及控制措施

本部分调试涉及轴系的旋转，调试过程开始前应按照旋转机械的操作规程，进行危险点分析并制定安全防护措施，避免调试过程中的人身伤害和设备损伤。

常见的危险点及预防措施如下。

1. 避免安装不当造成设备工作异常或设备损伤

（1）必须进行 SSS 离合器静态下的各项试验，避免直接到动态下操作。静态试验合格，说明 SSS 离合器加工正常，安装正常，各润滑油管道连接正常，热控接线、电磁阀及测点正常，SSS 离合器可正常工作。未通过静态试验的离合器直接到动态下操作，可能会因各种未知故障脱不开，影响整机的运行计划。

（2）必须进行 SSS 离合器静态下供油状态的检查，包括：离合器内部的泄油、伺服机构与锁止机构推力盘之间的润滑油等，避免油管错接或堵塞，供油不畅，高速旋转时离合器有部件干摩擦，造成设备损伤。

（3）SSS 离合器在动态投退期间，密切关注离合器两侧轴瓦振动与回油温度。如果振动值或者回油温度值快速上涨，需停止 SSS 离合器的投退，将机组恢复至原始状态，避免造成设备损坏。

2. 防止操作不当造成人身伤害或设备损伤事故

（1）进行静态试验应提前编制试验操作卡，按步骤逐项操作，避免现场随意操作，遗漏项目。

（2）各区域挂好危险指示牌，告知所有作业人员以及经过人员，轴系将会盘动旋转。

（3）伺服机构工作位置将会有带压油的喷溅，工作人员需注意做好防护。

（4）静态试验需要单独盘动汽轮机高中压转子。带 SSS 离合器的联合循环汽轮机盘车装置设计在低压转子末端，因此单独盘动高中压转子需要另找方法。某些制造厂的汽轮机高中压转子上专门设计有手动盘车装置，给 SSS 离合器的静态调试带来极大便利。但某些制造厂的汽轮机高中压转子没有设计手动盘车装置，这就需要另寻他途，人工杠杆撬动不可行，因为转动量小、转速差不够，通过行车加钢丝绳拖动转子转动是可行的，这需要安装、业主、调试单位密切配合，制订好静态调试计划，避免突发的设备损伤。

3. 防止其他原因造成设备损伤

（1）SSS 离合器为精密设备，静态调试期间，如果需要揭开轴承箱，应做好防护措施，防止杂物进入轴承箱或 SSS 离合器。

（2）静态调试工作结束后，尽快恢复轴承箱，避免杂物落入，影响润滑油油质。

第十五节　静态变频启动系统

大型燃气轮机大都采用静态变频启动方式，静态变频启动系统通过静态变频装置输出和控制励磁调节器，在启动阶段将发电机作为同步电动机来带动燃气轮机升速。静态变频启动系统主要由燃气轮机发电机本体、燃气轮机控制系统、静态变频器、励磁系统、发电机保护系统、输入变压器及与之相关的断路器、刀闸、电气线路组成。在燃气轮机发电机启动过程中，以燃气轮机发电机本体为控制对象，此时发电机被当作同步电动机来控制。燃气轮机控制系统负责燃气轮机启动过程中的逻辑实现与状态监控。静态变频装置的核心是一种晶闸管控制的大功率交流变频器，通过向发电机的定子绕组中通入三相交流电建立电枢磁场；励磁系统通过励磁调节器控制晶闸管向转子输送电流，在转子中加励磁建立转子磁场，两磁场相互作用，产生转矩转动发电机转子。不同设备厂家的静态变频装置名称各不相同，西门子和 ABB 公司的产品称为静态变频器（static frequency converter, SFC），美国 GE 公司的产品称为负载整流逆变器（load commutated inverter, LCI）等。

一、常用术语及定义

典型的静态变频启动系统通常涉及下列术语或概念，相关解释如下。

1. 静止变频器

由晶闸管换流桥、直流平波电抗器、冷却系统及控制保护等单元组成，具有变频功率输出能力的设备。

2. 交流电抗器

交流电抗器设在静态变频器的输入端和输出端，用以限制启动回路短路电流和抑制换流过程中电流突变，保证整流器和逆变器稳定运行，确保静态变频器任何一处故障不会损坏静态变频器的其他设备。

3. 门控

通过输入一个脉冲信号（电压）来控制晶闸管导通。

4. 功率转化桥

功率转化桥包括配有相关保护和控制设备的 6 个三相整流器，用于产生转子电流。

5. 谐波滤波器

削弱并抑制变频启动设备在运行过程中对电网系统产生的谐波干扰。

6. 输入变压器

提供整流器的输入电压，一旦出现整流器的桥臂短路时，它的漏抗也起着限制短路电路的作用。

7. 正常启动

静态变频启动系统将燃气轮机发电机组从盘车转速拖动至自持转速后退出运行的工作过程。

8. 高盘启动

在燃气轮机发电机组进行检查、水洗、吹扫时，静态变频启动系统将燃气轮机发电机组从盘车转速拖动至吹扫转速，待检查、水洗、吹扫完成后退出运行的工作过程。

二、调试前的安装验收要求

（1）在调试前确保静态变频启动系统所涉及的设备均安装完毕，单体试运完成且验收合格。静态试验已经由设备厂家完成，满足试验条件。

（2）发电机一次系统试验完毕，经检查合格，满足试验条件。

（3）励磁系统静态调试完成，满足试验条件。

（4）隔离变压器 6kV(10kV) 开关满足试验要求，保护定值正确无误。

（5）非一拖一机组，确认于对应机组的切换开关在试验位置。

（6）静态变频装置的冷却水系统冲洗合格，水质应满足设备供货商的技术要求。

（7）燃气轮机组满足投盘车条件。

（8）现场照明、通风、空调、消防、通信系统已完工。

三、调试通用程序

（1）编写调试措施，制订调试计划。

（2）静态变频启动系统试验前设备检查，检查项目一般应包括：

1）检查静态变频启动系统的整流柜、逆变柜、启动励磁柜中所有的熔断器均导通且容量与设计相符。

2）检查启动灭磁开关的分合闸回路是否正确。

3）检查静态变频启动系统输出切换开关和启动励磁变进线开关的分合闸回路是否正确。

4）检查静态变频启动系统各柜风机运作是否正常，转向正确，加热器运行正常。

5）检查静态变频启动系统各路电源是否正常。

6）检查控制柜，功率柜，启动励磁柜已通过接地电缆线是否可靠接地。

7）检查静态变频启动系统到 TCS 的报警和状态信号以及 TCS 到静态变频启动系统的指令信号是否正确。

8）检查静态变频启动系统到 6kV（10kV）隔离变进线开关柜的控制指令及状态信号是否正确。

9）检查发变组保护及 TCS 至静态变频启动系统跳闸回路是否正确。

10）对于"二拖一"或者"二拖一"加"一拖一"型式联合循环机组，通常配置两套静态变态装置，分别对应全厂所有燃气轮机，两-两之间均可交叉启动。对此应检查输出切换开关至静态变频启动系统控制柜的回路是否正确。

（3）在调试前对要使用的仪器、仪表进行检查，确保完好无损。

（4）作业开始前，作业负责人组织检查质量、环境、职业健康、安全措施是否符合要求，并向参加人做质量、环境、职业健康安全交底后，方可开始现场工作。

（5）转子定位试验。在静态变频启动系统开始机组冷拖试验前，测量转子初始位置是一个重要环节。机组在启动过程中，是由完全静止到开始转动，此时机组所受的阻力是最大，静态变频启动系统必须正确测到转子上次停机时所处的位置，通过计算确定最先触发导通的一对晶闸管，使转子获得最大的电磁启动转矩以克服机组由静到动时的阻力矩。

转子定位试验之前需要满足以下条件：

1）燃机盘车运转正常。

2）发电机转子可以通入 1000A 励磁电流。

3）励磁变及启动励磁变正常带电。

4）隔离变压器正常带电。

测量转子初始位置的具体过程是：在启动初始，首先向转子施加励磁电流，再由定子出口处的 PT 测量三相暂态感应电流及磁通量，进而通过计算得到转子的初始位置。此试验参数由厂家设定。

（6）静态变频启动系统冷拖启动试验。

1）各种模式下的冷拖启动试验，既是静态变频启动系统自身调试要求，通过试验调节优化本模式下 PID 控制参数、时间常数等，同时也可以给其他专业调试工作提供需要的工况。

2）静态变频启动系统水洗模式试验。确认励磁变 6kV（10kV）电源开关合上后，在启励变低压侧测量母线三相电压值及相序正确。

在 TCS 选择水洗模式，投入启动指令，顺控合 6kV（10kV）隔离变开关，启动励磁投入，启动灭磁开关合闸，在转子侧建立初始磁场，静态变频启动系统通过整流逆变器输出电流。试验过程中通过外置录波器录制水洗曲线。通过曲线分析动态性能，进而为调整参数提供依据，并作为编写调试报告的数据支撑。

3）静态变频启动系统吹扫模式试验。在 TCS 选择吹扫模式，投入启动指令，顺控合 6kV（10kV）隔离变开关，启动励磁投入，启动灭磁开关合闸，在转子侧建立初始磁场，静态变频启动系统通过整流逆变器输出电流。试验过程中通过外置录波器录制吹扫曲线。

4）静态变频启动系统直起模式试验。在完成水洗模式和吹扫模式之后，由燃气轮机厂家驻厂技术代表检查燃气轮机燃烧系统，待确认无问题后，在 TCS 侧投入静态变频启动系统，开始直起模式拖动燃气轮机。试验过程中通过外置录波器录制直起曲线。

（7）非一拖一机组进行静态变频启动系统交叉启动试验。远方选择需要拖动的机组，投入相应机组的切换开关，分别进行静态变频启动系统水洗模式、吹扫模式、直起模式试验。

（8）静态变频启动系统顺控启动试验。远方 TCS 按顺控逻辑进行控制，在 TCS 选择燃气轮机启动指令，隔离变投入运行给静态变频启动装置供电，然后通过启动励磁装置给转子加入恒定的磁场电流，再通过功率柜在发电机定子中加入不同的电流，进行吹扫模式。吹扫模式完成后，转速下降至点火转速，点火成功后再进行直起模式，配合燃烧做功，共同驱动燃气轮机升速，最终在转速达到预设的自持转速时，静态变频器和启动励磁柜停止输出，由燃气轮机燃烧独立做功，TCS 控制系统将转速升至全速空载 3000r/min。试验过程中通过外置录波器录制吹扫曲线。

四、危险点分析及控制措施

静态变频启动系统动态调试是整系统带电试验，因此，调试过程开始前应进行危险点分析并制定安全防护措施，避免调试过程中发生人身及设备伤害。常见的危险点及预防措施包括：

（1）各区域挂好高压危险指示牌，带电区域设置围栏，告知所有作业人员以及经过人员危险区域。

（2）试验人员要对相关人员进行交底，所有作业人员进入现场前，要熟悉相关交底内容。

（3）试验前要认真检查整流柜、逆变柜和输入变压器的接地情况，严格按照厂家说明书或者调试手册执行，不同厂家对整流柜、逆变柜和输入变压器的安装和接地等要求不尽相同，必须符合厂家的特殊要求，以免发生谐波干扰或者设备伤害。

（4）燃气轮机发电机在从静态到变频启动期间，要经过一段低频低压过程，因此机组保护需配置一些针对该特殊工况的保护。因此试验前应认真检查核实发电机-变压器组保护投退情况（尤其是低频过流、逆功率、失磁等保护）以及相关辅助接点是否正确接入，以防止在机组冷拖过程中发生保护误动。

（5）发电机氢气系统如出现异常报警情况，应立即停止试验，查漏处理。

（6）发电机冷却系统出现问题，密切监测发电机各项温度，必要时应立即停止试验。

（7）发电机和静态变频启动系统可能出现短路、接地等故障，乃至火灾，爆炸等，造成人身伤害事故。如发生以上情况，应该立即按照相关预案采取相应措施。

第五章　燃气轮机及联合循环
机组整套启动调试

第一节　燃气轮机及联合循环机组启动

国内电站燃气轮机基本上是以燃气-蒸汽联合循环机组型式存在，按现行调试规定及电网调度规定，整套启动试运的启动条件、考核指标、验收条件、调度方式，都是针对整套联合循环机组，因此本章的整套启动调试内容，针对的是以燃气轮机为核心的联合循环机组，重点是燃气轮机的启、停调试以及不可避免涉及的联合循环启停及控制等调试技术，汽轮机部分的启、停及带负荷调试，国内已有成熟的技术，在本节内不再作展开介绍。

根据《火力发电建设工程启动试运及验收规程》（DL/T 5437—2009），简称《启规》，规定：整套启动试运阶段是从炉、机、电等第一次联合启动时锅炉点火开始，到完成满负荷试运移交生产为止。在常规燃煤火电机组调试工程中，从锅炉第一次点火、系统吹管开始，整套机组即已逐渐向机组整套启动试运阶段过渡，调试单位往往从此时起逐渐开始承担《启规》规定的"机组整套启动试运期间全面主持指挥试运工作"的职责。但是联合循环机组的特殊性在于：燃气轮机首次点火、余热锅炉系统吹管开始时，对燃气轮机组本身而言即等于是整套启动。因此在点火吹管前，燃气轮机及其发电机电气部分即应满足整套启动试运条件，对于单轴刚性连接的联合循环机组，则是完全的机组整套启动条件。调试单位从此时即应承担整套启动试运阶段的职责，同时制定燃气轮机空负荷试运的调试计划并在吹管阶段实施。

对有些 E 级燃气轮机，由于在全速空载下排烟温度较低，需要并网带一定量负荷才能满足余热锅炉吹管的蒸汽参数要求。这就要求燃气轮机组不仅要满足空负荷启动试运条件，还要满足并网带负荷试运条件。

在整套启动试运阶段中，燃气轮机、余热锅炉、汽轮机、发电机是作为一个整体完成燃气轮机启动并网，蒸汽升温、升压，汽轮机冲转、暖机、并网和升负荷等一系列过程，直至完成满负荷试运行。在启动调试全程中，必须将燃气轮机与余热锅炉及汽轮机当成一个整体，从联合循环的角度考虑启动、停机、调试、故障处理等问题，优质高效完成调试过程。

一、机组整套启动的目的与任务

1. 独立循环的燃气轮机

对于独立循环的燃气轮机发电机组，或分布式小型燃气轮机发电机组调试过程需要参考本书所述调试技术，这些机组如要在电网内完成整套启动调试，同样需要执行现行调试规定及电网调度规定。此类燃气轮机发电机组整套启动试运的目的与任务归纳如下：

（1）燃气轮机组整套启动是指机组分系统调试合格后，燃气轮机点火启动，完成定速、并网、燃烧调整等一系列调试工作，按要求完成机组满负荷试运。

（2）燃气轮机组整套启动同样可分为燃气轮机空负荷试运、带负荷试运及满负荷试运三个阶段。

（3）检验燃气轮机的出力性能是否能达到合同规定的考核工况下的发电功率，在不同大气环境条件下的基本负荷值的变化是否在设计范围内。

（4）检验燃气轮机组控制系统的静态、动态性能，是否能控制机组的转速稳定，是否能稳定控制负荷并灵活调整，满足电网对发电机组一次调频及 AGC 能力的要求。

（5）检验燃气轮机组各种工况下的燃烧稳定性、压气机工作稳定性及烟气排放指标水平。

（6）检测燃气轮机发电机组在各种工况下的轴系振动水平。

（7）逐次投运并考验机组各辅机及辅助系统能否适应机组各种运行工况，如润滑油系统、控制油系统、冷却水系统、罩壳通风系统、密封与冷却系统、压气机进气系统、天然气增压系统、天然气性能加热器、静态变频启动系统等。

（8）逐次投用并考验机组各项自动控制系统的调节品质。

（9）调试过程中，填写机组整套启动试运空负荷、带负荷、满负荷试运记录表，编制机组调试报告。

（10）调试过程结束后，填写机组整套启动试运空负荷、带负荷、满负荷试运调试质量验收表并完成验收签证。

2. 联合循环机组

对于国内普遍存在的联合循环机组，不仅仅是燃气轮机要完成试运，更需要以整组为单元完成整套启动试运，还需要达到并完成如下目的与任务：

（1）完成联合循环机组中燃气轮机的全部分系统调试以及整套启动。

（2）联合循环汽轮机分系统调试合格后，按照《汽轮机启动调试导则》（DL/T 863—2016）的规定完成启动、定速、并网带负荷等调试项目，最终按照联合循环机组的设计要求，完成整套机组带负荷、满负荷试运。

（3）检验联合循环机组在各种工况下的运行参数是否达到合同中规定值。

（4）逐次投运并考验机组各辅机及辅助系统能否适应机组各种运行工况，如循环冷却水系统、凝结水系统、润滑油系统、控制油系统、给水系统、轴封系统、真空系统、旁路系统等。

（5）检验联合循环运行方式下，燃气轮机、余热锅炉及汽轮机协调控制性能，是否能稳定控制负荷并灵活调整，应满足电网对联合循环发电机组一次调频及 AGC 能力的规定。

（6）调试过程中，填写联合循环机组整套启动试运空负荷、带负荷、满负荷试运记录表，编制联合循环机组调试报告。

（7）调试过程结束后，填写联合循环机组整套启动试运空负荷、带负荷、满负荷试运调试质量验收表并完成验收签证。

二、机组整套启动条件和要求

（1）试运指挥部成立，各组人员已全部到位，职责分工明确，调试单位应按《启规》规定全面主持指挥机组试运工作，各参建单位参加试运值班的组织机构及联系方式已上报试运指挥部并公布，值班人员已上岗。

（2）建筑、安装工程已验收合格，满足试运要求；厂区外与市政、公交、航运等有关的工程已验收交接，满足试运要求。

（3）除抽汽供热、采暖等特殊系统外，应在整套启动试运前完成的分部试运项目已全部完成，并已办理质量验收签证，分部试运技术资料齐全。

（4）整套启动试运计划、整套启动调试措施和机组甩负荷试验措施已经试运总指挥批准，并已组织相关人员学习，完成安全和技术交底；在主控室等醒目位置张挂首次启动曲线图。

（5）试运现场的消防、防冻、采暖、通风、照明等设施已能投运，厂房和设备间封闭完整，所有控制室和电子间配置空调，温度可控，满足试运要求。

（6）试运现场安全、文明条件应符合《火力发电建设工程启动试运及验收规程》（DL/T 5437—2009）的规定。

（7）生产单位已按《火力发电建设工程启动试运及验收规程》（DL/T 5437—2009）的规定做好各项运行准备。

（8）试运指挥部的办公器具已备齐，文秘和后勤服务等工作已经到位，满足试运要求。

（9）燃气轮机启动试运所需要的燃料可连续稳定供应。

（10）配套送出的输变电工程满足机组满发送出的要求。

（11）机组各项试验指标满足电网调度的各项并网规定条件。

（12）电力建设质量监督机构已按有关规定对机组整套启动试运前进行了质量监督检查，检查中提出的整改项目已整改完毕，同意进入整套启动试运阶段。

（13）启动验收委员会已经成立并召开了首次全体会议，听取并审议了关于整套启动试运准备情况的汇报，并作出准予进入整套启动试运阶段的决定。

三、机组启动前应投运的系统

在机组启动前相关的辅助系统应正常投运、可靠运行。具体所需投运的系统及要求见表 5-1。

表 5-1　　　　　　　　　　　机组启动前应投入的辅助系统

序号	系统名称	系统投运设备及要求
1	天然气调压站系统	天然气调压站系统已置换为天然气，天然气浓度、压力应符合燃气轮机点火启动条件。过滤、计量、加热装置已正常投运。调压装置已正常投运
2	天然气前置模块系统	天然气前置模块系统已置换为天然气，天然气浓度、压力应符合燃气轮机点火启动条件。过滤装置已正常投运。性能加热器及电加热器已按要求投运。流量计已按要求投运
3	罩壳通风系统	罩壳通风风道通畅，出风口无堵塞，吸风口正常开启。通风风机运行正常，风量达到设计要求。罩壳巡检门已全部关闭，操作员站状态显示与就地一致
4	进气排气系统	进气系统洁净通畅，人孔门已封闭。进气过滤系统、反吹系统投运正常。进气隔离挡板及入口可调导叶（IGV）阀位正确、反馈准确、动作可靠。压气机防喘放气阀阀位正确、反馈准确、动作可靠。排气系统洁净通畅，人孔门已封闭，测点正常。如设计有进气、排气挡板，则应开启

序号	系统名称	系统投运设备及要求
5	润滑油、顶轴油系统及盘车装置	启动排油烟风机，检查润滑油箱负压正常。启动润滑油系统时应先启动直流润滑油泵，系统充油排空气然后切换至交流润滑油泵运行。润滑油系统投入后，检查润滑油母管压力正常。投入顶轴油系统，确认顶轴油母管压力和各轴瓦顶轴油压力正常。润滑油、顶轴油及发电机密封油系统投运正常后，投入盘车装置，连续盘车时间应满足启动要求。配置有蓄能器的系统，应确认蓄能器已按要求充气并投入
6	控制油系统	调整油箱内油温满足系统启动要求。启动控制油泵、控制油循环泵，控制油冷却系统投入自动。控制油系统启动后，根据机组启动需要，开启系统至各用户的隔离阀
7	气体灭火系统	相关区域报警系统已正常投入工作，各区域手动隔离阀门已打开。检查消防气体触发装置已解除锁定，具备喷放条件。根据设备供货商要求，将气体灭火系统投入运行
8	水清洗系统	水清洗系统各阀门位置状态正确。清洗水及清洗剂储备充足，清洗系统具备投入条件。燃气轮机本体疏水阀门已关闭
9	燃气轮机点火及火检系统	燃气轮机假点火试验已完成，点火失败保护功能正常。点火器电源已恢复，点火功能正常投入
10	特殊系统	某些燃气轮机特殊设计系统，如：透平液压间隙优化系统、密封冷却空气外置冷却器系统等，均已正常投入
11	联合循环机组中的其他系统	其他分系统投入，按《汽轮机启动调试导则》（DL/T 863）及《燃气轮机及联合循环机组启动调试导则》（DL/T 1835）的相关规定执行

四、整套启动前的检查项目

燃气轮机及联合循环机组在启动前必须对各辅助系统进行详细的检查，其中燃气轮机部分主要检查项目见表 5-2。

表 5-2　　　　　　　　　　燃气轮机启动前辅助系统检查

序号	检 查 项 目	检查结果
1	机组各辅机系统运行正常	
2	燃气轮机主保护、控制系统、报警及事故追忆系统已正常投运	
3	机组大联锁保护试验合格，正常投入	
4	润滑油、控制油系统已冲洗干净，油滤网已检查清理，临时滤网已拆除	
5	润滑油油质合格，润滑油系统、顶轴油系统和盘车装置运行正常，油箱油位正常	
6	控制油油质合格，系统运行正常，油箱油位正常	
7	检查进气滤网状态正常，进气通道清洁无杂物，人孔门已封闭	
8	检查排气通道清洁无杂物，人孔门已封闭	
9	天然气系统气体置换完成，系统无泄漏	
10	燃气轮机各燃料关断阀、调节阀关闭且严密，阀前天然气参数满足启动条件	
11	罩壳通风风机已运行，风量满足要求	
12	燃气轮机火焰检测装置状态正常	
13	燃气轮机罩壳各巡检通道门关闭状态正常	
14	燃气轮机罩壳各隔间内温度指示正常	

序号	检查项目	检查结果
15	燃气轮机转子偏心度、轴向位移、缸温、瓦温、振动等参数指示正常	
16	燃气轮机各轮间温度指示正常	
17	燃气轮机发电机组转动部件无异常声音	
18	氢气冷却器、润滑油冷油器、密封油冷却器、发电机冷却水冷却器、燃烧器冷却器等冷却水调节阀自动调节状态良好，发电机氢、油、水系统运行正常	
19	消防系统应处于备用状态	
20	各公用辅助系统运行正常	
21	联合循环机组的汽轮机相关检查符合 DL/T 863 的规定要求	

汽轮机部分的整套启动前检查，实践中已有成熟的经验，《汽轮机启动调试导则》(DL/T 863—2016) 中有明确的规定，本节不再赘述。

五、联合循环机组整套启运试运流程

1. 典型燃气轮机启动过程

燃气轮机的启动升速是由"启动装置"＋燃料做功共同完成的。由于燃气轮机的压气机部分压缩空气需要消耗大量功，在静止状态及低转速状态下没有足够的压缩空气供应燃料燃烧并释放足够的能量克服压气机耗功，因此这一阶段主要由称为"启动装置"的设备带动燃气轮机组旋转、升速。

在 9F 级（包括 9E）重型燃气轮机上，通常采用静态变频启动装置，由一套电气功率逆变装置组成，功能是将工频电源转换为频率可调可控的交流电输入到发电机定子上，从而产生一个可控旋转磁场，拖动转子转动。一般缩写为 SFC 或 LCI。

随着燃料点火以及转速的增加，燃料燃烧膨胀做功的比率逐渐增大，直到某一转速下燃料的做功可以完全克服压气机耗功，并能自行控制燃气轮机升速。这时启动装置即退出运行。这个转速点称之为"自持转速"（self-sustaining speed）。不同的燃气轮机自持转速不尽相同。

通常燃气轮机的启动升速由：盘车、冷拖、清吹、点火、升速、启动装置退出（自持）、定速等几个阶段构成，典型的燃气轮机启动过程如图 5-1 所示。

图 5-1 显示燃气轮机的启动过程比传统汽轮机快速得多，一般从开始升速到定速时间不超过 30min，而清吹过程通常就需要 15min。定速后即可进入并网程序。

图 5-1 中的清吹过程，是利用启动装置维持在高速转动下（简称"高盘"或"冷拖"），用压气机的鼓风机效应将燃气轮机透平及余热锅炉内部腔室可能聚集的可燃气体吹尽，避免点火瞬间"爆燃"。清吹时间是根据燃气轮机透平及余热锅炉腔室容积确定，要保证鼓风量能置换有害容积的 3～5 倍。各燃气轮机在联合循环机组上点火前的清吹时间一般在 10～16min。燃气轮机点火成功后，一般要维持在点火转速下暖机 0.5～1min，即从点火到定速只有不到 15min 的时间。

需要重视的是：在联合循环机组上，这意味着锅炉产生蒸汽及升温升压的速度要远远大于传统燃煤机组，对蒸汽温度的控制及旁路的控制水平提出了更高的要求。

2. 联合循环机组整套启运试运流程

联合循环机组配置型式多样，主要分为单轴带 SSS 离合器型（即燃气轮机与汽轮机轴

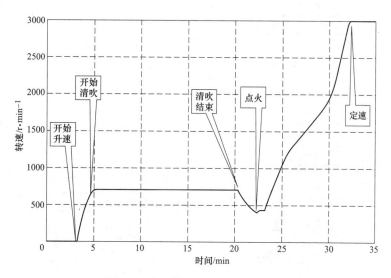

图 5-1　典型燃气轮机启动升速曲线

间以 SSS 离合器连接，发电机在燃气轮机另一侧）、单轴刚性连接型、多轴布置型（主要又分为"一拖一"型和"二拖一"型）。不同机型之间的启动、停机、带负荷操作方式差别较大，调试项目也有所不同。

　　任一类型的联合循环机组，在整套启动初期都是将燃气轮机先启动定速到全速空载（full speed no load，FSNL），国内电网中即是 3000r/min。在此转速下完成燃气轮机的空负荷调试项目。之后燃气轮机才能并网带负荷，待余热锅炉蒸汽参数合格后，启动汽轮机并完成汽轮机空负荷下的相关调试项目（单轴刚性连接的联合循环机组比较特殊，汽轮机被燃气轮机拖动到全速空载）。待汽轮机并网带负荷后，开始联合循环机组的带负荷试运。如果是"二拖一"型式的机组，在此期间还要启动第二台燃气轮机，完成空负荷、带负荷的调试项目后，进行两台余热锅炉的"并汽"操作，形成完整的联合循环工况。待所有带负荷试运调试工作完成后，最终进行并完成整套机组满负荷试运。

　　燃气轮机从点火开始、升速过程、并网带负荷直至满负荷过程中，要在制造商驻厂技术代表主导下完成燃气轮机的燃烧调整试验。燃烧调整的目的是要实现燃气轮机在各个工况下燃烧稳定、燃烧室火焰脉动在正常范围内，各个燃烧模式点的切换燃烧稳定、轴系振动稳定，全程工况下燃气轮机排放指标（主要是氮氧化物，NO_x）满足合同约定值。联合循环机组的整套启动调试计划安排也必须参考驻厂技术代表的燃烧调整计划与进度。只有在燃烧调整全部完成后，燃气轮机才有条件正式进入满负荷运行。

　　联合循环机组基本的整套启动试运流程如图 5-2 所示。

六、机组空负荷试运

1. 机组空负荷试运启动步骤

（1）单轴布置带有 SSS 离合器的联合循环机组燃气轮机空负荷试运启动。

1）确认燃气轮机控制系统中启动条件已具备，并根据实际情况进行燃料、静态变频启动装置系统预选。

2）点击燃气轮机启动键，检查确认压气机防喘放气阀开启、入口可调导叶（IGV）打开至预设开度，转子在静态变频启动装置作用下开始升速。

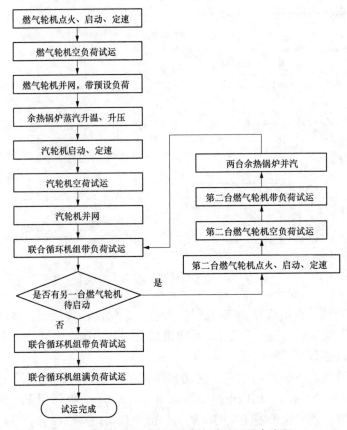

图 5-2 联合循环机组整套启动试运基本流程

3）检查轴系中 SSS 离合器正常脱开，汽轮机转子在盘车装置驱动下转速稳定。

4）到达清吹转速后，开始高速盘车，吹扫计时开始。

5）吹扫计时结束后，转子降速，到达点火转速后，检查燃料放散阀关闭、燃料关断阀开启、调节阀开至点火开度。

6）点火装置启动，规定时间内火焰检测装置确认点火成功，转子在静态变频启动装置和透平膨胀做功的共同作用下升速。

7）到达自持转速后，静态变频启动装置退出运行。

8）到达预设转速后入口可调导叶（IGV）开始调整开度。

9）到达预设转速后压气机防喘放气阀分别关闭。

10）燃气轮机达到全速空载转速。

11）完成空负荷下燃烧调整试验。

12）完成电超速保护通道试验。

13）调试单位的电气专业技术人员完成并网前相关电气试验。

14）燃气轮机在空载下运行满足暖机要求后，可根据试运条件，完成燃气轮机的超速试验。

15）随着余热锅炉蒸汽升温升压，要随机启动投入旁路系统的自动功能。机专业人员应在蒸汽快速升温升压过程中密切关注旁路系统工作状况，随时与热控专业人员保持沟通，优化旁路调节参数，控制蒸汽稳定升压。

16）完成联合循环机组其他系统的相关工作，如给水系统、凝结水系统、联合循环汽轮机轴封系统等分系统的调整。

（2）单轴布置刚性连接的联合循环机组燃气轮机空负荷试运启动。

1）确认燃气轮机控制系统中启动条件已具备，并根据实际情况进行燃料、静态变频启动装置系统预选。

2）点击燃气轮机启动键，检查确认压气机防喘放气阀开启、入口可调导叶（IGV）打开至预设开度，整机转子（燃气轮机＋汽轮机）在静态变频启动装置作用下开始升速。

3）到达预设转速后检查盘车装置自动退出，之后停止盘车装置。

4）到达清吹转速后，开始高速盘车，吹扫计时开始。

5）吹扫计时结束后，转子降速，到达点火转速后，检查燃料放散阀关闭、燃料关断阀开启、调节阀开至点火开度。

6）点火装置启动，规定时间内火焰检测装置确认点火成功，转子在静态变频启动装置和透平膨胀做功的共同作用下升速。

7）燃气轮机到达预设转速，投入汽轮机低压缸冷却蒸汽：由于汽轮机被燃气轮机拖动升速，为避免低压转子叶片在高转速下鼓风发热，系统中设计有一路冷却蒸汽，在转子到达一定转速后系统自动投入。

8）到达自持转速后静态变频启动装置退出运行。

9）到达预设转速后入口可调导叶（IGV）开始调整开度。

10）到达预设转速后压气机防喘放气阀分别关闭。

11）燃气轮机达到全速空载转速。

12）完成空负荷下燃烧调整试验。

13）完成电超速保护通道试验。

14）调试单位的电气专业技术人员完成并网前相关电气试验。

15）燃气轮机在空载下运行满足暖机要求后，可根据试运条件，完成机组超速试验：对于刚性连接的联合循环机组，重点是考查是否满足汽轮机转子的暖机条件。

16）完成包括旁路在内的联合循环机组其他系统的相关调整工作。

（3）多轴布置的联合循环机组燃气轮机空负荷试运启动。

1）确认燃气轮机控制系统中启动条件具备，并根据实际情况进行燃料、静态变频启动装置系统预选。

2）点击燃气轮机启动键，检查确认压气机防喘放气阀开启、入口可调导叶（IGV）打开开至预设开度，燃气轮机转子在静态变频启动装置作用下开始升速。

3）到达预设转速后检查燃气轮机盘车装置自动退出，之后停止盘车装置。

4）到达清吹转速后，开始高速盘车，吹扫计时开始。

5）吹扫计时结束后，转子开始降速，到达点火转速后检查燃料放散阀关闭、燃料关断阀开启、调节阀开至点火开度。

6）点火装置启动，规定时间内火焰检测装置确认点火成功，转子在静态变频启动装置和透平膨胀做功的共同作用下升速。

7）到达自持转速后静态变频启动装置退出运行。

8）到达预设转速后入口可调导叶（IGV）开始调整开度。

9）到达预设转速后压气机防喘放气阀分别关闭。

10）燃气轮机达到全速空载转速。

11）完成空负荷下燃烧调整试验。

12）完成电超速保护通道试验。

13）调试单位的电气专业技术人员完成并网前相关电气试验。

14）燃气轮机在空载下运行满足暖机要求后，可根据试运条件，完成燃气轮机的超速试验。

15）完成包括旁路在内的联合循环机组其他系统的相关调整工作。

2．空负荷试运主要监控参数

燃气轮机空负荷试运阶段主要监控参数可参照表 5-3。

表 5-3   燃气轮机空负荷试运主要监控参数

序号	参数名称	单位	参数限制值	参数实际值
1	压气机出口压力	MPa		
2	压气机出口温度	℃		
3	燃气轮机本体温度	℃		
4	透平排气温度	℃		
5	机组临界转速时振动值	μm 或 mm/s		
6	机组额定转速时振动值	μm 或 mm/s		
7	机组切换燃烧方式时振动值	μm 或 mm/s		
8	燃气轮机燃烧脉动			
9	转子轴向位移	mm		
10	润滑油系统母管压力	MPa		
11	润滑油系统母管温度	℃		
12	机组轴承金属温度	℃		
13	入口可调导叶（IGV）开度	%		
14	燃料调节阀开度	%		
15	实时及累计燃料量	Nm³/h		
16	旁路开度	%		
17	旁路减温水流量	t/h		
18	单轴布置刚性连接的联合循环机组汽轮机低压缸排汽温度	℃		

实际调试过程中所记录参数应根据实际条件调整、补充，还应注意保存燃气轮机的升速曲线。另外对于刚性连接的联合循环机组，汽轮机在 3000r/min 下的其他参数也应注意观察并记录。

3．空负荷试运阶段应进行的试验项目

（1）燃气轮机打闸试验：燃气轮机定速之后，需进行盘前硬回路按钮打闸试验。

（2）润滑油压力调整试验：燃气轮机定速之后，检查润滑油母管压力及各分瓦节流口后压力值是否符合主机制造厂商的要求，如果不符合要求，则需要对其进行调整。

（3）备用润滑油泵在线启动试验：燃气轮机定速之后，需对备用润滑油泵进行在线启动，以避免事故工况下备用油泵拒动或者启动后不出力等情况发生。

（4）失去火焰等其他保护信号跳闸试验：根据试运要求及主机制造商技术要求，对燃气轮机主保护进行跳闸试验。

（5）调节控制系统空负荷特性检查：包括燃气轮机调节系统是否能控制机组正常升速、定速；是否能维持机组稳定在全速空载之下；如果外部燃料供应压力波动但不超出设计范围，调节系统是否仍然能维持机组转速稳定等。

（6）电超速保护通道试验：在此阶段进行电超速保护通道试验，是验证保护通道回路及装置正常，提高后期实际升速试验的安全性、可靠性。该试验也可以安排在燃气轮机升速过程中执行。修改燃气轮机电超速保护定值，在燃气轮机升速过程中使得电超速保护动作，燃气轮机跳闸。

（7）燃气轮机组实际超速试验，可按以下要求进行：

1）燃气轮机按设备供货商或制造商技术规范要求暖机，暖机结束后应立即进行燃气轮机超速试验。

2）电超速保护试验：按现行调试技术规范及反事故措施要求，电气超速保护也应进行实际升速动作试验，动作值符合供货商技术要求（通常在108%～110%额定转速）。

3）对配置机械超速保护的燃气轮机（如三菱公司的M701F），其动作转速值应在额定转速的109%～111%范围以内，每个危急保安装置应至少试验两次，且两次动作转速之差不大于额定转速的0.6%。

4）对于单轴布置刚性连接的联合循环机组，超速试验前的暖机应同时满足燃气轮机与汽轮机的要求，如汽轮机需要并网暖机，则机组需要先并网带暖机负荷至规定时间后，才能解列进行超速试验。

5）测取燃气轮机的超速试验转速曲线。

（8）完成燃气轮机空负荷下燃烧调整试验。

（9）电气、锅炉、热控专业在空负荷阶段都需要完成相关试验，如：发电机空载下试验、锅炉安全门整定、热控各项自动功能的投入等。机务调试人员需要与之密切配合，及时调整机组状态满足其他专业的试验需求，在试验过程中密切监视相关参数，如汽轮机前蒸汽参数、旁路调节状况、发电机本体及冷却水温度等，切不可有"事不关己"的心态。

（10）燃气轮机惰走试验：燃气轮机在首次正常停机时，测取转子的惰走曲线，也可利用打闸试验的过程测取惰走曲线。

（11）燃气轮机冷、热态启动试验：燃气轮机同样存在不同缸温下启动的工况，在调试过程中应记录不同缸温（以冷、热态区分）下机组启动的相关参数。

七、机组带负荷试运

1. 带负荷试运过程

（1）完成燃气轮机空负荷阶段试运后，燃气轮机发电机可向电网申请并网。联合循环机组中的汽轮机也需要启动并网。不同类型的联合循环机组并网带负荷过程各有不同。

1）单轴布置带有SSS离合器的联合循环机组。

a.燃气轮机发电机并网，调节系统按联合循环机组设计要求，带到预设计的负荷点。

在这个负荷点及以上，燃气轮机排烟温度与流量在余热锅炉内产生的蒸汽温度与流量可以满足汽轮机启动的需求。

b. 余热锅炉蒸汽升温升压，期间应重视炉水水质的控制，直至机前蒸汽压力、温度、品质满足汽轮机启动要求。

c. 汽轮机挂闸、冲车，《汽轮机启动调试导则》（DL/T 863—2016）中详细规定了汽轮机启动要求。

d. 汽轮机转速在接近额定转速至定速过程中，SSS 离合器将会啮合。调节系统收到啮合反馈信号后，给汽轮机增加一定进汽量，相当于使汽轮机带一定初负荷，从而确保轴系从汽轮机侧向燃气轮机侧有一定转矩传递，保证 SSS 离合器工作稳定。

e. 按照《汽轮机启动调试导则》（DL/T 863—2016）的规定，完成汽轮机空负荷阶段相关试验内容，这已经是成熟的、规范化的调试内容，在此不作赘述。

f. 燃气轮机与汽轮机按联合循环设计方式，共同带负荷运行。

2）单轴布置刚性连接的联合循环机组。

a. 燃气轮发电机并网，带负荷到预设点。

b. 余热锅炉蒸汽升温升压。

c. 开启汽轮机主汽阀与调节汽阀进汽，低压缸冷却蒸汽退出。

d. 按照《汽轮机启动调试导则》（DL/T 863—2016）的规定，完成汽轮机空负荷阶段相关试验内容。

e. 燃气轮机与汽轮机按联合循环设计方式，共同带负荷运行。

3）多轴布置的联合循环机组。

a. 燃气轮机发电机并网，带负荷到预设点。

b. 余热锅炉蒸汽升温升压。

c. 按照《汽轮机启动调试导则》（DL/T 863—2016）的规定，汽轮机挂闸、冲车、定速。

d. 完成汽轮机空负荷阶段相关试验内容，之后汽轮机发电机并网，带初负荷。

e. 燃气轮机与汽轮机按联合循环设计方式，共同带负荷运行。

（2）进行燃气轮机带负荷下的燃烧调整试验。

（3）在燃气轮机负荷升降过程中进行燃烧模式自动切换，验证切换过程中燃烧是否稳定、轴系振动是否在正常范围内。

（4）对于设计有天然气性能加热器的燃气轮机，到一定负荷后需要投运性能加热器，待天然气被加热到规定温度后，燃气轮机才能进一步增加负荷。

（5）对于设计有某些特殊子系统，如转子轴向间隙优化系统、密封冷却空气外置冷却器等系统的燃气轮机，在达到一定负荷后，需要逐次投入，子系统运行正常后，燃气轮机可继续增加负荷。

（6）燃气轮机逐步带到基本负荷（baseload）且运行时间满足设备供货商要求后，停机检查燃料阀前临时滤网清洁程度，合格后拆除滤网，检查燃气轮机热通道部件有无异常。

（7）机组重新启动后，需要再次进行燃烧调整直至燃气轮机带到基本负荷，至此燃烧调整工作才能结束。

（8）在上述燃气轮机带负荷试运过程中，重点是进行燃烧调整工作，但是可以制订严谨细致的试运计划，在燃烧调整期间，条件稳定情况下，进行联合循环机组的带负荷试运工作。

（9）联合循环机组汽轮机设计有低压补汽，对应余热锅炉低压汽包产生的蒸汽经低压过热器送到汽轮机前，在炉侧也称之为"低压过热蒸汽"。低压补汽通常接入中压缸排汽或低压缸入口，设计有低压主汽阀与低压调节汽阀。当燃气轮机带负荷到一定阶段，低压过热蒸汽温度与中压缸排汽温度相匹配后，可投入汽轮机低压补汽，提高联合循环热效率。

（10）对于多轴布置的二拖一型式联合循环机组，在带负荷过程中当第二台燃气轮机启动、并网、带负荷后，需要完成两台余热锅炉主、再热蒸汽在机前的"并汽"（也称为"并炉"）操作。低压过热蒸汽由于系统相对独立，蒸汽参数变化过程也与主蒸汽不完全同步，因此低压过热蒸汽的合并一般不与主、再热蒸汽同时进行，且操作相对简单。重点是主、再热蒸汽的"并汽"，主要应完成下列操作：

1）第一台燃气轮机与汽轮机按照空负荷启动和带负荷启动相关要求，完成启动。燃气轮机运行负荷应不低于设计最低稳定负荷，不同制造商的燃气轮机最低稳定负荷各不相同。

2）第二台燃气轮机单独启动，完成空负荷试运，并网带负荷。

3）第二台燃气轮机升负荷到机组设计的并汽负荷点，期间应完成相关燃烧调整试验。也可以待第二台燃气轮机全部完成燃烧调整后再进行"二拖一"方式的"并汽"，这要根据现场的试运条件，提前制订试运计划。

4）当两侧主、再热蒸汽参数偏差满足设计要求后，执行两侧主、再热蒸汽的并汽操作。

5）并汽完成，整套机组按联合循环设计带负荷试运。

6）如第二台燃气轮机燃烧调整未完成，继续完成第二台燃气轮机的燃烧调整试验及带负荷试运。

7）具备条件后，完成联合循环机组的低压蒸汽并汽操作。

（11）实践证明，对于汽轮机由国内制造的"国产化"联合循环机组，采用主蒸汽、再热蒸汽同时并汽的方式，对于汽轮机扰动最小，且并汽的时间短，目前"国产化"联合循环机组多采用这一方式。当两侧蒸汽压力、温度满足匹配条件时，两台燃气轮机负荷不一定相同，因此并汽时两台燃气轮机负荷可以不一样，但在调试期间为规范操作，一般建议在两台燃气轮机相同负荷下再执行并汽操作。对于西门子公司一些燃气-蒸汽联合循环机组，则是在控制系统设计上就要求在相同负荷点上进行并汽。因此这里介绍一个典型的"并汽"操作流程及注意事项。

二拖一联合循环机组启动方式通常为1台燃气轮机＋1台余热锅炉＋汽轮机先启动并网带一定负荷，再启动另一台燃气轮机与余热锅炉，而后将后1台余热锅炉蒸汽要并入汽轮机主、再热蒸汽管道的操作过程，称之为"并汽"。在降负荷过程中，1台余热锅炉的主、再热蒸汽要从二拖一机组中先行退出，称之为"退汽"。在并汽与退汽过程中，汽轮机的负荷及相应参数会经历一个较大的变化，如果操作不当，可能会给二拖一机组的安全稳定运行造成较大的影响。二拖一联合循环机组汽轮机主、再热蒸汽系统流程图如图5-3

所示。

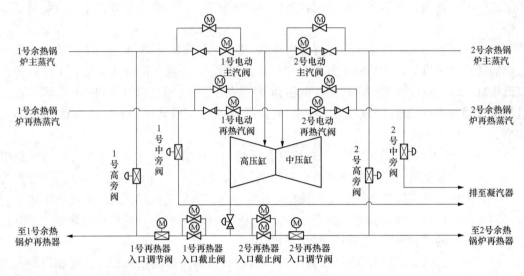

图 5-3　二拖一联合循环机组汽轮机主、再热蒸汽系统流程图

　　2 台余热锅炉的主蒸汽分别经各自电动主汽阀在合并后进入汽轮机高压缸，高压缸排汽分别经 2 个再热器入口截止阀和调节阀回到 2 台余热锅炉再次加热，2 台余热锅炉的再热蒸汽分别经各自再热汽阀再次合并后进入汽轮机中压缸。主汽阀前设有高压旁路，将蒸汽引至再热器入口，再热汽阀前设有中压旁路，将蒸汽引至凝汽器。采用主、再热蒸汽同时并汽、退汽的操作方式，负荷适应性强，可操作性好，有利于机组的稳定运行。随着联合循环机组调试技术的不断进步，目前主、再热蒸汽同时并汽、退汽已经完全可以实现自动顺控操作，无须人工干预。

　　典型的自动并汽顺控步序见表 5-4。（以 1 号炉向 2 号炉主、再热蒸汽并汽为例）

表 5-4　　　　　　　　　　　　典型的自动并汽顺控步序

1 号炉向 2 号炉主、再热蒸汽并汽顺控			
允许 ON 条件		1、2 号炉高压主蒸汽温差<±15℃	And
		1 号炉高压主蒸汽压力与母管压力差<±0.5MPa	
		1、2 号炉再热蒸汽温度温差<±30℃	
		1 号炉再热蒸汽压力与母管压力差<±0.3MPa	
		1 号炉高压主汽电动门已关	
		1 号炉再热蒸汽电动门已关	
		1 号炉高压旁路阀自动	
		1 号炉中压旁路阀自动	
		至 1 号冷再入口调节门开度<5%（表征调节阀在关状态）	
XS01	CMD	开 1 号高压、再热电动门后疏水阀门	And
	FB	1 号炉高压主汽电动门后疏水 1～2 全开	
		1 号炉再热蒸汽电动门后疏水 1～2 全开	

		1号炉向2号炉主、再热蒸汽并汽顺控	
XS02	CMD	开1号炉高压主汽旁路电动门	
		开1号炉再热蒸汽旁路电动门	
	FB	1号炉高压主汽旁路电动门已开	And
		1号炉再热蒸汽旁路电动门已开	
XS03	CMD	开1号炉冷再入口电动门	
		1号炉冷再入口调节门开10%	
	FB	至1号炉冷再电动门已开	And
		1号炉冷再入口调节门开至10%	
		两侧高压电动主汽门后温差<±20℃	
		两侧再热电动主汽门后温差<±30℃	
XS04	CMD	开1号高压、再热电动门	
		投1号炉冷再入口调节门自动	
	FB	1号炉高压主汽电动门已开	And
		1号炉再热蒸汽电动门已开	
		1号炉冷再入口调节门已投自动	
XS05	CMD	关1号炉高压、再热主汽电动门后疏水门	
	FB	1号炉高、中压旁路已转入自动关模式	And
		1号炉再热蒸汽电动门已开	
		2号炉再热蒸汽电动门已开	
		1号炉高压主汽电动门已开	
		2号炉高压主汽电动门已开	
		至1号炉冷再入口电动门已开	
		至2号炉冷再入口电动门已开	
		1号炉冷再入口调节门开度>10%	
		2号炉冷再入口调节门开度>10%	
XS06	CMD	关1号炉高压主汽旁路电动门	
		关1号炉再热蒸汽旁路电动门	
	FB	1号炉高压主汽旁路电动门已关	And
		1号炉再热蒸汽旁路电动门已关	

其中，难点主要在XS05这一步，当1号炉的主蒸汽及再热蒸汽电动门打开后，需要将高、中压旁路关闭，1号炉的高、中压蒸汽并入汽轮机，期间高、中压旁路的关闭速度是非常重要的，而且采用何种方式也是可以选择的，高、中压旁路关闭一般有两种方式：

1）外部指令的方式：当顺控走到这一步时，高、中压旁路会收到外部关闭指令，即高、中压旁路调门的阀位指令按一定速率关闭至0，这个速率是初始设置好的，需要经过多次试验方能给出合理的速率。

2）增加旁路调节设定值的方式：高、中压旁路在并汽过程中投入自动状态，分别调节高压、再热蒸汽压力，且进行并汽操作前，1号炉高、中压旁路自动设定值偏低于2号炉，当并汽顺控走到这一步时，1号炉高、中压旁路自动设定值自动叠加一个数值使其偏高于2号炉，这样在高、中压旁路自动调节下，使高、中压旁路缓慢关闭。

总体来说，方法1）设置简明，而方法2）对系统冲击更小，但方法2）对于高、中压旁路阀门的精度及自动控制调节水平要求较高。

（12）当燃烧调整完成，机组可以按设计的燃烧模式带满负荷后，应按《火力发电建设工程机组甩负荷试验导则》（DL/T 1270）的规定进行联合循环机组甩负荷试验。分轴式机组燃气轮机与汽轮机应分别进行甩负荷试验。甩负荷试验具体操作要点见第六章第三节及第四节。

（13）联合循环机组中汽轮机部分的带负荷试验按照《汽轮机启动调试导则》（DL/T 863）的规定进行，不再展开。

2. 联合循环机组带负荷试运主要监视参数

联合循环机组燃气轮机带负荷试运主机部分主要监控参数列举见表5-5，实际调试过程中查看系统全部参数，根据实际情况做好参数记录。

表 5-5　　　　　　　　　燃气轮机带负荷试运主机主要监控参数

序号	参数名称	单位	参数限制值	参数实际值
1	联合循环机组总负荷	MW		
2	燃气轮机负荷	MW		
3	汽轮机负荷	MW		
4	压气机进入气温（环境温度）	℃		
5	压气机出口温度	℃		
6	压气机出口压力	MPa		
7	燃气轮机本体温度（包括各级间温度）	℃		
8	透平排气温度	℃		
9	透平排气温度分散度	℃		
10	不同负荷下的轴系振动值	μm 或 mm/s		
11	机组轴向位移	mm		
12	机组轴承金属温度	℃		
13	润滑油系统母管压力	MPa		
14	润滑油系统母管温度	℃		
15	润滑油回油温度	℃		
16	入口可调导叶（IGV）开度	%		
17	燃料调节阀开度	%		
18	实时及累积燃料量	Nm³/h		
19	进气系统滤网差压	kPa		
20	燃气轮机燃烧脉动			
21	燃气轮机氮氧化物排放指标	mg/Nm³		
22	低温、高湿度环境下进气系统抽气加热系统投入状态及参数			

汽轮机带负荷后主要参数监控，按《汽轮机启动调试导则》（DL/T 863—2016）的规定进行，不再展开。

3. 联合循环机组带负荷阶段应进行的试验

燃气轮机带负荷试运期间应进行的试验见表 5-6。

表 5-6　　　　　　　　　　　　燃气轮机带负荷试运应进行的试验项目

序号	试验名称	试验结果
1	燃气轮机燃烧调整试验	
2	高、中、低压旁路带负荷过程自动功能调整	
3	投入各自动控制系统并完成调整试验	
4	进行机组变负荷试验	
5	机组快速减负荷试验（RB）	
6	燃气轮机及其调节控制系统参数测试（涉网试验项目）	
7	机组其他涉网试验项目（包括一次调频、AGC、电气专业试验等）	
8	机组甩负荷试验（分轴机组，分别进行燃气轮机与汽轮机甩负荷试验）	
9	联合循环机组中的汽轮机完成低压蒸汽投退试验	
10	对二拖一型式多轴布置的联合循环机组完成两侧主、再热蒸汽及低压蒸汽的并汽、退汽试验	

联合循环机组中汽轮机常规带负荷试运试验项目，按《汽轮机启动调试导则》（DL/T 863—2016）的规定进行，不再展开。

八、机组满负荷试运

1. 满负荷试运开始

根据《火力发电建设工程启动试运及验收规程》（DL/T 5437—2009）的规定，机组开始满负荷试运应同时满足 15 项条件，主要针对燃煤机组制定的。根据 DL/T 5437—2009 规定的精神，在《燃气轮机及联合循环机组启动调试导则》（DL/T 1835—2018）中针对燃气轮机及联合循环机组，归纳为下列 11 项条件：

（1）燃气轮机运行已进入温控模式，负荷已达到当前环境下基本负荷。

（2）热控保护投入率达 100%。

（3）热控自动装置投入率不小于 95%，协调控制系统已投入且调节品质达到设计要求。

（4）热控测点/仪表投入率不小于 98%，指示正确率分别不小于 97%。

（5）电气保护投入率达 100%。

（6）电气自动装置投入率达 100%。

（7）电气测点/仪表投入率不小于 98%，指示正确率分别不小于 97%。

（8）满负荷试运进入条件已经各方检查确认签证，试运总指挥批准。

（9）连续满负荷试运已报请调度部门同意。

（10）联合循环机组的余热锅炉脱硝系统已投运。

（11）联合循环机组开始满负荷试运的条件应以整套机组为基准。

解释 1：第（1）项在 DL/T 5437—2009 中规定为"发电机达到铭牌额定功率值"。但是对于燃气轮机，一般不采用"额定功率"的概念，而采用"基本负荷"，即当燃烧初温达到设计值，即进入"温控模式"后，燃气轮机的负荷是基本负荷，且这个基本负荷还与当前大气温度、气压、湿度相关。ISO 3977《燃气轮机—采购》系列标准规定了以 ISO 工况作为考核燃气轮机性能的标准工况，也只有在 ISO 工况下燃气轮机的基本负荷才能称为"额定负荷"。实际试运的燃气轮机在实际环境条件下当达到基本负荷时即可认为达到满负荷；而对按设计条件运行的联合循环机组，燃气轮机达到了满负荷，联合循环机组即达到满负荷。

解释 2：第（10）项，当前采用干低式 NO_x 燃烧器（dry low NO_x，DLN）的燃气轮机本身 NO_x 排放指标已能满足《火电厂大气污染物排放标准》（GB 13223—2011）中规定的 $50mg/m^3$（烟温 273K，大气 101 325Pa 时的标准状态）限值，甚至可达到 $30mg/m^3$。但是当前各地区执行的排放标准更加严格，因此新投建的燃气-蒸汽联合循环机组基本上都在余热锅炉尾部烟道中增设"选择性催化还原"（selective catalytic reduction，SCR）技术脱硝系统，一般不设脱硫系统。按现行规定，脱硝系统与主机系统同时开始满负荷试运。

解释 3：第（11）项，所谓"满负荷试运条件"即指上面的机组负荷、各项指标投入率等。联合循环机组以整套为单位由电网统一调度，因此开始满负荷试运的条件也应以整套机组为计算基准，即各项指标的分母是整套机组的统计值。这一项的目的是强调，无论是单轴式还是分轴式联合循环机组，特别是"二拖一"分轴式，应以整套为单位开始满负荷试运。

2. 满负荷阶段应进行的试验

进入满负荷试运阶段，机组调试期间的各项试验都应已经完成，即使有特殊的试验项目，由于机组满负荷试运不宜变动负荷，一般也不安排在此阶段进行。

发电机漏氢试验，通常在带负荷试运期间就可进行。漏氢试验是对发电机密封油系统及发电机本体、封闭母线严密性的检验，本身对系统没有操作，但是需要带大负荷且负荷稳定。带负荷试运期间调试项目紧凑，操作频繁，可能难以满足漏氢试验理想要求，因此可以安排在满负荷试运期间进行复测。

满负荷试运时间充足，因此漏氢试验时间应不少于 24h，以获得最准确结果。记录试验开始和结束时发电机内氢气压力、温度、大气压力，用于结果计算；配备真空油箱的密封油系统，记录真空油箱真空、温度，以备结果异常时分析。根据设备供货商给定的计算公式计算发电机漏氢量，但不宜采用简化计算公式。

发电机漏氢量在有合同规定时应满足合同保证值，在无合同保证值时，漏氢量不应大于《电力建设施工质量验收规程 第 6 部分：调整试验》（DL/T 5210.6）中的规定，即标准状态下 $10m^3/24h$。

3. 满负荷试运结束

根据《火力发电建设工程启动试运及验收规程》（DL/T 5437—2009）及《燃气轮机及联合循环机组启动调试导则》（DL/T 1835—2018）的规定，宣布和报告机组满负荷试运结束应同时满足下列 11 项条件：

（1）机组保持连续运行。对于 300MW 及以上的机组，应连续完成 168h 满负荷试运行；对于 300MW 以下的机组一般分 72h 和 24h 两个阶段进行。连续完成 72h 满负荷试运行后，停机进行全面的检查和消缺，消缺完成后再开机；连续完成 24h 满负荷试运行，如无必须停机消除的缺陷，亦可连续运行 96h。

（2）机组满负荷试运期的平均负荷率不小于 90% 额定负荷。

（3）热控保护投入率 100%。

（4）热控自动装置投入率不小于 95%，协调控制系统投入，且调节品质达到设计要求。

（5）热控测点/仪表投入率不小于 99%，指示正确率分别不小于 98%。

（6）电气保护投入率 100%。

（7）电气自动装置投入率 100%。

（8）电气测点/仪表投入率不小于 99%，指示正确率分别不小于 98%。

（9）联合循环机组汽水品质合格。

（10）机组各系统均已全部试运，并能满足机组连续稳定运行的要求，机组整套启动试运调试质量验收签证已完成。

（11）满负荷试运结束条件已经多方检查确认签证，试运总指挥批准。

解释 1：第（1）项，对于 F 级联合循环机组，基本负荷都高于 300MW，须进行 168h 满负荷试运。对于 E 级联合循环机组，通常是一拖一型式，基本负荷不超过 300MW，可进行 72h+24h 满负荷试运。

解释 2：第（9）项，E 级联合循环机组中余热锅炉有高压、低压 2 个汽包，而二拖一型式的 F 级联合循环机组三压余热锅炉共有（高压、中压、低压）×2 计 6 个汽包，要求所有汽包及相关蒸汽的汽水品质都应合格。

九、燃气轮机禁止启动条件

燃气轮机存在下列情况之一时，禁止启动，避免造成机组损伤：

（1）机组主要保护不能投入。

（2）机组主要控制系统及监视系统工作不正常，影响机组启停或只能手动方式运行。

（3）机组主要监测装置故障，控制电源不正常，仪用气源不正常。

（4）机组转速、控制油压、润滑油压、密封油压、轴向位移、转子偏心、振动、轴瓦温度等重要参数指示不准确。

（5）机组跳闸后，原因未查明或缺陷未消除。

（6）机组润滑油、顶轴油、控制油系统工作不正常或油质不合格。

（7）本体温度或温度差超过设备供货商要求值。

（8）轴向位移超过报警值。

（9）转子偏心度超过设备供货商要求值或原始值的 ±0.02mm。

（10）盘车设备故障或盘车时机组动静部分有异常声音。

（11）燃料关断阀、燃料调节阀、入口可调导叶（IGV）、压气机防喘放气阀等阀门故障。

（12）点火装置或火焰检测装置故障。

（13）罩壳通风系统不能正常投用。

（14）天然气系统有泄漏。

（15）气体灭火系统不能正常投用。

（16）进气系统滤网严重堵塞或破损。

（17）发电机冷却系统异常。

（18）发电机内氢气纯度低于 96%。

（19）单轴刚性连接的联合循环机组汽轮机存在禁止启动条件。

（20）单轴 SSS 离合器连接或分轴布置的联合循环机组汽轮机真空度低于设备供货商要求值。

解释 1：联合循环机组中的汽轮机禁止启动条件，在《防止电力生产事故的二十五项重点要求》（国能安全〔2014〕161 号）及《汽轮机启动调试导则》（DL/T 863—2016）均有明确规定，已经为行业内熟知。上述 20 项内容主要是针对燃气轮机。

解释 2：第（7）项，燃气轮机本体有缸体温度、轮盘间温度等参数，当这些温度或温差超过主机设计限值时，就需要消耗更多的时间用于盘车或高速盘车（清吹），待温度或温度差满足要求后控制系统才会进行下一步程序。此时不可强制控制系统逻辑，强行冲车。

解释 3：第（17）项，发电机冷却系统，对于氢冷发电机包括氢气系统（含氢气冷却系统）、定子冷却水系统；对于水冷发电机包括定子冷却水系统与转子冷却水系统；对于纯空气冷却发电机，运转层下设有水-空气换热装置，也属于发电机冷却系统。

解释 4：第（19）项，对于刚性连接的联合循环机组，启动时汽轮机必须与燃气轮机同时升速，当汽轮机存在不能升速的条件，燃气轮机也不能启动。

解释 5：单轴 SSS 离合器连接或分轴布置的联合循环机组，汽轮机可不随燃气轮机启动而升速。但是目前国内联合循环机组余热锅炉基本上都不设计烟气旁路，即燃气轮机的排放烟气必须通过余热锅炉，这就要求余热锅炉汽水系统必须投入，产生的蒸汽若外排到大气，既不经济也不环保，只能通过旁路系统排放到凝汽器。当真空系统存在故障、或汽轮机轴封系统故障、或汽轮机盘车不能投入导致轴封不能供汽，存在这些问题导致系统真空低于运行限值，则旁路不能开启，燃气轮机也就不具备启动条件。

第二节　燃气轮机及联合循环机组停机

一、燃气轮机及联合循环机组的正常停机

1. 单独燃气轮机的停机

单独的燃气轮机机组启动、停止都可由燃气轮机控制系统（TCS）"一键"完成。一般而言，单独燃气轮机的停机应执行下列步骤：

（1）燃气轮机减负荷。可以在正常运行区间一键执行"stop"指令，也可以按常规操作方式减负荷到某一低限值（如 20MW），再执行"stop"指令。

（2）燃气轮机减负荷到 0。TCS 通常采用这几种判据：① 减到某一低低限值（如 5MW）以下；② 触发逆功率保护；③ 以上两种组合。

（3）燃气轮机发电机与电网解列（break off）。此后有两类停机方式：

1）燃气轮机熄火，燃料控制阀、燃料关断阀关闭，控制阀前的燃料放散阀开启，燃气轮机惰走降速。如西门子公司、三菱公司的燃气轮机采用这种方式。

2）燃气轮机继续保持点火方式，减少燃料量，燃气轮机降速，防喘放气阀开启。直至降转速到系统预设值，再跳闸、熄火，燃料控制阀、燃料关断阀关闭，控制阀前的燃料放散阀开启，燃气轮机惰走降速。如 GE 公司 9F 级燃气轮机，点火降速到 20％全速空载转速后（600r/min）切断燃料。

（4）燃气轮机惰走（或降速）到某一预设转速，顶轴油泵启动。在惰走（或降速）过程中 IGV 将按设计逻辑，减小开度，直到最小开度值。

（5）燃气轮机惰走到某一预设转速，盘车装置自动投入，开始盘车冷却（cool down）。

解释 1：在（3)-1 中，燃气轮机解列-熄火步序又有两种方式：一种是解列后直接熄火，包括"程序解列-熄火"及"逆功率保护触发发电机解列同时燃气轮机跳闸"，熄火后防喘放气阀开启。二者的区别主要在于"程序解列-熄火"的顺控程序一般设计在燃气轮机 TCS 内，在极低负荷时由停机顺控指令机跳发电机，解列灭磁，同时停燃气轮机，不一定触发逆功率。后者是将负荷降至逆功率保护触发，电气保护跳发电机、灭磁、跳燃气轮机。

另一种是解列后，燃气轮机空载运行一段时间（如 5min），目的是让燃气轮机逐渐冷却，时间满足后燃气轮机跳闸，防喘放气阀开启，三菱公司某些 9F 燃气轮机即采用这一方式。

解释 2：在（3)-2 中，燃气轮机在点火状态下降速，为了确保正常停机以及异常状态下燃气轮机能安全熄火，通常会设置一些保护逻辑，例如：

1）从解列开始计时，时间超过预设限值（如 8min）；

2）降速过程中任一个火焰检测信号失去；

3）转速小于 20％全速空载，快速减少燃料指令，直至跳闸熄火；

4）转速小于 20％全速空载后，时间超过 30s。

机组在停机降速过程中，上述任何一个条件产生，则发出跳机指令，切断燃料供应。

解释 3：在《防止电力生产事故的二十五项重点要求》（国能安全〔2014〕161 号）的"防止汽轮机超速事故"与"防止燃气轮机超速事故"中均提出了"严禁带负荷解列"的规定。对于汽轮机，难以做到降负荷到 0，通常在一个低负荷下打闸停机，同时通过大联锁解列发电机。而对于燃气轮机，由于停机受程序控制，可以设计成逆功率触发解列，也有的设计成负荷降到极低值触发解列，调试单位在实际调试过程中应与制造商驻厂技术代表协商，确定最终的停机程序，与《反措》精神相符。实际上，由于压气机的存在，燃气轮机轴功率的近 2/3 消耗于压气机做功，因此在极低负荷下解列，基本上不会存在超速的风险。

实测两类燃气轮机停机（惰走）转速曲线如图 5-4、图 5-5 所示。

压气机转子在降转速过程中是一个巨大阻尼，因此燃气轮机的降速过程快，时间短，即使有点火降速以及不同的盘车投入转速的影响，一般 30min 左右即可投入盘车，远远短于汽轮机的惰走时间。

2. 单轴布置刚性连接的联合循环机组停机

（1）操作员在控制系统中发出停机指令，机组按设定的速率降负荷。

（2）联合循环机组降负荷到某一低限时，余热锅炉产生蒸汽不足以维持汽轮机带负荷运行。对于单轴刚性连接的机组，降负荷到达一个预设负荷后，控制系统关闭汽轮机高、中压汽阀，退出汽轮机运行。低压调节阀关到一个冷却开度，通过少量蒸汽用于低压转子叶片的冷却。旁路系统投入工作，控制汽轮机前蒸汽压力。

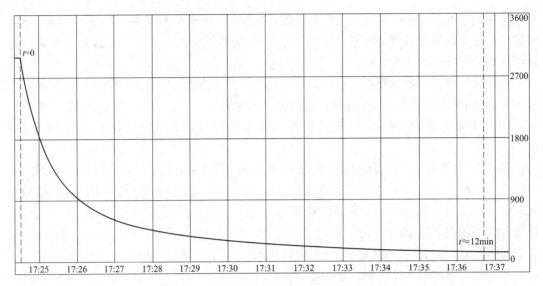

图 5-4　典型燃气轮机熄火停机惰走曲线

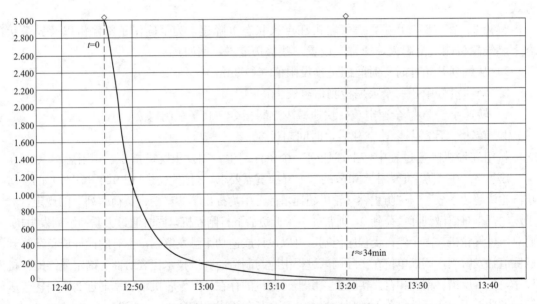

图 5-5　典型燃气轮机点火停机降速曲线

（3）燃气轮机继续降负荷。

（4）到达下一个预设负荷或触发逆功率后，系统发出发电机解列指令，发电机解列，压气机防喘放气阀开启。

（5）燃气轮机降速到预设转速或达到预设时间后，燃气轮机跳闸、熄火；退出汽轮机冷却蒸汽。

（6）联合循环机组降速到预设转速后顶轴油系统投入。

（7）联合循环机组降速到达预设转速后盘车装置自动投入运行。

3. 单轴布置带有 SSS 离合器的联合循环机组正常停机

（1）操作员在控制系统中发出停机指令，机组以一定速率降负荷。

（2）到达预设负荷后，汽轮机执行停机操作，降负荷停机；旁路系统投入工作，维持汽轮机前压力；汽轮机跳闸、惰走，SSS 离合器脱开；汽轮机顶轴油系统投入；汽轮机盘车投入。

（3）燃气轮机继续降负荷。

（4）到达下一个预设负荷或触发逆功率后，系统发出发电机解列指令，发电机解列；压气机防喘放气阀开启。

（5）燃气轮机降速到预设转速或达到预设时间后，燃气轮机跳闸、熄火。

（6）燃气轮机降速到预设转速后顶轴油系统投入。

（7）燃气轮机降速到达预设转速后盘车装置自动投入运行。

4. 一拖一多轴联合循环机组燃气轮机停机

（1）操作员在控制系统中发出停机指令，机组以一定速率降负荷。

（2）到达预设负荷后，汽轮机执行停机操作，降负荷停机；旁路系统投入工作，维持汽轮机前压力；汽轮机跳闸、解列、惰走；汽轮机顶轴油系统投入；汽轮机盘车投入。

（3）燃气轮机继续降负荷。

（4）燃气轮机降至下一个预设负荷或触发逆功率后，燃气轮机发电机解列；压气机防喘放气阀开启。

（5）燃气轮机降速到预设转速或达到预设时间后，燃气轮机跳闸、熄火。

（6）燃气轮机降速到预设转速后顶轴油系统投入。

（7）燃气轮机降速到达预设转速后盘车装置自动投入运行。

5. 二拖一多轴联合循环机组燃气轮机停机

（1）操作员在控制系统中发出停机指令，机组以一定速率降负荷。

（2）到达燃气轮机预设负荷点时，一台燃气轮机对应的余热锅炉执行退汽程序，退汽完成后该燃气轮机继续降负荷，按第（6）项开始的步骤执行，直至停机。

（3）第二台燃气轮机及汽轮机继续降负荷。

（4）到达预设负荷后，汽轮机执行停机操作，降负荷停机；旁路系统投入工作，维持汽轮机前压力；汽轮机跳闸、解列、惰走；汽轮机顶轴油系统投入；汽轮机盘车投入。

（5）第二台燃气轮机继续降负荷。

（6）燃气轮机降至下一个预设负荷或触发逆功率后，燃气轮机发电机解列；压气机防喘放气阀开启。

（7）燃气轮机降速到预设转速或达到预设时间后，燃气轮机跳闸、熄火。

（8）燃气轮机降速到预设转速后顶轴油系统投入。

（9）燃气轮机降速到达预设转速后盘车装置自动投入运行。

6. 联合循环机组中的汽轮机的停机程序及注意事项

联合循环机组中的汽轮机的具体停机程序及注意事项，按《汽轮机启动调试导则》（DL/T 863—2016）的规定执行，在此不再展开。

7. 燃气轮机的停机注意事项

（1）燃气轮机降负荷过程中，监视附属设备参数变化，如果天然气系统配置有增压机设备，要注意观察增压机运行平稳无喘振，燃气轮机跳闸时天然气不超压。

（2）如配置有性能加热器，监视性能加热器程控退出。

（3）燃气轮机开始降速时，压气机防喘放气阀应开启，反馈正常。

（4）投入盘车后，若发现动静部件摩擦严重，应停止连续盘车，间断盘车180°，并应迅速查明原因后消除缺陷，待恢复正常后再投入连续盘车运行。

（5）若盘车无法投入，应手动间断盘车180°或按供货商要求执行，禁止强行盘车。

（6）停机后因盘车装置故障或其他原因需要暂时停止盘车时，应关闭进气排气系统的隔离挡板，隔断燃气轮机进气排气系统，监视转子弯曲度的变化，待盘车装置正常或者暂停盘车的因素消除后及时投入连续盘车。

（7）连续盘车时间应满足设备供货商技术要求。

（8）在环境温度较低的条件下停机，投入盘车后宜关闭进气排气系统的隔离挡板，使燃气轮机缸体与环境隔离，避免缸体内产生过大温差。

（9）单轴SSS离合器连接的联合循环机组，汽轮机跳闸后要及时观察确认SSS离合器正常脱开，汽轮机正常惰走降速。

8. "二拖一"联合循环机组自动退汽

典型"二拖一"联合循环机组自动退汽顺控步序见表5-7（以退1号炉为例）。

表5-7 典型的自动退汽顺控步序

1号炉主、再热蒸汽退汽顺控			
允许ON条件		两台燃气轮机均运行	And
		两台炉主、再热蒸汽电动门全开	
XS01	CMD	1号炉高、中压旁路投自动	And
		1号炉高、中压旁路减温水投自动	
		1号炉冷再入口调节门投自动	
	FB	1号炉高旁及减温水调节门已投自动	
		1号炉中旁及减温水调节门已投自动	
		1号炉冷再入口调节门已投自动	
XS02	CMD	1号炉高、中压旁路切至退汽模式	And
	FB	1号炉高旁阀开度＞30％	
		1号炉中旁阀开度＞30％	
XS03	CMD	关1号炉主、再热蒸汽电动门	And
	FB	1号炉主蒸汽电动门已关	
		1号炉再热蒸汽电动门已关	
XS04	CMD	关1号炉冷再入口电动门	And
		关1号炉冷再入口调节门	
	FB	至1号炉冷再入口电动门已关	
		至1号炉冷再入口调节门开度＜5％	

其中，难点主要在XS02这一步，1号炉蒸汽退出，主要靠打开高、中压旁路使主、再热蒸汽通过高、中压旁路最终排入凝汽器。高、中压旁路的打开方式一般有两种：

（1）外部指令的方式：即当顺控走到这一步时，高、中压旁路会收到外部指令打开，即高、中压旁路阀的调节指令按一定速率打开至一定开度后再自动投入压力自动，但这个速率以及开度是初始设置好的，需要经过多次实际退汽试验方能得出合理的数值。初始开度过小，主、再热蒸汽关闭时把蒸汽"硬挤"入旁路，电动主汽门前汽压上升过快而汽轮机入口前汽压下降过快，可能造成1号炉蒸汽超压及两台锅炉汽包水位波动过大，对系统安全不利；初始开度过大，会造成退汽步序时间过长，带来无谓的浪费。表5-7中的30％开度是某台机组实际试验得出的结果。

（2）降低旁路调节设定值的方式：高、中压旁路在退汽过程中是投入自动状态的，分别调节主、再热蒸汽压力。在进行退汽操作前，两台炉高、中压旁路的自动设定值是相同的，退汽操作开始后，将1号炉高、中压旁路自动设定值设为汽轮机入口前主、再热蒸汽压力叠加一个负偏置，使其稍低于2号炉主、再热蒸汽实际压力，这样在自动控制回路的调节下，使高、中压旁路缓慢打开，待退汽步序完成后，再将1号炉高、中压旁路自动设定值设回到当前主、再热蒸汽电动门前实际压力。

比较而言，方法（2）是完全的并汽过程的逆操作，对系统冲击最小，但是自动调节过程长，退汽步序速度慢，消耗时间过多，对实际机组运行未必有利。方法（1）用折中的方式，增加一部分开环操作，即高、中压旁路开环方式先以较快速率开到30％，就可以开始关闭主、再热蒸汽电动门，产生的少量汽压波动靠旁路后续的自动调节完全可以控制，大大缩短了退汽步序时间。在实践中方法（1）更适用。

二、燃气轮机及联合循环机组的异常停机

（1）燃气轮机的异常停机与汽轮机的异常停机。

机组所谓的异常停机，是指机组运行出现异常现象或故障，必须立即快速甚至立即停机。一般分为紧急停机与故障停机两类。

对于汽轮机，紧急停机是指出现重大异常或严重故障，必须立即停机且破坏真空；故障停机是指机组出现故障，不能继续维持正常运行，应立即停机，但打闸后可不破坏真空。《汽轮机启动调试导则》（DL/T 863—2016）对此做了比较明确的规定，并列出了详细的紧急停机与故障停机条件。

汽轮机的紧急停机与故障停机主要区别在于汽轮机打闸后是否要破坏真空，而对于燃气轮机没有真空要求。但是燃气轮机也具有汽轮机不具备的快速降负荷停机的特点。为了提升调试质量，规范调试标准化行为，保障设备安全，对于燃气轮机的异常停机，本书也对异常条件加以区分，不同的异常条件，处理方式也有所区别。

当燃气轮机组出现了重大异常或严重故障，不管机组当时处于什么运行状态，必须立即将机组打闸，否则会对机组造成严重伤害。这种异常停机仍称为"紧急停机"。

当燃气轮机组出现了一些明显异常或故障，不能继续维持正常运行，可立即执行快速降负荷直至停机。本书把这种异常停机也称之"燃气轮机故障停机"，请注意它与"汽轮机故障停机"完全不同。

汽轮机的紧急停机与故障停机已有成熟的规定，为生产、调试人员熟知，这里不再展开。

（2）当燃气轮机或者联合循环机组汽轮机出现重大异常，发生下列情况之一时，不论机组当时处于什么状态，应紧急停燃气轮机：

1）燃气轮机的燃烧系统出现故障，但保护未动作。

2）燃气轮机转速异常升高，达到超速保护动作值，但保护未动作。

3）燃气轮机发电机组发生强烈振动。

4）燃气轮机发电机组轴系振动超过规程保护定值或国家标准上限，但保护未动作。

5）燃气轮机发电机组内部有明显的金属摩擦声或撞击声。

6）燃气轮机发电机组任一轴承金属温度超过保护定值或规程上限值或者轴承冒烟。

7）燃气轮机轴向位移超过保护定值或规程上限值，且保护未动作。

8）润滑油系统大量泄漏或者已发生火灾。

9）燃料系统大量泄漏或已发生火灾或爆炸。

10）气体灭火系统被触发。

11）燃气轮机压气机发生喘振。

12）燃气轮机发电机氢气系统发生严重泄漏或者爆炸。

13）其他主保护达到动作条件而未动作。

14）联合循环机组出现《汽轮机启动调试导则》（DL/T 863—2016）中规定的汽轮机紧急停机工况。

15）单轴刚性连接的联合循环机组出现《汽轮机启动调试导则》（DL/T 863—2016）中规定的汽轮机故障停机工况。

解释1：上述紧急停机条件如果被列入调试单位的调试大纲，或者调试反事故措施，就是刚性约束。应在调试单位内部组织学习，并向参与试运的运行人员交底（包括汽轮机部分的紧急停机条件）。一旦在整套启动试运中发生上述条件之一，必须毫不犹豫地将燃气轮机打闸，不要迟延，避免造成机组重大损伤。

解释2：第14）项，汽轮机的紧急停机，要求汽轮机立即打闸并破坏真空。在国内目前联合循环机组上，余热锅炉不设烟气通道旁路，燃气轮机排放烟气必须通过余热锅炉，而余热锅炉产生的蒸汽在汽轮机停机后又只能通过旁路进入凝汽器。在汽轮机紧急停机，破坏真空后，旁路将闭锁，不能开启。因此燃气轮机也必须立即打闸停机。

解释3：第15）项，对于单轴刚性连接联合循环机组，即使汽轮机故障停机，不破坏真空。但汽轮机必须停机、降速，连接在同一根转子上的燃气轮机也只有打闸停机。

（3）燃气轮机在紧急停机过程中应重点关注以下事项。

1）发生紧急停机条件，不论是就地或者远方应立即打闸，并检查下列动作应自动执行：

a. 燃料关断阀、燃料调节阀关闭，燃气轮机熄火。

b. 大联锁正确动作，发电机解列，燃气轮机转速下降。

c. 燃料关断阀后的放散阀打开，入口可调导叶（IGV）关至最小角度。

2）压气机防喘放气阀应全部打开。

3）检查润滑油母管压力、温度正常。

4）检查天然气系统压力波动情况，如配置增压机，检查增压机运行是否平稳。

5）监视机组惰走情况，到达联锁转速定值后，顶轴油系统应自动投入。

6）监视机组轴系振动、轴瓦温度、本体温度、轴向位移等重要参数变化情况。

7）检查盘车装置自动投入。

（4）当燃气轮机已经出现故障，不能继续维持正常运行时，应快速停机处理，以预设的降负荷率快速减负荷，直至解列停机。发生以下故障时，应采取故障停机的方式：

1）燃料系统发生故障，无法连续、稳定供应燃料。

2）调节系统控制故障，无法正常控制燃气轮机负荷。

3）发电机密封油系统出现故障，氢气泄漏。

4）燃气轮机辅助系统故障，不能维持燃气轮机正常运行。

5）达到燃气轮机自动停机条件而未自动停机。

（5）对于二拖一型式多轴布置联合循环机组，发生燃气轮机异常停机，要重点关注以下事项：

1）一台燃气轮机发生紧急停机，应快速退出该侧蒸汽系统，相应旁路系统投入运行，另一台燃气轮机及汽轮机可继续带负荷运行。

2）一台燃气轮机发生故障停机，在停机过程中执行退汽程序，退汽完成后该燃气轮机继续降负荷直至停机，另一台燃气轮机及汽轮机可继续带负荷运行。

解释1：第1）项，一台燃气轮机紧急停机，即打闸停机，该侧余热锅炉逐渐停止产生蒸汽，正常情况下不会出现蒸汽超压。但是要关闭该侧余热锅炉的主、再热蒸汽电动门以及低压蒸汽电动门、冷再入口电动门、调节门，退出余热锅炉系统。在这个过程中旁路系统要及时开启，协调配合，如果忽视旁路操作，余热锅炉的蓄热反而可能造成蒸汽管道超压。在系统操作正确的前提下，剩下的燃气轮机及汽轮机，待汽轮机前压力及汽轮机负荷稳定后，可以"一拖一"方式继续运行。

解释2：第2）项，一台燃气轮机故障停机，即快速减负荷停机，为了尽快退出故障侧燃气轮机及余热锅炉，应在停机过程中及时执行退汽程序，尽快将故障侧设备与系统隔离，确保余下的燃气轮机及汽轮机安全运行。

（6）联合循环机组汽轮机异常停机应注意：

1）联合循环机组汽轮机异常停机条件及操作按《汽轮机启动调试导则》（DL/T 863—2016）的规定执行。

2）单轴 SSS 离合器连接或多轴布置的联合循环机组，汽轮机故障停机后旁路开启，燃气轮机可维持运行或停机。

解释：第2）项中，汽轮机故障停机，即打闸但不破坏真空，旁路系统要快速开启，维持汽轮机前蒸汽压力稳定，同时也控制了余热锅炉汽包水位波动在正常范围内。对于单轴 SSS 离合器连接的联合循环机组，只要汽轮机转速下降，SSS 离合器正常脱开，燃气轮机可继续运行、发电；对于多轴布置联合循环机组，汽轮机停机后，燃气轮机可继续运行、发电。这样处理的目的在于：

a. 在汽轮机故障停机后保持燃气轮机正常运行，保住联合循环机组大部分负荷不失去，对于业主来说，在事故中直接经济损失降到最小。

b. 保住联合循环机组大部分负荷不失去，对电网来说，负荷冲击最小。

c. 避免了燃气轮机无谓跳闸，减小寿命损失，降低了间接损失。有研究资料指出，燃气轮机在大负荷下发生一次跳闸，相较于一次正常冷态启动，寿命损失可高达8倍。

d. 对于整套启动试运机组，如汽轮机可迅速排除故障，则有利整套机组快速恢复，节约宝贵的调试时间。

要做到这点，对于旁路系统在汽轮机事故工况下的快速调节能力提出了很高要求，这需要在调试过程中精心调整，完善控制逻辑，准确设定参数，调试结果可以在汽轮机甩负荷试验过程中得到验证。

第六章　调试过程中的重大试验项目

第一节　燃气轮机冷拖试验

燃气轮机的"冷拖（crank）"，有些机组也称之为"高速盘车"（简称"高盘"）。在燃气轮机的静态启动装置调试完成后，同时燃气轮机的润滑油顶轴油系统、进气排气系统、压气机防喘放气系统、燃气轮机冷却密封系统、压气机水清洗系统等各分系统均已完成静态调试且验收合格后，通过静态启动装置把燃气轮机拖动到"清吹"转速的试验。

冷拖试验不是一个单纯的分系统调试或对静态启动装置的验收试验。在冷拖试验过程中，除了燃料系统，燃气轮机所有分系统都要投入运行，即同时也是对燃气轮机除燃料系统外的其他分系统以及锅炉、热控、电气等专业多个分系统工作状况的一次综合性考核试验。当冷拖试验完成后，除燃料系统、燃气轮机点火系统、气体消防系统外，燃气轮机其他的系统均已具备了点火启动条件，因此可以说冷拖试验是燃气轮机正式点火前的一次全专业综合预演练，是在分系统调试阶段的一个重大节点。

本节针对配置静态变频启动装置（SFC 或 LCI）的电站重型燃气轮机调试期间首次冷拖试验加以介绍。

一、试验条件

1. 公用系统

（1）厂用压缩空气系统已调试完成且已正常投入。如燃气轮机自带压缩空气装置，应调试完成且已正常投入。

（2）冷却水系统已调试完成且已正常投入。

（3）试运范围内的土建施工项目已完成并通过验收，现场地面平整，道路（包括消防通道）通畅。

（4）试运设备范围内环境清理干净，现场的沟道及孔洞的盖板齐全。

（5）临时孔洞装好护栏或盖板，平台有正规的楼梯、栏杆及底部护板。

（6）现场有足够的正式照明，事故照明系统完整可靠并处于备用状态。

（7）试运现场通信设备完好齐全，可正常投入使用。

（8）保温、油漆及管道色标完整，设备、管道、阀门、开关等有正式命名和标识。

（9）冬季作业时，应做好设备的防冻工作，厂房内温度保持在 5℃以上。

2. 燃气轮机系统

（1）燃气轮机冷却水系统冲洗合格，冷却水已正常投入。

（2）燃气轮机润滑油、液压油系统管路油冲洗完成，恢复为正式管道，拆除所有临时滤网并安装正式滤网，各系统压力调整完成。

（3）燃气轮机润滑、顶轴油系统及盘车装置调试完成，机组盘车已正常投入且连续盘车不少于 24h。

（4）控制油系统调试完成，已正常投入。

（5）进气系统调试完成，相关表计工作正常，进气室、巡检通道清洁工作检查验收合格，所有人孔、巡检门已正式封闭。

（6）排气系统各测点传动完毕，排气扩散段清洁工作检查验收合格，所有人孔已正式封闭。

（7）压气机防喘放气各阀门、透平冷却密封各阀门传动完毕，动作正常，已正常投入。

（8）进口可调导叶（IGV）系统调试完成，远方操作正常，导叶开度准确且远方指示正确。

（9）压气机水清洗系统调试完成，在线清洗与离线清洗喷头已通过试喷验收。IGV进气腔室清洁工作检查验收合格，人孔已正式封闭。

（10）点火及火检系统调试完成，点火器点火功能传动正常，火检系统传动正常。系统正常投入。

（11）罩壳通风系统调试完成，各风机工作正常且已正常投入，罩壳各处巡检门全部关闭，远方显示状态正常。

3. 余热锅炉系统

（1）余热锅炉进口烟道施工完毕，清洁工作检查验收合格，人孔已正式封闭。

（2）余热锅炉烟气及汽水管道支吊架在工作位置。膨胀指示器齐全，并校好零位。膨胀检查完毕。

（3）风压、流量、温度测点正常投入，显示正常。

（4）烟囱挡板传动合格，远方操作正常，状态显示正确。

4. 热工控制系统

（1）所有控制柜安装正确并受电成功。

（2）各热工表计安装并整定完毕。

（3）就地表计到控制单元信号电缆铺设完毕，热工信号传动完成且正确。

（4）燃气轮机控制系统（TCS）所有回路检查及静态调试工作完成。

（5）燃气轮机振动、润滑油、控制油等相关保护和报警联锁传动完成且正常投入。

（6）试验所涉及的各分系统联锁、保护已正常投入。

（7）各电动阀门、气动阀门传动完成，各阀门开关灵活且严密。

5. 电气系统

（1）静态启动装置（SFC或LCI）调试完成，具备投用条件。

（2）低速盘车状态下静态启动装置（SFC或LCI）相序测试完成。

（3）发电机相关电气设备交接试验已完成并验收合格。

（4）静态启动装置隔离变交接试验已完成并验收合格。

（5）励磁系统完成静态调整试验。

（6）直流系统正常运行，蓄电池保持电量充足。

（7）柴油发电机调试完成，柴油发电机—保安段同期装置调试完成，柴油发电机正常投入备用。

二、试验流程

按照标准化调试流程与质量控制要求，在相关施工项目、分系统调试项目调试完成，由建设单位、施工单位、监理单位、调试单位、生产单位以及燃气轮机驻厂调试技术人员（TA）各方对冷拖试验进行条件盘点，确认具备条件后，由调试单位组织开展燃气轮机冷拖试验。

冷拖试验的流程如图 6-1 所示。

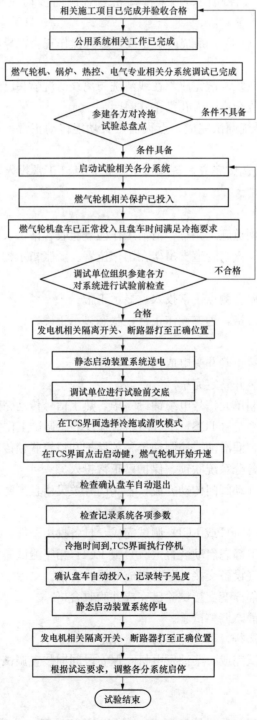

图 6-1　燃气轮机冷拖试验流程图

三、试验方法

1. 收集资料

燃气轮机冷拖试验不是传统意义上的某个技术专业的一个专项试验，而是在调试项目部统一协调下，多专业配合完成的实现机组冷拖运行工况的综合性运行操作，是燃气轮机正式点火前的运行预演。调试单位进点后，各个专业需要收集相关资料，编制各个分系统的调试措施，待相关分系统分别完成调整试运后，达到冷拖试验所需要的各项条件。冷拖试验覆盖的各专业资料见表6-1。

表 6-1 冷拖试验所需要的各专业主要资料

序号	资料来源	资 料 名 称
1	设计单位	机组冷却水、压缩空气等公用系统图及 PI 图
2		机组电气系统图
3		余热锅炉风烟系统图及 PI 图
4		燃气、锅炉、汽轮机、电大联锁设计说明
5	主机厂	燃气轮机说明书[①]
6		余热锅炉说明书
7		发电机说明书、励磁系统说明书
8		各主机的联锁保护及定值清单
9		由主机制造商提供的主机附属分系统说明书、系统图及相关联锁保护说明
10	启动装置厂家	静态启动装置说明书
11		静态启动装置联锁保护及定值清单
12	依据标准或规范性文件[②]	GB/T 6075（所有部分）《机械振动 在非旋转部件上测量评价机器的振动》
13		GB/T 14541《电厂用矿物涡轮机油维护管理导则》
14		GB 26164.1《电业安全工作规程 第 1 部分：热力和机械》
15		GB 26860《电力安全工作规程 发电厂和变电站电气部分》
16		GB 50150《电气装置安装工程．电气设备交接试验标准》
17		GB 50973《联合循环机组燃气轮机施工及质量验收规范》
18		DL/T 571《电厂用磷酸酯抗燃油运行维护导则》
19		DL/T 1835《燃气轮机及联合循环机组启动调试导则》
20		DL 5009.1《电力建设安全工作规程 第 1 部分：火力发电》
21		DL/T 5210.6《电力建设施工质量验收规程 第 6 部分：调整试验》
22		国能安全〔2014〕161 号《防止电力生产事故的二十五项重点要求》

①主机说明书一般应包括《运行维护说明书》和《本体说明书》。

②此处列出的为综合性试验所需关键标准，各专业分系统调试所需标准由各专业负责人根据调试实际需求采用。

2. 试验前的检查事项

冷拖试验一般由调试单位调总作为试验指挥或负责人，各专业负责人协助调总完成本专业内专项工作。试验前作为试验负责人应对试验重要条件进行现场检查确认，一般包括的项目见表6-2。

表 6-2   冷拖试验前现场重要检查事项

序号	检查项目	合 格 条 件
1	燃气轮机冷却水系统投入状况	燃气轮机润滑油、控制油系统冷却水已投入，油温正常，油温自动调节状态正常； 静态启动装置冷却水已投入，测点温度正常
2	燃气轮机盘车运行状况	燃气轮机润滑油、顶轴油泵运行正常，联锁已投入； 润滑油压力、温度、顶轴油压力正常，油箱油位正常； 盘车电流显示正常
3	燃气轮机控制油系统运行状况	控制油泵运行正常，联锁已投入，控制油压力、温度正常，油箱油位正常
4	气体通道的检查	燃气轮机进气挡板、余热锅炉烟气挡板均已开启到位，状态显示正常
5	进口可调导叶（IGV）的检查	IGV叶片处于关闭位置，角度显示正常
6	防喘放气、透平冷却密封各阀门状态检查	各阀门均可开关、无卡涩。在停机状态下处于开启位置，状态显示正常
7	罩壳通风风机检查	风机已正常投运，出口风压正常，联锁已投入
8	余热锅炉状态检查	烟气通道各位置测点远方显示正常
9	燃气轮机主保护检查	燃气轮机振动、油压及与冷拖相关的主保护已投入
10	发电机状态检查	发电机绝缘测量合格，出口断路器处于分开位
11	直流供电系统检查	直流系统工作运行，蓄电池电量充足
12	现场试运条件检查	现场地面平整，道路（包括消防通道）通畅；沟道及孔洞的盖板齐全；照明充足；就地远方通信正常

3. 试验操作

表 6-2 中的现场重要条件检查是试验开始前最后一道检查确认程序。检查完成且条件合格后，试验负责人（通常为调总）指挥冷拖试验操作开始。

由电气专业负责人指导生产单位人员，将发电机隔离开关等开关置于到试验要求的位置。

给静态启动装置送电。

电气系统状态具备试验条件后，由调试单位组织对参与试验各单位，重点是运行人员及现场安装单位维护人员进行冷拖试验前的安全技术交底。

在 TCS 界面上预选正确的启动装置。选择机组冷拖或清吹启动模式，再点击"启动"按钮。TCS 系统按预设的程序启动变频启动装置，随着电流增加，燃气轮机转子开始升速。盘车装置退出运行。

转子升速到清吹转速，按 TCS 设定的清吹程序运行。不同厂商的机组清吹程序设计不同，主要有定速清吹与变速清吹两类，常见电站燃气轮机清吹转速设置值见表 6-3。

记录燃气轮机冷拖状态下各项参数，重点监测燃气轮机轴系振动、润滑油压力、温度、顶轴油压力、静态变频启动装置电流等。

有些制造商（如三菱）的机组调试规范要求在燃气轮机首次清吹阶段对压气机防喘放

表 6-3　　　　　　　　　　　　　常见电站燃气轮机清吹转速设置

制造商	机组型号	清吹转速（r/min）
GE	PG9351（9FA）	约 690[①]
	PG9371（9FB）	约 700
西门子	SGT5-2000E（V94.2）	660～900[②]
	SGT5-4000F	690～810
三菱	M701F	约 700
安萨尔多	AE94.2	800～880
	AE94.3	690～810

①燃气轮机清吹转速通常以额定转速的百分比或周波设置，换算成转速通常到个位数。

②现场调试过程中，清吹转速经常根据实际条件进行重新整定，因此即使同一机型在不同的电厂中实际清吹转速也会有所不同。

气管道及透平冷却密封管道进行吹扫。对这类机组，通常在冷拖试验同时安排对上述管道进行清吹，在试验开始前做好临时安装措施。冷拖试验的结束条件要同时满足管道吹扫要求，并在冷拖试验结束后及时安排管道吹扫验收。

试验结束，在 TCS 界面上选择停止程序并执行，观察机组降速、盘车自动投入，燃气轮机进行盘车模式。记录转子惰走时间与晃度值。

按设备停电程序，安排静态变频启动装置停电。由电气专业负责指挥将发电机相关隔离开关等开关恢复到试验前位置。

其余分系统的运行状态根据实际机组试运情况决定是维持运行或停止运行。

试验负责人宣布冷拖试验结束。

四、试验的危险点分析与控制措施

冷拖试验中常发生的危险源分析与控制措施汇总见表 6-4。

表 6-4　　　　　　　　　　　　燃气轮机冷拖试验危险源分析与控制

序号	危险源内容	可能导致事故	控 制 措 施
1	高空坠物	发生人员伤害事故	进入试验现场，作业人员必须正确佩戴安全帽
2	高空坠落	发生人员伤害事故	在离地距离超过 1.5m 的平台作业须正确佩戴安全带
3	现场地面不平整或有未封闭的孔洞或盖板	影响行走，人员摔伤或扭伤	（1）在现场作业前先检查现场状况； （2）在危险场地预先设置警示标志及围栏
4	罩壳巡检门没有全部关闭	进出人员混乱，发生高空坠物伤人	（1）因试验检查系统需要，试验过程中需要进出巡检门需要打开； （2）控制现场作业人员数量，无关人员不得出入试验现场； （3）试验结束后关闭巡检门前认真检查内部空间
5	通信设备不足或通信效果差	设备损伤或突发事件时得不到有效处理导致事故扩大	（1）关键岗位必须配备通信设备； （2）试验开始前先进行设备通信效果检验； （3）无线通信效果差的位置必要时配备临时有线电话

序号	危险源内容	可能导致事故	控 制 措 施
6	不按规程规定给设备送电	送电操作失误导致设备人身伤害或设备损伤；误启动其他设备	严格按照调试管理规定执行送电程序填写送电申请单，送电要有送电操作票
7	发电机隔离开关没有提前打到正确位置	发电机带刀合开关；设备接地、短路或其他电气事故	按试验操作流程，逐一检查、操作或确认相关隔离开关在试验需要位置
8	进气挡板或烟气挡板忘记开启	燃气轮机鼓风运行或无空气空转	（1）试验前燃气轮机主保护应按事先确定的项目逐一检查，确认投入； （2）试验前运行操作人员应仔细检查系统状态； （3）一旦发生该事故，立即打闸停机
9	硬物进入燃气轮机或余热锅炉烟道	压气机动静叶片损伤；余热锅炉换热部件损伤	（1）进气装置内部空间、压气机进口腔室空间、排气扩散段空间、余热锅炉烟道进口空间在施工、调试结束，清理工作完成后应按规定进行验收，验收合格后人孔门关闭，贴封条或上锁； （2）试验开始前检查上述人孔门，发现封条或锁被打开，立即上报，暂停试验，排除问题后再进行试验； （3）转子高速转动期间，安排专人现场检查内部是否有异音，发生异常，立即中止试验
10	高速转动中的转子润滑油中断	转子断油烧瓦	（1）在分系统调试阶段，制定机组防止断油烧瓦的措施，并在试验过程中实施该措施； （2）试验前润滑油系统联锁保护正常投入； （3）主机润滑油压力低保护确认投入； （4）试验过程中严密监视润滑油温度、压力、顶轴油压力等参数
11	燃气轮机振动过大	动静间隙磨损或主机部件损坏	（1）主机振动保护在试验前正常投入； （2）转子升速过程中严密监视轴系振动情况，出现振动上升过快，按试验负责人要求及时手动打闸
12	燃气轮机振动在线检测系统故障	轴系振动指示失真，实际振动值过大导致设备损伤	（1）振动在线监测表计应经过正式校验并有校验合格证书； （2）试验过程中现场配置专门作业人员用手持振动表测量轴瓦振动，与远方显示数据校对
13	压气机喘振	振动过大保护跳机，严重时可能导致压气机动叶片损坏	（1）IGV 叶片经过现场传动校验； （2）确认试验前及过程中防喘阀、密封冷却阀实际开启； （3）主机振动保护在试验前已投入； （4）现场加强人员监护，压气机声音异常时及时向控制室汇报
14	运行操作盘前混乱，监视不认真	出现异常情况不能及时发现，导致设备事故	（1）明确试验现场纪律，无关人员不得靠近操作盘； （2）在操作盘周围设置隔离带； （3）试验负责人及生产单位带班值长有责任随时维持盘前纪律

续表

序号	危险源内容	可能导致事故	控 制 措 施
15	燃气轮机停机后，人员匆忙散去，没有逐一确认各分系统状态	各分系统没有有效操作，无人监护，造成设备损伤	(1) 不得匆忙结束试验； (2) 按试验步骤逐一下达设备停电指令； (3) 逐一确认运行中的所有分系统是否应维持运行或停止运行； (4) 维持运行的分系统应明确告知留守运行监护人员
16	润滑油、控制油系统漏油	造成周围环境污染	(1) 提前制订预防方案，对油系统管路、表计进行检查； (2) 试验前检查油箱避免油位过高
17	噪声过大	造成周围噪声污染	(1) 露天布置的机组，选择合理的试验时间； (2) 在可能对周围民居造成噪声干扰的特定环境下，提前制定针对性预案

五、试验记录

表 6-5 给出了典型燃气轮机冷拖试验应记录的各项参数。如果需要在冷拖试验同时进行防喘放气管道和透平冷却密封管道的吹扫，应另行增加参数记录。

表 6-5　　　　　　　　　　　燃气轮机冷拖试验参数记录

序号	参数名称	单位	试验开始前（盘车状态下）	冷拖状态下	试验结束后（盘车投入）
1	燃气轮机转速	r/min			
2	盘车电流	A			
3	IGV 开度	(°)			
4	润滑油压力	MPa			
5	润滑油温度	℃			
6	顶轴油压力	MPa			
7	控制油压力	MPa			
8	转子晃度	μm			
9	燃气轮机进气温度	℃			
10	进气滤网差压	kPa（mm）			
11	压气机出口压力	MPa			
12	压气机出口温度	℃			
13	燃气轮机轮盘间温度[①]	℃			
14	燃气轮机排气温度	℃			
15	燃气轮机排气压力	kPa			
16	余热锅炉排烟温度	℃			
17	燃气轮机组轴承振动[②]	mm/s（或μm）			
18	燃气轮机组轴承振动就地测量值	μm（或 mm/s）			
19	燃气轮机组轴振动[③]	μm			
20	静态变频启动装置电流	A			

①轮盘间温度参数根据实际透平级数与测点布置，在试验记录时加以细化。

②③振动记录应根据机组轴系布置实际情况，在试验记录时加以细化。应做到包括发电机在内的所有轴承均有振动记录。

第二节　燃气轮机超速试验

本节介绍的超速试验，是指提升机组转速至超速保护定值的实际超速试验。

根据联合循环机组配置的不同，需要制定具体的超速试验技术措施。分轴式联合循环机组，超速试验分为燃气轮机组超速试验和汽轮机组超速试验，两项试验是分别进行的。单轴布置刚性连接的联合循环机组，燃气轮机与汽轮机需同时进行超速试验。单轴布置带有 SSS 离合器的联合循环机组，燃气轮机组可单独进行超速试验，汽轮机一般情况下不具备进行超速试验的条件。

由于汽轮机组的超速试验操作与要求国内已有成熟规定，本文不再重复，重点介绍燃气轮机组的超速试验。目前主流的电站燃气轮机配置的超速保护装置不完全一样，多数机型只配置了电气超速保护装置，保护定值通常为 3240～3300r/min。个别机型也配置有机械超速保护装置，如三菱公司的 M701F 型。调试单位应根据燃气轮机超速保护装置实际的配置情况以及制造商规定的技术条件制定机组超速试验措施。

根据现行的 DL/T 5294—2013《火力发电建设工程机组调试技术规范》及 DL/T 5295—2013《火力发电建设工程机组调试验收与评价规程》的要求，配置机械超速装置的燃气轮机应进行实际超速试验，即将机组的转速实际提升到超速保护装置动作值，触发保护装置动作，检验超速保护装置可靠性，提升转速前应按制造商技术要求进行暖机。

只配置电气超速保护装置的燃气轮机，应按照现行行业标准及制造商的技术要求进行超速试验，在提升转速之前，应按制造商技术要求进行暖机。国内常见各 9F 级燃气轮机超速保护配置情况见表 6-6。

表 6-6　　　　　　　　　国内常见 9F 级燃气轮机超速保护配置

制造商	电气超速	机械超速
GE	有	无
西门子	有	无
三菱	有	部分机组有
安萨尔多	有	无

单轴布置刚性连接的联合循环机组，超速试验除应满足燃气轮机技术要求外，还应同时满足汽轮机超速的技术要求。

一、试验条件

进行燃气轮机超速试验，调试现场应满足下列技术条件：

（1）检查确定机组循环水、冷却水、压缩空气等公用系统均工作正常，不存在影响试验的故障。

（2）燃气轮机已完成由控制油驱动的燃料控制阀、燃料关断阀等各阀门的阀门整定及活动试验。

（3）启动前燃气轮机燃料阀严密性试验已完成且试验合格。

（4）燃气轮机已完成电气超速保护装置通道试验，应检查确认试验时变更的降转速定值已恢复为正式保护定值。

（5）燃气轮机润滑顶轴油系统、控制油系统、调节保安系统、进气系统、进口可调导叶（IGV）系统、罩壳通风系统、防喘放气及冷却密封系统等各辅助系统已完成分系统调试且已完成验收。

（6）燃气轮机已点火、升速、定速成功，全速空载工况下燃烧调整完成。

（7）燃气轮机全速空载工况下各运行参数稳定，包括：轴系振动在合格范围内，燃烧室燃烧状况良好，燃烧脉动正常，压气机没有喘振现象等。

（8）燃气轮机进气系统运行参数正常，进气滤网差压在合格范围内。

（9）燃气轮机润滑顶轴油、控制油系统工作正常，包括：油温、油压在正常范围内，温度、压力调节装置调节功能正常，各油泵的联锁保护已投入，顶轴油泵、盘车装置在联锁备用状态。

（10）天然气调压站降压装置或增压设备工作正常，增压机运行参数正常，无喘振现象。燃气轮机入口天然气压力、温度稳定。外部天然气燃料供应充足、稳定。

（11）使用油燃料的燃气轮机，燃油供应系统工作正常，滤网差压在合格范围内。

（12）燃气轮机各项保护已正常投入。

（13）燃气轮机已按照制造商规定的要求完成了暖机运行。

（14）机组危急打闸手动按钮旁应有专人看护，随时待命执行手动打闸操作，或在燃气轮机转速超过保护定值但保护仍未触发时立即打闸停机。

上述条件为燃气轮机进行超速试验前系统及主机应具备的基本条件，除此之外，对联合循环机组还需要注意下列事项，根据进行试验的机组实际情况，补充进入试验措施：

（1）由于国内的电站燃气轮机基本上是以联合循环机组的形式存在，且多数不设置余热锅炉烟气切换挡板，这意味着燃气轮机在点火启动前联合循环机组需要具备整套启动条件，余热锅炉、汽轮机部分也需要投入运行。燃气轮机在全速空载状态下，除了汽轮机在盘车状态下（单轴布置刚性连接的除外），其余各主机、辅助系统都已处于运行状态。

（2）单轴布置刚性连接的联合循环机组，燃气轮机与汽轮机超速试验同步进行，试验条件除满足燃气轮机超速试验条件外，还应同时满足汽轮机超速试验的各项条件。

二、试验流程

按照标准化调试流程与质量控制要求，在燃气轮机整套启动前应绘制机组整套启动曲线，制订机组整套启动各项调整试验项目计划，张贴于主控室内。在燃气轮机点火、升速、定速后，即在全速空载状态下，完成空负荷阶段的燃烧调整及其他调整试验，随后完成制造商规定的暖机运行，调试单位以及燃气轮机驻厂调试技术人员（TA）应全面检查机组各项参数是否正常，确认具备试验条件后，由调试单位下令并监护，生产单位的运行人员在操作员站上执行燃气轮机超速试验指令。

需要并网带负荷暖机的燃气轮机或联合循环机组，应按要求在并网带负荷暖机完成后，解列立即进行超速试验。

燃气轮机超速试验的流程如图 6-2 所示。

三、试验方法

1. 收集资料

燃气轮机的超速试验技术条件上更多依据各个制造商的技术规定，因此调试单位在进点后应收集相关资料，仔细阅读并掌握调试技术要求，提前编制试验技术措施。在分系统

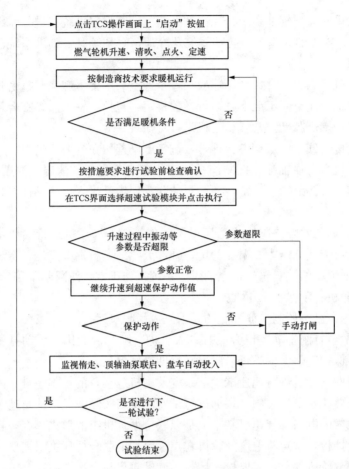

图 6-2　燃气轮机超速试验流程

调试过程中与燃气轮机驻厂调试技术人员（TA）随时沟通，关注机组相关资料或技术要求的更新动态。超速试验需要的专业资料见表 6-7。

表 6-7　　　　　　　　　　　　超速试验所需要的各专业主要资料

序号	资料来源	资 料 名 称
1		机组热力系统图
2	设计单位	余热锅炉风烟系统图及 PI 图
3		燃气、锅炉、汽轮机、电气大联锁设计说明
4		燃气轮机说明书①
5	主机厂	燃气轮机联锁保护及定值清单
6		由主机制造商提供的主机附属分系统说明书、系统图及相关联锁保护说明②
7		DL/T 1835《燃气轮机及联合循环机组启动调试导则》
8		DL 5009.1《电力建设安全工作规程 第 1 部分：火力发电》
9	标准、规范	DL/T 5210.6《电力建设施工质量验收规程 第 6 部分：调整试验》
10		DL/T 5294—2013《火力发电建设工程机组调试技术规范》
11		国能安全〔2014〕161 号《防止电力生产事故的二十五项重点要求》

①主机说明书一般应包括《运行维护说明书》和《本体说明书》。

②单轴布置刚性连接的联合循环机组，需要汽轮机制造厂关于超速试验的技术资料。

2. 试验前的检查事项

由调试单位的现场负责人作为试验指挥，在试验开始前重要条件进行检查确认，一般包括的项目见表 6-8。

表 6-8 超速试验前现场重要检查事项

序号	检查项目	合格条件
1	暖机运行	按燃气轮机或联合循环机组的超速试验技术要求，完成了机组暖机运行
2	燃气轮机全速空载工况下运行参数	阶段性燃烧调整完成，燃烧室燃烧状况良好，燃烧脉动正常； 压气机运行状况良好； 机组轴系振动在合格范围内； 机组其他运行参数在合格范围内
3	天然气系统检查	调压站降压装置或增压设备工作正常； 燃气轮机入口天然气压力、温度稳定； 外部天然气燃料供应充足、稳定
4	燃气轮机润滑油、控制油系统检查	燃气轮机润滑油、顶轴油泵运行正常，联锁已投入； 润滑油压力、温度正常，顶轴油压力正常，油箱油位正常； 顶轴油泵、盘车装置在联锁备用状态
5	机组其他辅助系统检查	各辅机及系统运行正常，参数合格
6	燃气轮机主机联锁保护检查	主机各项保护已投入； 进行电气超速试验，确认通道试验时变更的降转速定值已恢复为正式保护定值； 进行机械超速试验，确认电气超速保护已屏蔽或定值已提高
7	手动打闸准备	人员已到位且经过安全技术交底

3. 试验操作

（1）检查完成且条件合格后，试验负责人指挥超速试验操作开始。

（2）在 TCS 界面选择超速试验模块并点击执行。

（3）燃气轮机升速，直到超速保护动作值，保护触发，机组跳闸。

（4）监视机组惰走过程，包括过临界轴系振动情况、顶轴油泵联锁启动、盘车自动投入等。

（5）对燃烧天然气的燃气轮机，由于机组跳闸，需要关注天然气系统中压力的波动情况。使用天然气增压机的机组需要关注增压机的运行状况。

（6）记录燃气轮机超速试验过程各项参数，重点记录保护动作转速值、超速过程中轴系振动情况、天然气压力波动情况等。

（7）进行机械超速试验，待燃气轮机盘车投入后，重复进行启动、清吹、点火、定速、超速过程，两次机械超速试验保护装置动作转速之差应满足 DL/T 5294—2013《火力发电建设工程机组调试技术规范》及 DL/T 1835—2018《燃气轮机及联合循环机组启动调试导则》规定：不大于额定转速的 0.6%。

四、试验的危险点分析与控制措施

超速试验中常见危险源分析与控制措施汇总见表 6-9。

表 6-9   燃气轮机超速试验危险源分析与控制

序号	危险源内容	可能导致事故	控制措施
1	未经充分暖机	提升转速过程中转子损坏	严格按照制造商技术要求进行试验前暖机，带汽轮机超速的机组还需要满足汽轮机暖机要求
2	暖机后不立即进行试验	长时间延误，影响暖机效果，增加转子受伤风险	提前制订合理的试运计划；根据暖机情况，合理地提前安排其他试验条件检查确认
3	电气超速保护定值不准确	定值错误，导致超速保护误动，试验失败	进行电气超速试验前，检查确认电气超速保护通道试验时修改的定值已恢复到正常定值；进行机械超速试验前，检查确认电气超速保护已屏蔽或定值已提高
4	提升转速过程中轴系振动过大	轴系或叶片损坏	试验前确认振动保护已投入；提升转速过程中如发现振动异常增大，试验指挥员可下令手动打闸
5	超速保护拒动	燃气轮机转速升得过高，轴系受损伤	设立专门手动打闸人员，试验前接受交底，在超速保护拒动时手动打闸燃气轮机
6	燃气轮机跳闸后天然气增压机喘振	天然气增压机受损	试验前增压机保护已投入；燃气轮机跳闸后，监视天然气压力波动情况以及增压机振动情况，异常情况下手动打闸增压机
7	惰走过程中顶轴油泵不联锁启动	低转速下轴瓦乌金受损	试验前检查顶轴油泵联锁投入；监视惰走过程，转速到定值后顶轴油泵如不联锁启动，则手动启动
8	再次启动前抢进度，不进行清吹过程	燃气轮机点火时爆燃	按燃气轮机制造商技术要求执行点火前的清吹程序；试验过程中应有燃气轮机驻厂调试技术人员（TA）现场见证
9	试验结束后，电气超速保护定值未恢复	电气超速保护失效	试验结束后，专项安排检查或恢复电气超速保护定值，并向试验负责人汇报

五、试验记录

超速试验关键记录是机组的转速。在转速记录之外，还可根据调试的需要记录下列参数，见表 6-10。

表 6-10   燃气轮机超速试验参数记录

序号	参数名称	单位	试验开始前	保护动作时
1	燃气轮机超速动作值	r/min		
2	超速过程燃气轮机组轴承振动	mm/s（或μm）		
3	超速过程燃气轮机组轴振动	μm		
4	压气机排气压力	MPa		
5	燃气轮机进口天然气压力	MPa		

除数值记录外，宜记录超速试验过程转速曲线。一台典型燃气轮机电气超速试验转速曲线如图 6-3 所示。

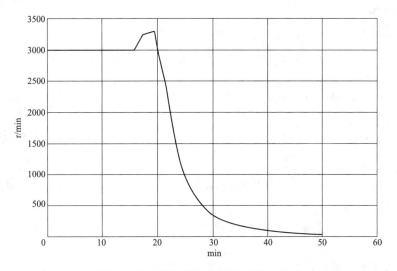

图 6-3　典型燃气轮机超速试验转速曲线

第三节　燃气轮机甩负荷试验

按 DL/T 5437—2009《火力发电建设工程启动试运及验收规程》及 GB/T 31464—2015《电网运行准则》等标准规定，在新建火电机组投产之前，需要进行机组甩负荷试验。

燃气轮机甩负荷试验项目涉及燃气轮机/汽轮机、锅炉、电气、热控等多个调试专业，在机组甩负荷瞬间对整套热力系统扰动巨大，是调试过程中风险较大的试验项目，需要调试单位的指挥人员及试验人员具有丰富的实践经验及较高的组织协调能力。

燃气轮机的甩负荷试验是对其调节系统（TCS）动态特性和转速控制能力的一个重要考验，是预防机组超速的重要手段。甩负荷试验的基本目标是甩负荷后燃气轮机不超速、不灭火，能迅速控制转速稳定在 3000r/min，压气机不出现喘振。

由于国内发电厂的燃气轮机通常配置为燃气-蒸汽联合循环机组，因此燃气轮机的甩负荷试验也就是燃气-蒸汽联合循环机组甩负荷试验的一部分。除了常规火电机组的汽轮机、锅炉、电气、热控等专业之间的系统联锁和影响，燃气轮机的甩负荷还会影响汽轮机的运行，而汽轮机的甩负荷也会影响燃气轮机的运行，这需要调试人员熟知联合循环机组的运行特性及整体控制策略，针对具体机组、机型制定具体的试验措施。DL/T 1270—2013《火力发电建设工程机组甩负荷试验导则》附录 E 对联合循环机组甩负荷试验作出了技术规定。

联合循环机组分单轴与分轴两类配置方式，调试单位需要针对具体的机组，制定具体的试验措施。对于单轴联合循环机组，燃气轮机甩负荷也就是汽轮机甩负荷，甩负荷后燃气轮机指令快速回落，汽轮机保护动作跳机，燃气轮机单独维持机组运行，因此实际考核的仍然是燃气轮机甩负荷工况下调节系统（TCS）的动态特性和转速控制能力。对于分轴联合循环机组，则在燃气轮机甩负荷时要考虑对汽轮机的影响并制定操作措施。

一、试验条件

联合循环机组中的燃气轮机甩负荷试验，需要具备下列条件：

（1）燃气轮机燃烧调整试验完成，在各负荷工况下燃烧稳定，燃烧模式之间切换时机组振动无异常波动。

（2）燃气轮机已经过基本负荷运行考验，主机重要运行参数在设计范围内，设备无缺陷，性能良好。

（3）调节系统（TCS）调节品质良好，变负荷调整响应灵活，燃料控制阀无卡涩，控制阀指令与反馈偏差在允许范围内。

（4）主机保护、机组大联锁保护已经传动，动作正常。各辅助设备热工联锁保护经过传动、动作正常。

（5）交流、直流润滑油泵，高压控制油泵，发电机密封油泵工作正常，油压在正常范围内。

（6）控制油系统蓄能器已充氮至正常压力（检查充氮记录），且已正常投入。

（7）燃气轮机气体灭火系统处于投备状态，灭火气体（通常是二氧化碳）储量充足，压力正常。

（8）余热锅炉经过满负荷运行，充分受热膨胀，趋于稳定，无膨胀受阻现象。

（9）余热锅炉主要运行参数正常，包括：汽包水位、蒸汽压力、蒸汽温度等。汽包水位自动调节功能正常。

（10）余热锅炉过热器和再热器及低压系统安全阀、向空排气压力释放阀（pressure control valve，PCV）经过校验合格。

（11）余热锅炉过热器、再热器各级减温水阀门的严密性满足运行要求。

（12）主机、辅机重要监视仪表，尤其燃气轮机转速表投入正常，指示正确，报警及记忆功能符合要求。

（13）厂用电系统切换正常可靠。

（14）直流电源系统正常投入。不间断电源系统（uninterruptible power supply，UPS）正常、可靠，蓄电池容量充足。

（15）柴油发电机、保安电源自动投入功能及带负荷能力正常，并置于备用位置。

（16）发电机过电压保护、发电机-变压器组保护校验正确，自动励磁调节器（automatic voltage regulator，AVR）整定完成，调节品质良好。

（17）甩负荷试验测试记录仪器已接入系统，功能正常。如燃气轮机调节系统（TCS）具备高速记录功能且满足甩负荷试验采样频率要求，也可使用 TCS 高速存储系统记录甩负荷试验数据。

（18）试验现场备有足够的消防器材，全厂消防系统处于可用状态。现场道路畅通，安全通道设有明显标识，照明及事故照明良好。

（19）压缩空气气源、辅助蒸汽汽源等公用系统正常、可靠。

（20）外部电网频率稳定，具备机组甩负荷条件。

燃气轮机进入甩负荷试验阶段前应完成的具体试验项目见表 6-11。

表 6-11　　　　　　　　　　　　燃气轮机甩负荷试验前应完成的具体试验项目

序号	项目	试验时段	结果
1	燃气轮机联锁保护传动	启动前	
2	润滑油、液压油泵联锁试验	启动前	
3	燃气轮机超速试验	空载时	
4	锅炉-燃气轮机大联锁保护试验	启动前	
5	锅炉事故放水门试验	启动前	
6	锅炉安全阀校验	空载时	
7	发电机主开关联灭磁开关试验	启动前	
8	直流电源及保安电源试验	启动前	
9	发电机调压保护试验	带负荷	
10	厂用电切换试验	带负荷	
11	柴油发电机启动带负荷试验	启动前	
12	燃气轮机手动打闸试验（远方/就地）	燃气轮机空载时	
13	汽轮机手动打闸试验	汽轮机空载时	

二、试验流程

燃气轮机的甩负荷宜在燃烧带负荷调整试验完成，燃料控制阀临时滤网拆除后，以设计燃烧模式带负荷工况下进行甩负荷试验。这样不仅可以考验调节系统（TCS）甩负荷工况下防止机组超速、维持机组稳定在全速空载下的性能，也能考核极端工况下维持燃烧稳定、燃烧模式平稳切换的性能。

运行在联合循环机组中的燃气轮机甩负荷试验通用流程如图 6-4 所示。

上述流程图中，甩负荷后的相关操作，应根据具体的联合循环机组配置、机型，提前制定具体的甩负荷试验措施及试验操作卡。

三、试验方法

1. 收集资料

调试单位进点后，应收集设计单位、燃气轮机制造商、汽轮机制造商等编制的技术资料，重点收集主机调节系统技术资料，提前准备甩负荷技术措施。对分轴联合循环机组，燃气轮机甩负荷试验与汽轮机甩负荷试验技术措施应相对独立。燃气轮机甩负荷试验需要的主要资料见表 6-12。

2. 试验前的检查事项

甩负荷试验不仅是对燃气轮机调节系统的考验，也是对整套机组在甩负荷工况下适应性的考验。扰动量大且时间很短，通常从甩负荷开始到转速稳定到 3000r/min 只有 1min 左右的时间，因此必须在试验前进行全面的检验及试验后可能出现的各种事故的充分预想。调试单位应在《甩负荷试验措施》的基础下，在甩负荷试验前根据机组及调试现场实际情况，编制具体的《甩负荷试验检查操作卡》，在试验前逐项检查并确认，且内容应包括甩负荷后的机组操作要求。作为标准化调试及质量控制的一个重要措施，调试单位不应忽视这一环节。

通常甩负荷试验开始前要检查的项目见表 6-13。

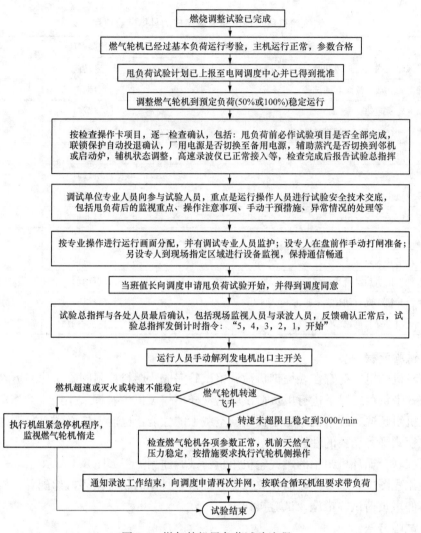

图 6-4 燃气轮机甩负荷试验流程

表 6-12   燃气轮机甩负荷试验所需要的主要资料

序号	资料来源	资料名称
1	设计单位	机组热力系统图
2		燃气、锅炉、汽轮机、电气大联锁设计说明
3	主机厂[②]	燃气轮机说明书[①]
4		燃气轮机联锁保护及定值清单
5		燃气轮机润滑油、控制油系统说明书
6	标准、规范	DL/T 1270《火力发电建设工程机组甩负荷试验导则》
7		DL/T 1835《燃气轮机及联合循环机组启动调试导则》
8		DL/T 5210.6《电力建设施工质量验收规程 第6部分：调整试验》
9		国能安全〔2014〕161号《防止电力生产事故的二十五项重点要求》

①主机说明书一般应包括《运行维护说明书》和《本体说明书》。

②单轴布置刚性连接的联合循环机组，需要汽轮机制造厂DEH及调节保安系统的技术资料。

表 6-13　　　　　　　　　　　甩负荷试验前重要检查事项

序号	检查项目	检查结果
1	机组主要运行参数检查，包括：轴承温度、轴系振动、润滑油压/油温等。主要仪表指标正确	
2	厂用电源已切至启动备用电源	
3	柴油发电机及同期系统状态检查	
4	辅助蒸汽联箱汽源切换到邻机或启动炉	
5	主机联锁保护检查。原则上所有保护应投入，特殊需要解除的保护项目应逐条检查确认	
6	大联锁保护检查，必要时可解除"电气跳燃机""锅炉跳燃机"保护	
7	甩负荷录波设备状态检查，包括燃气轮机专业与电气专业录波	
8	汽轮机旁路系统处于热备用状态	
9	燃气轮机及汽轮机的交、直流润滑油泵联锁正常投入	
10	燃气轮机气体灭火系统在正常备用状态	
11	锅炉主、再热蒸汽减温水调节状态确认，必要时可切手动控制	
12	联合循环机组退出协调控制，汽轮机投入机前压力控制[①]	
13	运行操作员站分工确认	
14	调试单位机、炉专业运行监护人员已到位	
15	设专人作手动打闸准备	

①该项是针对分轴式联合循环机组。

3. 试验操作

按《甩负荷试验检查操作卡》逐项检查并确认合格后，试验总指挥通过运行值长向电网调度中心申请试验开始。

调度反馈同意试验，试验总指挥在与现场、录波等各处人员逐一通信确认后，发倒计时："5、4、3、2、1，开始"指令。

运行人员手动解列燃气轮机发电机，燃气轮机转速飞升。

按《甩负荷试验检查操作卡》中甩负荷后的操作要求进行操作，通常应包括下列项目：

（1）对于单轴联合循环机组：汽轮机跳闸，监护汽轮机惰走过程及顶轴油系统联锁启动、盘车投入等。

（2）对于"一拖一"分轴联合循环机组，由于燃气轮机排烟温度降到空载温度，余热锅炉出口主、再热蒸汽温度快速下降，汽轮机可手动打闸停机。

（3）对于"二拖一"分轴联合循环机组，汽轮机负荷快速下降，调节汽阀按压控设定关小开度，必要时可手动干预。关闭甩负荷燃气轮机侧对应汽轮机电动主汽阀、再热蒸汽电动主汽阀、低压电动主汽阀、高压缸排汽至余热锅炉冷段分汽再热隔断阀、调节阀。保持余下机组以"一拖一"方式运行。

监视机组主要参数变化，重点包括：汽包水位、锅炉蒸汽减温水、凝结水量等，必要时手动干预。

燃气轮机转速稳定后，通知燃气轮机、电气专业人员录波结束。

向调度申请重新并网，甩负荷试验结束。

四、试验的危险点分析与控制措施

（1）燃气轮机甩负荷试验常见危险源分析与控制措施见表 6-14。

表 6-14   燃气轮机甩负荷试验危险源分析与控制

序号	危险源内容	可能导致事故	控 制 措 施
1	燃气轮机转速飞升超过保护定值	甩负荷试验失败	（1）甩负荷试验前需要完成的各具体试验项目必须完成且合格； （2）超速保护必须投入； （3）设专人在盘前，一但超速立即手动打闸
2	甩负荷后机组出现参数异常，如：燃烧不稳定、轴系振动超标、轴承温度异常、转速不能稳定在 3000r/min 等	燃气轮机受损	设专人在盘前，接受试验总指挥指令，随时手动打闸
3	燃气轮机甩负荷后压气机喘振	压气机受损	（1）甩负荷前相关保护投入； （2）甩负荷后，监视轴系振动情况，出现喘振后手动打闸燃气轮机
4	甩负荷后燃气轮机灭火	甩负荷试验失败	（1）应在完成燃气轮机燃烧调整后再进行甩负荷试验； （2）一旦在试验中灭火，按运行规程中事故停机程序操作
5	汽轮机机前蒸汽温度下降过快	汽轮机进水	（1）发电机解列前倒计时阶段，可提前减小蒸汽减温水调阀开度，防止减温水与蒸汽负荷不匹配导致汽温下降过快； （2）甩负荷后全关减温水调阀与隔断阀； （3）汽轮机前蒸汽温度下降速度或幅度超过规程限值时，立即手动打闸汽轮机
6	汽包水位大幅波动	汽包水位超限，锅炉干锅或蒸汽带水	（1）重点监控给水调节，必要时切换到给水手动调节； （2）调试单位重点监护运行操作； （3）水位超限后，按总指挥要求打闸燃气轮机或汽轮机
7	给水泵操作不当	给水泵推力瓦烧瓦	（1）交底时应强调：快速调节时禁止一味操作勺管而不顾给水调阀，或一味操作给水调阀而不顾勺管； （2）在勺管调节回路中设置指令变化速率限值
8	天然气管道超压	天然气管道系统发生泄漏	（1）天然气调压装置，尤其是增压机应提前完成调节回路的整定，在带负荷运行过程中调节状态良好； （2）增压机出口的天然气管道上的安全阀应经过校验并有校验证书

序号	危险源内容	可能导致事故	控　制　措　施
9	现场设备监护人员人身安全	发生高空落物体打击、人员烫伤等人身伤害	(1) 现场监护人员必须戴安全帽; (2) 人员去现场前应接受交底并校对无线通信设备; (3) 人员在现场应远离转子、旁路等高速高温设备
10	试验录波设备的接入对系统影响	短路或接地,导致设备跳闸	(1) 录波设备的接入宜在系统启动前完成; (2) 录波设备的接线应由机务专业提供测点清单,由热控专业人员从 DCS 柜接出,再由机务专业接入设备。禁止机务专业私自接线; (3) 接出的测点尽量使用 DAS 测点,避免使用带联锁保护功能的测点; (4) 试验结束后录波设备解线应尽量避免在机组带负荷状态下进行,无法避免时应办理工作票,针对每个测点做相应措施再解线

（2）汽轮机机前蒸汽温度下降过快的原因包括:

1）对于常规燃煤机组,甩负荷前后锅炉急剧减燃料,使得蒸汽量与蒸汽温度快速下降。如果甩负荷前没有提前减小蒸汽减温水调节阀开度或甩负荷后调节过慢或调节阀内漏,则导致减温水过量喷入,引起锅炉出口蒸汽温度异常下降。联合循环机组中的燃气轮机甩负荷,锅炉的输入热量骤减,负荷-减温水不匹配导致汽温下降的原理与燃煤锅炉相同。

2）燃气轮机甩负荷后,透平排气温度由基本负荷状态骤降到全速空载状态对应气温,这个落差很大,对于 E 级燃气轮机落差更大。余热锅炉出口主、再热蒸汽温度是由透平排气温度确定的,这导致燃气轮机甩负荷后余热锅炉出口蒸汽温度将快速下降,即使减温水调节阀与隔断阀完全关严。常见主流电站燃气轮机 ISO 工况下满负荷与全速空载下的透平排气温度见表 6-15。

表 6-15　　　　　　　常见电站燃气轮机全速空载与基本负荷透平排气温度　　　　　　　（℃）

制造商	全速空载	基本负荷
GE 9F	410	649
西门子 9F	310	575
西门子 9E	260	543
三菱 9F	310	587
安萨尔多 9F	340	576
安萨尔多 9E	270	544

注　以上数据可随环境温度的变化以及现场燃烧调整参数的不同有所增减。

五、试验记录

燃气轮机甩负荷试验一般需采集的测点见表 6-16、表 6-17。

表 6-16   需要高速录波的信号

序号	测点名称	测点量程
1	燃气轮机转速	0～超速保护定值
2	燃料基准信号	0～100%
3	燃气轮机发电机定子电流[1]	经电流卡钳转换
4	燃料控制阀 1 开度	0～100%
…	…	…
$n+3$	燃料控制阀 n 开度	0～100%

[1]发电机定子电流比出口主开关或发电机功率信号更适合作为甩负荷起始信号。

表 6-17   可人工记录或在 DCS 中记录的数据

序号	数据名称	单位	数据值		
			试验开始前	过程中极值	试验稳定值
1	发电机功率	MW			
2	机组转速	r/min			
3	燃料基准信号	%			
4	压气机出口压力	MPa			
5	压气机出口温度	℃			
6	透平排气温度	℃			
7	烟气流量	m³/h（标准状态）			
8	IGV 阀位	%			
9	机前天然气压力	MPa			
10	天然气流量	m³/h（标准状态）[1]			
11	转子轴振动	μm			
12	转子轴位移	mm			

[1]表中的标准状态，根据天然气相关国家标准，温度为 20℃。详见附录 A。

除数值记录外，甩负荷试验应记录转速飞升曲线。一台典型燃气轮机甩负荷试验转速飞升曲线如图 6-5 所示。

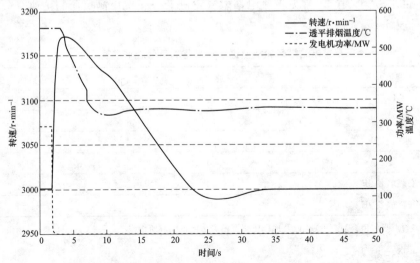

图 6-5　燃气轮机甩负荷试验记录曲线

第四节　联合循环机组汽轮机甩负荷试验

汽轮机甩负荷试验是机组调试过程中比较成熟的试验项目，本节不对此作过多重复介绍。联合循环机组中的汽轮机甩负荷由于机组特性的原因，与传统燃煤机组汽轮机甩负荷相比有一些需要特殊关注的地方，在本节中主要针对这些特殊之处作针对性介绍。

本章节中的联合循环汽轮机是指分轴式联合循环机组中的汽轮机。单轴联合循环机组只进行整组的甩负荷试验，汽轮机在甩负荷后即跳闸。

一、试验条件

除了 DL/T 1270—2013《火力发电建设工程机组甩负荷试验导则》规定的试验条件外，联合循环汽轮机甩负荷试验前还需要具备以下条件：

（1）静态试验中的汽门关闭时间测试，应包括补汽调节阀与补汽关断阀，且关闭时间应合格。

（2）旁路系统已经过机组满负荷试运行的考验。旁路系统具备全程自动投入能力，大蒸汽流量下自动调节功能良好，旁路阀投入快开功能。这是因为联合循环机组旁路数量通常比燃煤机组多，如 9F 级"二拖一"联合循环机组中汽轮机是三压汽轮机，具有（高、中、低压）×2 计 6 套旁路系统，在甩负荷快速过程中不可能靠人工去干预，必须要求旁路系统具备快开且投入压力自动、温度自动的功能，才可能在甩负荷动态过程中维持机前蒸汽压力稳定。"二拖一"联合循环汽轮机蒸汽-旁路系统如图 6-6 所示。

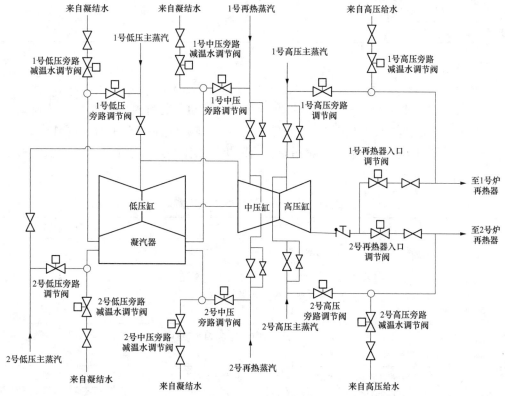

图 6-6　"二拖一"联合循环汽轮机蒸汽-旁路系统图

（3）国产 DCS 及 DEH 系统通常不具备高速采样记录功能，通常记录的时间间隔为1s，不能满足甩负荷动态过程高速录波要求，因此需要提前接入试验高速录波设备。

联合循环汽轮机进入甩负荷阶段前应完成的具体试验项目见表 6-18。

表 6-18　　　　　　　　汽轮机甩负荷试验前应完成的具体试验项目

序号	项　　目	试验时段	结果
1	汽轮机润滑油、EH 油泵联锁试验	启动前	
2	汽轮机联锁保护试验	启动前	
3	DEH 静态试验、汽门关闭时间测定	启动前	
4	DEH 模拟甩负荷试验	启动前	
5	汽门严密性试验	空载时	
6	汽轮机超速试验	空载时	
7	主汽阀、调节阀活动试验	带负荷	
8	高、中、低压旁路功能保护试验	启动前	
9	余热锅炉联锁保护试验	启动前	
10	锅炉事故放水门试验	启动前	
11	余热锅炉安全阀校验	空载时	
12	发电机主开关联灭磁开关试验	启动前	
13	直流电源及保安电源试验	启动前	
14	发电机调压保护试验	带负荷	
15	柴油发电机启动带负荷试验	启动前	

二、试验方法

1. 试验前的检查事项

调试单位的专业人员应充分认识到联合循环汽轮机的特殊性，编制《甩负荷试验措施》。在试验开始前，针对具体的现场条件，编制《汽轮机甩负荷试验检查操作卡》，在试验前逐项检查并确认，且内容应包括甩负荷后的机组操作要求。通常联合循环汽轮机甩负荷试验前重要检查项目见表 6-19。

表 6-19　　　　　　　　汽轮机甩负荷试验前重要检查事项

序号	检　查　项　目	检查结果
1	机组主要运行参数检查，包括：轴承温度、轴系振动、润滑油压/油温等。主要仪表指标正确	
2	主机联锁保护检查。原则上所有保护应投入，特殊需要解除的保护项目应逐条检查确认	
3	机组高、中、低旁路系统动作正常，并处于预暖状态，减温水阀动作良好，能正常投入，旁路系统处于自动状态	
4	汽轮机交直流润滑油泵手动启动、联锁启动正常，并处于备用位	
5	轴封系统投入压力自动，并投入冷再汽源备用	
6	辅助蒸汽联箱汽源切换到再热冷段或邻机	

序号	检　查　项　目	检查结果
7	大联锁保护检查，必要时可解除"电气跳汽轮机"保护	
8	锅炉主、再热蒸汽减温水调节状态确认，必要时可切手动控制	
9	甩负荷录波设备状态检查	
10	联合循环机组退出协调控制，汽轮机投入机前压力控制	
11	运行操作员站分工确认	
12	调试单位机、炉专业运行监护人员已到位	
13	设专人作手动打闸准备	

2. 试验操作

(1) 按《汽轮机甩负荷试验检查操作卡》逐项检查并确认合格后，试验总指挥通过运行值长向电网调度中心申请试验开始。

(2) 调度反馈同意试验，试验总指挥在与现场、录波等各处人员逐一通信确认后，发倒计时："5，4，3，2，1，开始"指令。

(3) 运行人员手动解列汽轮机发电机，汽轮机转速飞升。

(4) 严密监视汽轮机转速飞升情况，超过保护限值时，不论超速保护动作与否，立即手动打闸停机。

(5) 严密监视高、中、低压旁路快开（或超驰开）动作情况，关注旁路快开后旁路阀前蒸汽压力变化、旁路减温水调节状况，必要时手动干预。

根据联合循环机组机型，进行下列操作：

1) 对于"一拖一"分轴联合循环机组，减小燃气轮机负荷，降负荷的量以不造成透平排烟温度明显下降为限。

2) 对于"二拖一"分轴联合循环机组，同时减小两台燃气轮机负荷，降负荷的量以不造成透平排烟温度明显下降为限。

(6) 监视机组主要参数变化，重点包括：主/再热蒸汽压力、汽包水位、锅炉蒸汽减温水、高/中/低压旁路后蒸汽温度、凝结水压力等，必要时手动干预。

(7) 汽轮机转速稳定后，通知专业人员录波结束。

(8) 向调度申请重新并网，迅速恢复带负荷。

(9) 甩负荷试验结束。

三、汽轮机甩负荷试验的危险点分析与控制措施

联合循环汽轮机甩负荷存在一些特殊的危险点，归纳如下。

1. 汽轮机超速

(1) 产生的原因。

1) 主再热调节汽阀关闭时间不合格。

2) 主再热调节汽阀严密性试验不合格。

3) 汽轮机 DEH 系统动态控制特性不合格。

4) 低压补汽调节阀关闭时间过长。这一项是联合循环汽轮机特有的因素。现行调节系统行业标准主要有 DL/T 711《汽轮机调节控制系统试验导则》和 DL/T 824《汽轮机电

液调节系统性能验收导则》，这两项标准都没有针对补汽阀的关闭时间要求，因此实践中有时会出现补汽阀关闭时间过长却被调试人员忽视的问题。但低压蒸汽通过补汽阀直接进入低压缸，实际上就相当一台小汽轮机的调节阀。实践证明，低压补汽调节阀关闭时间过长，确实会造成汽轮机甩负荷后转速飞升过高，甚至引起超速保护动作。

5）带采暖抽汽的汽轮机，抽汽快关阀或逆止阀距离中压排汽口过长，造成抽汽管道蒸汽容积过大，甩负荷后这部分蒸汽返流入低压缸造成汽轮机超速。

（2）控制措施。

1）严格按照 DL/T 1270—2013《火力发电建设工程机组甩负荷试验导则》的要求，在甩负荷试验前完成一系列前期试验，包括汽轮机启动前的静态试验：汽门关闭时间测试、模拟甩负荷试验；汽轮机启动后的动态试验：OPC（overspeed protect control，又称预超速保护）试验、汽门严密性试验、超速试验、汽门活动试验。前期试验不合格，禁止进行甩负荷试验。

2）进行汽门严密性试验时，不仅要求主蒸汽压力满足 DL/T 5294—2013《火力发电建设工程机组调试技术规范》及 DL/T 863—2016《汽轮机启动调试导则》中计算公式的规定，也要求再热蒸汽压力同样满足调试标准规定。最终转速下降合格值应取主、再热蒸汽压力两项指标中更严格的一项。

3）整定补汽阀关闭时间。DL/T 711 与 DL/T 824 虽然没有明文规定补汽阀关闭时间要求，但标准化调试不应是教条化调试，应主动追求质量控制。基于补汽阀实质上就是一个低压汽轮机进汽控制阀，因此至少按上述标准的最小功率等级汽轮机关闭时间标准要求是合理的。实践中也证明按上述要求整定补汽阀关闭时间的汽轮机可以保证甩负荷后转速飞升在保护值以下。

4）甩 50%负荷试验是甩 100%负荷试验的预判性试验。甩 50%试验的各项准备、联锁保护投入应与甩 100%负荷试验相同，机前蒸汽参数应按正常运行参数调整，不得随意降低参数，以增加所谓的"成功率"，这会削弱甩 50%负荷试验结果对于甩 100%负荷试验的风险判断准确性。

5）对带采暖抽汽的汽轮机，调试单位专业人员应现场勘察管道系统，排除系统设计不当带来的试验风险。

2. 蒸汽超压

（1）产生的原因。

甩负荷后易出现主蒸汽超压，尤其是甩 100%负荷，主蒸汽超压甚至会导致安全门起座。这是因为旁路系统没有快速把足量的蒸汽导入到凝汽器造成的。在配置 40%BMCR 或更低容量的启动旁路的燃煤机组上进行甩 100%负荷试验，主蒸汽超压几乎不可避免。

在联合循环机组上通常配置的是 100%BMCR 容量的旁路，通流能力是满足需求的，甩负荷后出现主蒸汽超压的原因主要有：

1）旁路没有投入快开或超驰开，自动调节速度远远跟不上甩负荷后蒸汽压力快速上升的速度。

2）旁路投入快开或超驰开，但是开度不够。

3）旁路没有投入自动，靠手动操作，而联合循环机组旁路数量多，最多可达 6 个，人工操作来不及。

（2）控制措施。

1）在机组启动前及启动后，应对旁路系统做好静态调整和动态调整，确认旁路的联锁保护正确、可靠，实际通流能力满足运行需求。

2）应投入旁路的快开功能或超驰开功能，不仅是在甩负荷试验前，而且应做到全负荷行程投入。

3. 主、再蒸汽压力摆动

（1）产生的原因。

1）旁路虽然投入快开，但快开开度过大，甚至直接开到100％，导致主蒸汽或再热蒸汽反而下降过多。

2）旁路快开后，没有立即转入压力控制自动方式，面对蒸汽压力变化没有及时调节，导致蒸汽压力波动变大。

（2）控制措施。

1）在旁路系统调试过程中，通过理论计算或试验，确定甩负荷后旁路应开到的具体位置，置入快开或超驰开的逻辑中。在这个开度下，通过旁路的蒸汽量与甩负荷前通过汽轮机的蒸汽量基本相同，从而确保甩负荷后汽轮机前蒸汽压力变化量最小。

2）在旁路控制系统中设定：在旁路快开或超驰动作完成后，自动投入压力控制自动模式。从而在第一时间内对主蒸汽、再热蒸汽、低压蒸汽进行自动调节。

4. 主再热蒸汽管道汽水撞管

（1）产生原因。

1）旁路减温水调节品质不好，在旁路快速开启时减温水喷水量不足或过量。如果减温水量过小，会造成旁路阀后超温；如果减温水量过大，会造成旁路阀后蒸汽带水，甚至大量减温水进入冷再或中、低压旁路后管道，引起汽水撞管。

2）旁路没有充分暖管，造成大量热蒸汽快速通过冷管道，造成汽水撞管。

3）系统设计不当。如旁路后温度测点距离减温水喷头过短，造成旁路后蒸汽温度失真；旁路后管道弯头过多，容易造成积水；中、低压旁路后管道直通凝汽器，存在管道过长或缺少疏水管等设计问题，容易造成管道积水。

（2）控制措施。

1）在旁路系统调试过程中，要明确实现减温水自动调节功能，尤其是针对快开或超驰开工况下的减温水自动调节功能要做针对性优化。

2）甩负荷前旁路要进行充分暖管。对设计上具有暖管功能的系统要全程将暖管功能投入；对设计上无暖管功能但阀前阀后有疏水阀的要提前打开疏水阀进行暖管；不具备上述功能的应在甩负荷前提前将旁路阀预开启一个小开度暖管。需要指出的是，最后一种情况是系统的缺陷，调试单位应向甲方提出这个缺陷并要求整改。

3）调试单位专业人员应在进点初期，对旁路系统进行现场勘察，如发现系统设计不当应提前以联系单方式向甲方提出。

5. 凝结水压力波动

（1）这是联合循环汽轮机甩负荷典型危险点之一，产生原因有：

1）中、低压旁路快速开启，减温水量增加过多。由于配置了100％容量旁路，旁路数量又多，当旁路快开或超驰开时，短时间内减温水量急剧增加。中、低旁减温水采用凝结水泵出口凝结水，这会导致凝结水压力短时间内下降过多。

2）汽轮机甩负荷后，燃气轮机可能需要快速减负荷以适应甩负荷后机组并网操作，余热锅炉对凝结水的需求快速波动。

（2）控制措施。

1）甩负荷试验开始前，可将全部凝结水泵开启，无须保留备用水泵，为旁路减温水预留足够的水量。

2）采用两级凝结水升压的系统（凝结水升压泵＋凝结水泵），甩负荷试验开始前应将全部升压泵开启，确保凝结水泵入口压力在甩负荷后不要降得过低。

3）甩负荷后的蒸汽压力主要由旁路控制，燃气轮机的减负荷操作不宜过快。

四、试验记录

联合循环汽轮机甩负荷试验一般需要采集的测点见表 6-20、表 6-21。

表 6-20　　　　　　　　　　　　　　需要高速录波的信号

序号	测点名称	测点量程
1	汽轮机转速	0～超速保护定值
2	发电机定子电流（或主开关并网信号）	—
3	高压调阀行程	0～100%
4	中压调阀行程	0～100%
5	补汽调阀行程	0～100%

表 6-21　　　　　　　　　　　　可人工记录或在 DCS 中记录的数据

序号	数据名称	单位	数据值		
			试验开始前	过程中极值	试验稳定值
1	主蒸汽压力	MPa			
2	主蒸汽温度	℃			
3	再热蒸汽压力	MPa			
4	再热蒸汽温度	℃			
5	低压蒸汽压力	MPa			
6	低压蒸汽温度	℃			
7	高压缸排汽压力	MPa			
8	高压缸排汽温度	℃			
9	凝汽器真空	kPa			
10	低压缸排汽温度	℃			
11	主汽流量	t/h			
12	控制油压力	MPa			
13	润滑油压力	MPa			
14	高压旁路开度	%			
15	中压旁路开度	%			
16	低压旁路开度	%			
17	高压胀差	mm			
18	低压胀差	mm			
19	转子轴向位移	mm			
20	转子轴振动	μm			

　　一次完整的联合循环汽轮机甩负荷试验，应确保汽轮机转速飞升不超过保护限值，转速下降后能稳定在 3000r/min，同时蒸汽压力有效控制，不触发锅炉安全阀动作，不触发汽包水位动作，从而整套机组具备再次并网带负荷条件。一台典型联合循环汽轮机甩负荷试验转速飞升曲线如图 6-7 所示。

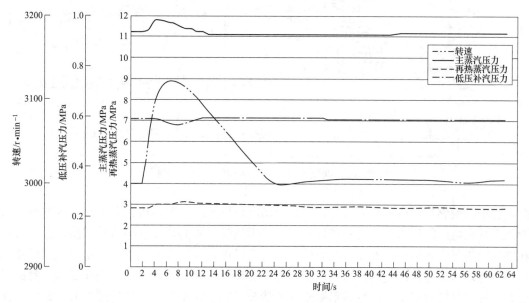

图 6-7　联合循环汽轮机甩负荷记录曲线

第五节　燃气轮机天然气气源切换试验

　　燃气-蒸汽联合循环机组配备有天然气调压站，其作用主要为将天然气的压力调节到燃气轮机所需的压力并保持其压力稳定。天然气调压站一般由调压单元、放散单元、可燃气体泄漏探测器等组成。

　　天然气调压站内部最重要的单元为调压单元，分为降压调压单元与增压调压单元两类。降压调压单元通常由降压调压阀（现场也称为"调压撬"）组成，系统相对简单。增压调压单元通常以高转速的天然气增压机为核心构成，系统相对复杂。调压单元的主要作用是：

　　（1）当天然气管网压力高于燃气轮机所需的天然气压力时，调压单元将天然气的压力调低以满足燃气轮机所需压力值。

　　（2）当天然气管网压力低于燃气轮机所需的天然气压力时，可以经过增压机提压后直接流入调压线的出口，为燃气轮机提供满足需求的天然气。

　　在某些地区，外部天然气供应压力在不同时间波动较大，如北方供热地区，采暖季节与非采暖季节外部天然气需求差别较大，在采暖季外供天然气压力难以维持在某一稳定水平。因此这些地区燃气电厂的调压站通常同时配置降压调压单元与增压调压单元。一般如图 6-8 所示。

　　更详细的系统介绍与分系统调试过程见本书第四章、第五节内容。

　　当天然气外部管网压力较高时，通过降压调压阀调节天然气压力降至燃气轮机所需压力，直接供给燃气轮机，当出现天然气管网压力降低或直供管线出现故障供气不畅等情

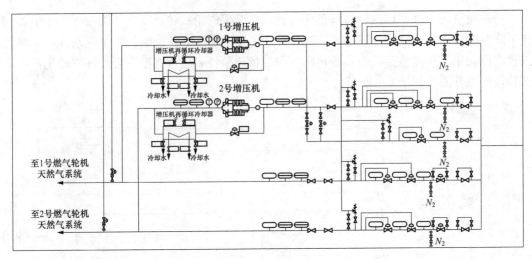

图 6-8　典型天然气调压站调压单元系统图

况，无法满足燃气轮机正常需求时，需要启动增压机，通过增压机提升天然气压力至燃气轮机正常燃烧所需压力，这需要进行燃气轮机天然气气源的切换，而这种切换，大都发生在燃气轮机正常运行中，不能因此而导致燃气轮机停机。所以配置了"降压调压＋增压调压"两类调压单元的燃气轮机组在调试过程中需要进行两个气源之间的切换试验，目的是要在保证燃气轮机正常运行尽量不受干扰的情况下实现降压调压直供气源与增压调压气源之间的切换，需要精心组织、认真操作。

试验可分为两阶段：第一阶段由直供气源切换至增压机出口气源，即增压机的投入过程；第二阶段由增压机出口气源切换至直供气源，即增压机的退出过程。

一、试验条件

进行燃气轮机天然气气源切换试验，调试现场应满足下列技术条件：

（1）检查确定机组循环水、冷却水、压缩空气等公用系统均工作正常，不存在影响试验的故障。

（2）燃气轮机润滑顶轴油系统、控制油系统、调节保安系统、进气系统、进口可调导叶（IGV）系统、罩壳通风系统、防喘放气及冷却密封系统等各辅助系统已完成分系统调试且已完成验收。

（3）燃气轮机已点火、升速、定速成功，全速空载工况下燃烧调整完成。

（4）燃气轮机已并网，带部分负荷，燃烧调整已完成，燃烧稳定。

（5）天然气调压站降压装置或增压设备工作正常，增压机运行参数正常，无喘振现象。燃气轮机入口天然气压力、温度稳定。

（6）燃气轮机各项保护已正常投入。

二、试验流程

按照标准化调试流程与质量控制要求，在燃气轮机并网带部分负荷稳定燃烧一定时间后，由建设单位、施工单位、监理单位、调试单位、生产单位以及燃气轮机厂家驻厂调试技术人员（TA）各方对燃气轮机天然气气源切换试验进行条件盘点，确认具备条件后，由调试单位组织开展试验。

燃气轮机天然气气源切换试验的流程如图 6-9 所示,试验中的增压机为定转速增压机。

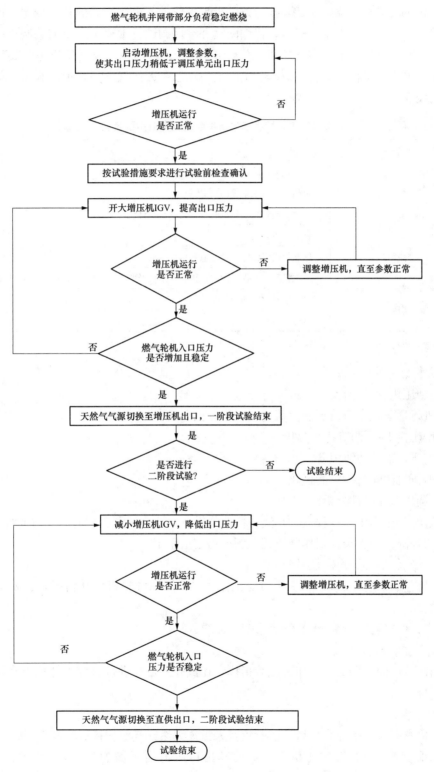

图 6-9　燃气轮机天然气气源切换试验流程

三、试验方法

1. 收集资料

燃气轮机天然气气源切换试验技术条件上更多依据各个制造商的技术规定，因此调试单位在进驻现场后应收集相关资料，仔细阅读并掌握调试技术要求，提前编制试验技术措施。在分系统调试过程中与燃气轮机驻厂调试技术人员（TA）及增压机等主要设备厂家随时沟通，关注机组相关资料或技术要求的更新动态。天然气气源切换试验需要的主要专业资料见表 6-22。

表 6-22　　　　　　　　　天然气气源切换试验所需要的各专业主要资料

序号	资料来源	资 料 名 称
1	设计单位	机组热力系统图
2		余热锅炉风烟系统图及 PI 图
3		燃气、锅炉、汽轮机、电气大联锁设计说明
4	主机厂	燃气轮机说明书[①]
5		燃气轮机联锁保护及定值清单
6		由主机制造商提供的主机附属分系统说明书、系统图及相关联锁保护说明
7	天然气调压站相关厂家	调压单元说明书
8		增压机说明书[①]

[①]说明书一般应包括《运行维护说明书》和《本体说明书》。

2. 试验前需要做的工作

（1）增压机特性分析。

1）进行增压机空负荷至满负荷连续运行数据分析。

2）增压机 IGV 调节特性分析。

3）增压机喘振曲线拟合。

4）增压机防喘自动控制优化。

（2）调压单元特性分析。

1）进行降压调压阀行程-压力-流量特性分析，确认降压调压阀通流能力曲线。

2）监控降压调压阀、工作降压调压阀压力定值整定。

（3）燃气轮机燃烧稳定性试验。

1）进行燃气轮机入口天然气压力变化操作，观测燃气轮机做功情况，必要条件下进行燃烧调整。

2）进行燃气轮机负荷-天然气流量变化曲线分析。

3. 试验前的检查事项

由调试单位的现场负责人作为试验指挥，在试验开始前进行重要条件检查确认，一般包括的项目见表 6-23。

4. 试验操作

（1）检查完成且条件合格后，试验负责人指挥天然气气源切换试验操作开始。

（2）手动增大天然气增压机 IGV，使其出口压力缓慢增加直至接近直供气源出口压力。

表 6-23 天然气气源切换试验前现场重要检查事项

序号	检查项目	合 格 条 件
1	燃气轮机带负荷工况下运行参数	(1) 阶段性燃烧调整完成，燃烧室燃烧状况良好； (2) 压气机运行状况良好； (3) 机组轴系振动在合格范围内； (4) 机组其他运行参数在合格范围内
2	天然气系统检查	(1) 外部天然气燃料供应充足、稳定； (2) 调压站降压调压阀动作正常； (3) 燃气轮机入口天然气压力、温度稳定
3	增压机系统检查	(1) 增压机运行正常，电流、温度、振动等参数正常； (2) 增压机润滑油系统运行正常； (3) 增压机防喘再循环旁路动作正常，运行中无喘振现象
4	机组其他辅助系统检查	各辅机及系统运行正常，参数合格
5	燃气轮机主机联锁保护检查	主机各项保护已投入
6	手动打闸准备	人员已到位且经过安全技术交底

（3）继续手动增大天然气增压机 IGV，使其出口压力继续增加直至稍高于直供气源出口压力，观察增压机防喘再循环旁路应缓慢减小，直供气源工作降压调压阀应缓慢关小，燃气轮机入口天然气压力稳定，期间应保证增压机运行电流、轴承温度、轴承振动、润滑油压等参数正常，增压机运行无喘振现象。

（4）当直供气源降压调压阀完全关闭，燃气轮机气源切换至增压机出口气源，一阶段试验结束。

（5）一阶段试验结束后，可投入增压机压力自动，使其自动调节出口天然气压力，以保证燃气轮机正常运行，可以适当增减燃气轮机负荷，观察增压机压力自动及防喘再循环旁路自动调节情况，保证增压机运行正常。

（6）二阶段试验开始前，观察燃气轮机入口压力稳定，增压机运行正常，退出增压机压力自动。

（7）手动减小天然气增压机 IGV，使其出口压力缓慢降低直至接近直供气源出口压力。

（8）继续手动减小天然气增压机 IGV，使其出口压力继续降低直至稍低于直供气源出口压力，观察增压机防喘再循环旁路应缓慢增大，直供气源工作降压调压阀应缓慢开启，燃气轮机入口天然气压力稳定，期间应保证增压机运行电流、轴承温度、轴承振动、润滑油压等参数正常，增压机运行无喘振现象。

（9）当天然气增压机 IGV 开度达到最小开度，防喘循环旁路完全打开时，燃气轮机气源切换至直供气源，二阶段试验结束。

四、试验的危险点分析与控制措施

燃气轮机天然气气源切换试验中常见危险源分析与控制措施汇总见表 6-24。

五、试验记录

燃气轮机天然气气源切换试验关键记录是燃气轮机入口天然气压力。除此记录之外，还可根据调试的需要记录下列参数，见表 6-25。

表 6-24   燃气轮机天然气气源切换试验危险源分析与控制

序号	危险源内容	可能导致事故	控 制 措 施
1	增压机 IGV 手动操作过快	增压机运行发生喘振或其他参数超限现象引起增压机跳闸	缓慢增大（或减小）增压机 IGV，观察动作过程中增压机是否发生喘振现象以及严密监视增压机润滑油压、轴承温度、轴承振动等参数，若有异常现象发生应立即暂停操作
2	增压机润滑油系统异常	增压机润滑油压偏低，引发增压机断油烧瓦事故	严密监视增压机润滑油压等参数，若发生润滑油压异常下降，辅助油泵无法正常联锁启动情况，立即打闸增压机，防止发生断油烧瓦事故
3	增压机防喘再循环旁路动作异常	增压机运行发生喘振现象引起增压机跳闸	停止增压机后检查增压机防喘再循环旁路调门以及手动门，有问题及时处理
4	增压机入口降压调压阀动作异常	无法维持增压机入口压力稳定，引发增压机跳闸	检查增压机入口降压调压阀是否发生堵塞现象，若发生堵塞及时清理
5	增压机入口降压调压阀动作值不正确	无法为增压机提供所需的入口压力，造成增压机入口压力超限，影响增压机正常运行	重新整定增压机入口降压调压阀、监控降压阀和工作降压调压阀定值
6	直供气源管线降压调压阀动作异常	无法维持直供管线压力稳定，造成燃气轮机入口天然气压力波动，影响燃气轮机燃烧稳定	检查直供气源管线降压调压阀是否发生堵塞现象，若发生堵塞及时清理
7	直供气源管线降压调压阀动作值不正确	无法为燃气轮机提供所需的入口压力，造成燃气轮机入口压力超限，引发燃气轮机跳闸	重新整定直供气源管线降压调压阀、监控降压调压阀和工作降压调压阀定值
8	增压机 IGV 以及防喘再循环旁路调门自动调节不正常	无法为燃气轮机提供所需的入口压力，造成燃气轮机入口压力波动，影响燃气轮机燃烧稳定	调整增压机 IGV 及防喘再循环旁路调门自动调节参数，使其在保证无喘振的基础上快速准确调节燃气轮机入口天然气压力稳定
9	增压机保护拒动	增压机参数超限时，保护不动作，引发增压机损坏	试验过程中，严密监视增压机各项参数，若发生超限等情况，立即手动打闸增压机

表 6-25   燃气轮机天然气气源切换试验参数记录

序号	参数名称	单位	试验开始前	一阶段试验结束时	二阶段试验结束时
1	燃气轮机负荷	MW			
2	燃气轮机入口天然气压力	MPa			
3	天然气增压机运行电流	A			
4	天然气增压机轴承振动	mm/s（或μm）			
5	天然气增压机轴承温度	℃			
6	天然气增压机润滑油压	MPa			
7	天然气增压机 IGV 开度	%			
8	天然气增压机防喘循环旁路开度	%			
9	天然气增压机入口天然气压力	MPa			
10	天然气增压机出口天然气流量	Nm³/h			
11	直供气源监控降压调压阀开度	%			
12	直供气源工作降压调压阀开度	%			

第六节 联合循环机组一次调频试验

一次调频（primary frequency control，PFC）试验，是新建发电机组投产前必须完成的涉网试验项目之一。由于电网调度的负荷指令及负荷反馈是针对"整套"联合循环机组，不论是单轴"一拖一"型式还是分轴"一拖一"或"二拖一"型式，而国内发电厂燃气轮机都是以联合循环机组型式存在，所以一次调频试验实际上的考核对象、考核指标都是针对的联合循环机组整体。因此本节内容如无特殊说明，所说的"机组"都是指联合循环机组。

目前一些标准、规范在涉及联合循环机组的一次调频试验要求时，用词还有一些不明确之处，如"燃气机组"等。调试单位专业人员应知晓一次调频试验的对象及相关规定，提前收集资料、编制试验措施，做好试验各项准备。

一、试验目的

一次调频是机组调速系统根据电网频率的变化自动快速改变有功功率，以达到快速稳定电网频率的目的。一次调频是网源协调联络的重要环节，是保证电网安全稳定运行、提高电网运行自动化水平的重要措施之一，也是衡量发电机组对外提供电能品质的主要手段。一次调频试验的目的在于测试发电机组按设计要求参与调频期间的运行参数是否符合安全稳定运行需求，负荷控制的各项性能指标是否符合当地电网一次调频相关管理办法要求，并评估机组参与一次调频的安全和性能指标。

二、试验依据标准及要求

（一）试验参照标准

一次调频试验参照的标准见表 6-26。

表 6-26　　　　　　　　　一次调频试验需要参照的标准

序号	标准/文件编号	标准/文件名称
1	DL/T 701—2012	火力发电厂热工自动化术语
2	GB/T 30370—2013	火力发电机组一次调频试验及性能验收导则
3	GB/T 31464—2015	电网运行准则
4	国能安全〔2014〕161 号	防止电力生产事故的二十五项重点要求及编制释义
5	DL/T 657—2015	火力发电厂模拟量控制系统验收测试规程
6	国网（调/4）910—2018	国家电网公司电力系统一次调频管理规定
7	Q/GDW 669—2011	火力发电机组一次调频试验导则
8		华北区域发电机组并网安全条件及评价

注　序号 6、7 为国网相关管理办法和企业标准，序号 8 为华北区域评价标准。其他区域请按当地制度要求或参照执行。

（二）试验要求

1. 燃气-蒸汽联合循环发电机组中汽轮机设计不直接参与调频

燃气-蒸汽联合循环发电机组中，汽轮机是利用燃气轮机排放烟气的余热能量发电，功率取决于燃气轮机排放烟气能量，即燃气轮机实发功率。为实现整套机组的效率最大化，汽轮机调节阀用来调节主蒸汽压力，滑压运行，在大负荷阶段调节阀全开，将阀门节流损失降到最低。但也因此汽轮机不具备直接参与电网的频率调节功能。燃气-蒸汽联合循环发电机组装机类型较多，以北京地区为例，在《北京电网发电机组一次调频管理规定（修订）》文件中，明确提出"火电燃气整套机组的速度变动率应满足 4%～5%，但是如果整套机组中汽轮机不具备一次调频功能，燃气轮机的速度变动率应为 3%～3.7%"的要求。

因此燃气-蒸汽联合循环机组中的汽轮机通常不设计调频功能，相应的燃气轮机负责调频并承担本应由汽轮机参与调频的功能。

2. 一次调频管理要求

（1）调控机构依据调度管辖范围对一次调频实施专业管理。中国电力科学研究院、省（市）电力科学研究院作为技术支持单位，为调控机构的一次调频专业管理提供技术支撑。发电企业负责一次调频相关设备的运行维护、检修调试及技术改造等工作，负责组织实施一次调频试验工作，并将相关试验报告依据调度管辖范围报送相应调控机构审核，根据调度审核意见修改完善直至备案。

（2）新建或改扩建机组发电企业应在预定的新设备启动投产日期之前 3 个月向调控机构提供一次调频有关设备台账和技术资料。

（3）新建机组进入商业运行前、在运机组改造或大修、调速系统及一次调频相关设备改造或检修、参数变更后，发电企业均应开展一次调频性能优化工作，并委托有资质的电力试验单位进行一次调频试验。

（4）发电企业试验前 1 个月应向调控机构提交试验方案（包括试验内容、试验步骤、试验进度安排及现场安全措施）及试验申请，电网调度机构负责相应的电网安全措施，做好电网运行方式安排。试验完成后 1 个月内提交试验报告至调控机构审查备案。

（5）《电网运行准则》（GB/T 31464—2015）明确要求"并网发电机组均应参与一次调频"。一次调频功能的投入、退出和参数更改必须得到调控机构的批准。如遇事故退出，发电企业值班人员应及时向当值调度汇报，事后报调控机构备案；如需改动一次调频相关参数，发电企业必须提前向调度机构申请，征得许可后，方可实施，改动完成后，应在 10 个工作日内上报有关资料。

（6）发电企业不得擅自更改一次调频死区、转速不等率、最大负荷限幅等关键参数，不得擅自更改与一次调频性能密切相关的控制逻辑，对于违反以上要求的，调控机构可采取一定的考核措施。

（7）一次调频参数设置、控制逻辑、动作性能未达到规定要求的机组，调控机构应要求发电企业开展功能完善、优化和试验等整改工作，并及时将相关整改材料上报调控机构。未按期完成整改或整改后一次调频性能不达标，调控机构可采取一定的考核措施，以保证电网频率安全性。

3. 一次调频相关技术要求

（1）计算不同运行方式下的理论最大出力。

燃气-蒸汽联合循环发电机组常见的设计类型包括"一拖一"单轴机组、"一拖一"分轴机组和"二拖一"分轴机组。对于分轴联合循环机组，运行方式常见的有纯燃机运行、"一拖一"运行、"二拖一"运行等方式。因此不同设计类型联合循环发电机组的不同运行方式决定了"机组理论最大出力"$P_{e(和)}$的计算。

对于燃气轮发电机，外界环境温度变化直接影响燃气轮机带负荷能力，夏季高温季节往往不能带额定基本负荷运行，计算公式较为复杂，此处假设燃机不同工况下额定出力均为$P_{e(GT)}$；对于"二拖一"机组，汽轮机运行在"一拖一"方式时，实际带负荷能力应根据实际蒸发量进行计算，此处假设就是$P_{e(ST)}/2$。机组不同运行方式下的理论额定容量见表6-27。

表 6-27　　　　　　　　　　机组不同运行方式下的理论额定容量

机组设计类型	联合循环机组运行方式	机组理论额定容量 $P_{e(和)}$
一拖一单轴机组	GT+ST （燃气轮机拖汽轮机运行）	$P_{e(和)} = P_{e(GT)} + P_{e(ST)}$
一拖一双轴机组	GT+ST （燃气轮机拖汽轮机运行）	$P_{e(和)} = P_{e(GT)} + P_{e(ST)}$
	GT （仅燃气轮机运行）	$P_{e(和)} = P_{e(GT)}$
二拖一机组	GT1+ST （1号燃气轮机拖汽轮机运行）	$P_{e(和)} = P_{e(GT1)} + P_{e(ST)}/2$
	GT1 （仅1号燃气轮机运行）	$P_{e(和)} = P_{e(GT1)}$
	GT2+ST （2号燃气轮机拖汽轮机运行）	$P_{e(和)} = P_{e(GT2)} + P_{e(ST)}/2$
	GT2 （仅2号燃气轮机运行）	$P_{e(和)} = P_{e(GT2)}$
	GT1+GT2+ST （两台燃气轮机拖汽轮机运行）	$P_{e(和)} = P_{e(GT1)} + P_{e(GT2)} + P_{e(ST)}$

注 GT表示燃气轮机（gas turbine），ST表示汽轮机（steam turbine）；$P_{e(GT)}$为燃气轮机额定基本功率，$P_{e(ST)}$为汽机额定功率。

（2）一次调频限幅要求。

《国家电网公司电力系统一次调频管理规定》中对火电机组调频限幅提出了具体要求："火电机组调频增负荷方向变化幅度限幅应不小于机组额定负荷的6%，减负荷方向的调频负荷变化幅度原则上不进行限定，但宜考虑对机组的稳燃负荷限制；额定负荷运行的火电机组，应参与一次调频，增负荷方向最大调频负荷幅度不小于机组额定负荷的5%。同时要求燃气轮机组一次调频限幅参照火电机组"。

规定中调频限幅都是依据火电机组的相关要求，并没有明确燃气-蒸汽联合循环机组在不同运行方式下的限幅计算说明。由于联合循环发电机组中设计汽轮机运行方式下不能直接参与调频，因此汽轮机的调频份额由燃气轮机承担，现行《电网运行准则》（GB/T 31464—2015）和各标准、规程、管理办法均未提及"二拖一"机组在"一拖一"运行模式下的调频限幅问题，根据实际调频能力，综合考虑各种运行工况，"二拖一"机组每台燃气轮机分担汽轮机调频功率的一半为宜。

另外，不同区域发电公司也对火电机组调频限幅提出了更详细的要求，以《华北电网发电机组一次调频运行管理规定》为例，见表6-28。

表 6-28　　　　　　　　　　华北电网机组参与一次调频的负荷变化幅度

序号	机组理论额定容量 $P_{e(和)}$	调频限幅
1	当 $P_{e(和)} \leqslant 200MW$ 时	｜调频限幅｜$\geqslant P_{e(和)} \times 10\%$
2	当 $200MW < P_{e(和)} \leqslant 250MW$ 时	｜调频限幅｜$\geqslant 20MW$
3	当 $250MW < P_{e(和)} \leqslant 350MW$ 时	｜调频限幅｜$\geqslant P_{e(和)} \times 8\%$
4	当 $350MW < P_{e(和)} < 500MW$ 时	｜调频限幅｜$\geqslant 28MW$
5	当 $P_{e(和)} \geqslant 500MW$ 时	｜调频限幅｜$\geqslant P_{e(和)} \times 10\%$
6	当额定负荷运行时	｜调频限幅｜$\geqslant P_{e(和)} \times 5\%$

注　一次调频不应受运行人员手动设定的负荷上下限值限制

（3）系统频率在 $50.5 \sim 48.5Hz$ 变化范围内机组应连续保持稳定运行，系统频率下降至 $48Hz$ 时有功功率输出减少一般不超过 5% 机组额定有功功率。

（4）人工死区要求：发电机组的调频死区控制在 $\pm 0.033Hz$ 内。

（5）速度变动率要求：在《火力发电机组一次调频试验及性能验收导则》（GB/T 30370—2013）中规定火电机组速度变动率应为 $3\% \sim 6\%$；在《电网运行准则》（GB/T 31464—2015）中规定火电燃气-蒸汽联合循环整套机组的速度变动率应满足 $4\% \sim 5\%$；在《国家电网公司电力系统一次调频管理规定》［国网（调/4）910—2018］中规定燃气机组转速不等率应为 $4\% \sim 5\%$；依据指标就高不就低的原则，我们通常认为联合循环发电机组的整机转速不等率应满足在 $4\% \sim 5\%$ 范围内。

（6）一次调频响应滞后时间要求：燃气轮机组从频率越过一次调频死区开始到发电负荷可靠的向调频方向开始变化所需的时间应小于 $3s$。

（7）一次调频负荷响应速率要求：从频率变化越过一次调频死区开始到发电负荷调整量达到特定比例的目标负荷变化幅度所需的时间，反映一次调频负荷响应速率。燃气轮机组发电负荷调整量达到目标负荷变化幅度 90% 的时间不大于 $15s$，应在 $30s$ 内完全响应目标并稳定运行。

（8）一次调频稳定时间要求：燃气轮机组自频率变化超出一次调频死区开始到发电负荷最后进入偏离稳态偏差 $\pm 5\%$ 范围内，且以后不再越出此范围所需时间应不大于 $45s$。

（9）试验负荷工况的选择：选择一次调频试验负荷工况点不应少于 3 个，对于燃气-蒸汽联合循环机组宜选择在燃机额定功率的 60%、75%、90% 工况附近开展试验。

（10）扰动量的选择：每个试验负荷工况点，应至少分别进行 $\pm 0.067Hz$ 及 $\pm 0.1Hz$ 频差阶跃扰动试验；应至少选择一个负荷工况点进行机组调频上限试验和同调频上限具有同等调频负荷绝对值的降负荷调频试验，检验机组的安全性能。

（11）试验频差宜采用机组控制系统生成，亦可采用外接信号发生设备生成，但外接设备生成时，必须做好安全措施。

（12）试验数据宜采用DCS控制系统本身的数据曲线图功能收集，但当DCS控制系统本身的数据收集周期大于 $1s$ 时，应采用专用信号录波仪收集，以保证试验数据能真实反映在相应的趋势图中。

三、试验条件

调试期间，进行燃气-蒸汽联合循环发电机组一次调频试验，应满足下列试验条件：

（1）试验机组具备带满负荷、持续安全稳定运行的能力。所有主辅设备无影响一次调频试验的缺陷或故障，主参数无报警或异常。

（2）试验机组协调控制系统各种功能经过验证可靠并已投入运行，具备在 50%～100%Pe 区间通过协调变负荷的能力。机组模拟量控制系统投入且指标满足 DL/T 657—2015 的规定要求。试验前燃气轮机投入协调控制模式，汽轮机投入滑压控制回路。

（3）试验机组一次调频控制逻辑设计合理，参数设置合适，满足规程要求。

（4）发电机组转速和电网频率信号校验合格，测量准确，精度满足要求。

（5）发电公司已经提前联系当地调度相关部门，申请退出 AGC 运行方式，开展一次调频试验并获得许可批准。

（6）一次调频试验方案已编制并经电厂主管领导批准，成立试验组织机构，明确职责分工。

（7）发电公司负责一次调频试验的相关部门已经开具试验工作票。

（8）试验技术负责人应充分了解并掌握一次调频试验流程，具有相关技术指标分析能力，并于试验前（建议 4h 以内）根据机组运行情况进行安全及技术交底，各部门做好各项安全保障措施。

（9）试验机组各项保护宜全部投入，保障机组安全。

四、试验流程

1. 试验前准备工作

（1）对试验机组 DCS 系统采集的电网频率信号和参与一次调频控制逻辑的发电机转速信号进行实际传动，记录其量程和最大相对误差，确保信号测量准确。对已运行机组可查阅通道校验记录。

（2）依据技术要求进行计算，在控制逻辑中设置调频函数、调频限幅数值等。

（3）试验开始前逐项确认试验条件满足，确保试验人员到位，并严格按照试验工作票批准时间开展工作。

（4）解除机组 AGC 控制模式，投入本地协调控制方式。改变燃气轮机负荷指令设定至任意试验负荷工况。

（5）计算最大调频限幅对应频差 $\Delta Hz_{(max)}$

以设置转速不等率 4.5% 为例，|调频限幅|为机组最大调频限幅，$P_{e(和)}$ 机组运行方式下额定总功率计算值。

$$\Delta Hz_{(max)} = \frac{|调频限幅|}{P_{e(和)}} \times 3000 \times 4.5\%$$

2. 一次调频试验方法

通过强制实际网频信号或实际转速信号，实现频差至 ±0.067Hz、±0.1Hz 以及最大频差 $\Delta Hz_{(max)}$ 阶跃扰动试验。联合循环机组一次调频试验步序见表 6-29。

表 6-29　　　　　　　　　联合循环机组一次调频试验步序

序号	试验步骤	操作内容	备注
1	负荷工况准备	调整燃气轮机负荷至任一试验工况下稳定运行	
		组态频差信号、机组功率指令、实际总功率至趋势图	

序号	试验步骤	操作内容	备注
2	Step1	强制频差至 0Hz，等待 1～3min 至机组负荷控制稳定	
3	Setp2	强制频差至 0.067Hz，稳定 1.5min 以上，待调频动作稳定	±4r/min 频差扰动试验
4	Step3	强制频差至 0Hz，稳定 1.5min 以上，待调频动作稳定	
5	Step4	强制频差至 -0.067Hz，稳定 1.5min 以上，待调频动作稳定	
6	Step5	强制频差至 0Hz，稳定 1.5min 以上，待调频动作稳定	
7	Setp6	强制频差至 0.1Hz，稳定 1.5min 以上，待调频动作稳定	±6r/min 频差扰动试验
8	Step7	强制频差至 0Hz，稳定 1.5min 以上，待调频动作稳定	
9	Step8	强制频差至 -0.1Hz，稳定 1.5min 以上，待调频动作稳定	
10	Step9	强制频差至 0Hz，稳定 1.5min 以上，待调频动作稳定	
11	Step10	强制频差至 +$\Delta H_{z(max)}$，稳定 1.5min 以上，待调频动作稳定	最大限幅频差扰动试验
12	Step11	强制频差至 0Hz，稳定 1.5min 以上，待调频动作稳定	
13	Step12	强制频差至 -$\Delta H_{z(max)}$，稳定 1.5min 以上，待调频动作稳定	
14	Step13	强制频差至 0Hz，稳定 1.5min 以上，待调频动作稳定	
15	Step14	释放强制信号，收集扰动试验数据及曲线图	收集数据

五、试验的危险点分析与控制措施

为保证一次调频涉网试验过程安全可靠，开展试验前应充分考虑可能影响人员、机组安全和试验数据指标有效性的相关因素，并做好预防措施。常见危险源分析与控制措施见表 6-30。

表 6-30　　　　　一次调频涉网试验常见危险源分析与控制措施表

序号	危险源内容	可能导致风险	预防措施
1	无工作票作业	相关部门或人员不掌握试验信息，导致试验不合格或影响人员与机组安全	试验前应开具一次调频试验工作票。工作票相关预防措施必须清晰且可执行
2	试验前未进行安全与技术交底	相关部门或人员不了解试验可能产生的风险，导致试验不合格或影响人员与机组安全	试验前应进行安全与技术交底，参与交底人员应包括发电部、设备部，试验负责人必须参加
3	试验前未检查确认发电机转速或频率信号准确性和可靠性	信号不准确或不可靠可能导致机组负荷突变或影响试验有效性	试验前技术人员必须核查电厂侧发电机转速或频率信号的准确性和可靠性，确认信号可以用于控制逻辑
4	试验前未检查一次调频相关控制逻辑和监控画面操作功能	一次调频控制逻辑或调频参数设置不正确可能导致试验中途退出甚至发生危及机组安全事故，导致试验失败	仔细检查调频控制回路，确认调频负荷控制参数设置合理。检查监控画面，不应设置一次调频投入和切除按钮
5	试验过程中，管理无序、沟通不畅	对试验过程中出现的现象判断不准确，不及时沟通，导致试验中止或失败	参与试验人员必须配备通信设备；试验应由负责人统一组织协调，对中途出现的现象或问题组织分析作出判断
6	试验前未确认机组 DCS 控制系统趋势记录精度和时间是否满足试验数据采集要求	机组控制系统趋势记录功能精度或时间不满足要求，可能导致试验数据无法收集，影响技术报告的撰写	试验前确认 DCS 控制系统趋势记录功能满足信号采集和存档精度要求，并做好趋势组态，试验中及时截图并记录试验数据
7	事故预想不充分	对试验中可能碰到的故障或问题准备不充分，中途出现可能导致机组跳闸或其他影响机组安全运行的因素	试验中出现影响机组安全稳定运行的因素，调试人员应按调试措施及安全技术交底内容处理，同时终止试验

六、试验记录

为保证一次调频涉网试验过程和数据可追溯，试验记录应至少包含如下内容：

（1）配合开展一次调频试验的网调名称、试验发电公司名称及相应机组类型、编号。

（2）开展一次调频试验的具体日期和时间、试验单位名称、试验负责人及参与人姓名。

（3）一次调频试验相关信号类型、量程、信号通道精度测试及误差等信息。

（4）因燃气轮机实际出力与环境温度相关，试验前应记录发电机组实际负荷出力上下限值。

（5）一次调频试验技术指标统计，应记录每一次频差扰动数据，包括试验负荷点，并针对每个指标进行计算判断是否满足相关技术要求。

一次调频涉网试验记录见表 6-31。

表 6-31 一次调频涉网试验记录表

序号	要求记录的项目名称	记录格式及内容						
1	开展一次调频试验日期	如"××××年××月××日至××××年××月××日"						
2	配合试验电网公司名称	如"×××电网公司"						
3	开展一次调频试验的发电公司名称	如"__集团__公司"						
4	开展一次调频试验的发电机组类型	如"燃气蒸汽联合循环机组 二（一）拖一/单（分）轴"						
5	开展一次调频试验的发电机组编号	如"1号燃气轮机＋3号汽轮机"						
6	负责一次调频试验的人员单位名称	如"×××××××××公司"						
7	负责一次调频试验的技术人员姓名	如"张三、李四等"						
8	参与一次调频试验的人员单位名称	如"×××××××××公司"						
9	参与一次调频试验的技术人员姓名	如"张三、李四等"						
10	一次调频试验主要信号传动情况	类型（单位）		量程		最大相对误差（%）		
11	DCS 侧"电网频率（AI）"	模拟量（Hz）						
12	DCS 侧"发电机转速（AI）"	模拟量（r/min）						
13	DCS 侧"机组实发功率（AI）"	模拟量（MW）						
14	机组可调负荷实际上下限值	上限（MW）				下限（MW）		
15	调频死区设置（要求不大于±0.033Hz）							
调频函数	$\Delta Hz_{(max)}$	0.1Hz	0.066 7Hz	0.033Hz	−0.033Hz	−0.066 7Hz	−0.1Hz	$-\Delta Hz_{(max)}$
	调频下限							调频上限
试验数据指标	试验负荷工况（MW）	至少包括 $60\%P_e$、$75\%P_e$、$90\%P_e$ 三个负荷点						
	扰动量（ΔHz）	−0.067	0.067	−0.1	0.1	$-\Delta Hz_{(max)}$	$\Delta Hz_{(max)}$	
	试验开始时间							
	试验前实际负荷							
	响应滞后时间							
	达到 90% 目标负荷时间							
	稳定后实际负荷							
	计算实际转速不等率							

注 计算性能指标，判断其是否合格应以国家标准及当地标准中较高要求为准。

第七节 联合循环机组 AGC 试验

自动发电控制（automatic generation control，AGC）试验，是新建发电机组投产前必须完成的涉网试验项目之一。由于电网调度的负荷指令及负荷反馈是针对"整套"联合循环机组，不论是单轴"一拖一"型式还是分轴"一拖一"或"二拖一"型式，而国内发电厂燃气轮机都是以联合循环机组型式存在，所以 AGC 试验实际上的考核对象、考核指标都是针对的联合循环机组整体。因此本节内容如无特殊说明，所说的"机组"仍都是指联合循环机组。

目前一些标准、规范在涉及联合循环机组的 AGC 试验要求时，用词还有一些不明确之处，如"燃气机组"等。调试单位专业人员应知晓 AGC 试验的对象及相关规定，提前收集资料、编制试验措施，做好试验各项准备。

一、试验目的

自动发电控制（AGC）是网源协调联络的重要环节，是保证电网安全稳定运行、提高电网运行自动化水平的重要措施之一，也是衡量发电机组对外提供电能品质的主要手段。AGC 试验的目的在于测试发电机组按调度要求进行变负荷期间的运行参数是否符合安全稳定运行要求、负荷控制的各项性能指标是否符合当地电网 AGC 相关管理办法要求，以评估机组参与 AGC 调节的安全与性能指标。

二、试验参照标准及要求

（一）试验参照标准

机组 AGC 试验需要参照的标准见表 6-32。

表 6-32　　　　　　　　　　　机组 AGC 试验需要参照的标准

序号	标准/文件编号	标准/文件名称
1	DL/T 701—2012	火力发电厂热工自动化术语
2	DL/T 1210—2013	火力发电厂自动发电控制性能测试验收规程
3	GB/T 31464—2015	电网运行准则
4	国能安全〔2014〕161 号	防止电力生产事故的二十五项重点要求及编制释义
5	DL/T 657—2015	火力发电厂模拟量控制系统验收测试规程

注　实际调试过程中一套机组的 AGC 试验还需参照当地电网相关 AGC 运行管理办法，如：华北地区应依照《京津唐电网自动发电控制（AGC）运行管理办法》（网调自〔2008〕11 号）执行。

（二）试验要求

1. AGC 相关管理要求

（1）200MW（新建 100MW）及以上燃气机组应具备自动发电控制（AGC）功能，参与电网闭环发电控制。

（2）在机组商业化运行前，具备 AGC 功能的机组应完成与相关电网调度机构 EMS（energy management system，能量管理系统）主站系统 AGC 功能的闭环自动发电控制的调试与试验，并向电网调度机构提交必要的系统调试报告，其性能和参数应满足电网安全稳定运行的需要。

（3）未经电网调度机构批准，并网运行的 AGC 机组不能随意修改 AGC 机组运行参数；机组 AGC 功能修改后，应与电网调度机构的 EMS 重新进行联合调试、数据核对等工作，满足并网调度协议规定的要求后，其 AGC 功能方可投入运行。

（4）对已投入自动发电控制的机组，在年度大修后投入自动发电控制运行前，应重新进行机组自动增加/减少负荷性能的测试以及机组调整负荷响应特性的测试。

（5）发电机组自动发电控制性能指标应满足接入电网的相关规定和要求。

（6）发电机组月 AGC 可用率应不低于 90%。

2. AGC 相关设计要求

（1）AGC 机组应按 EMS 下发的 AGC 调节指令调节机组功率，并使机组功率与 EMS 下发的 AGC 指令偏差范围满足自动发电控制性能评价标准要求。

（2）发电厂应实时将 AGC 机组的运行参数传输到相关电网调度机构的 EMS，运行参数包括 AGC 机组调整上/下限值、实发功率、调节速率、"机组允许 AGC 投入"和"机组 AGC 投入/退出"的状态信号等。

（3）参与 AGC 运行的燃气机组的 AGC 最大调节范围为 50%～100% 机组额定有功出力。

（4）AGC 机组应能实现"当地控制/远方控制"两种控制方式间的手动和自动无扰切换。

（5）机组处于工作状态时，对于 RTU（remote terminal unit，远动终端）或计算机系统给出的明显异常的遥调指令［包括突然中断、指令超过全厂或机组给定的上、下限值以及两次指令差超过自定义限值（该值可调整）］，机组 AGC 应能做出如下处理：

1）拒绝执行该明显异常指令，维持原状态；

2）保持原正常指令 8～30s（可调整），以等待恢复正常指令；

3）8～30s（可调整）后未恢复正常指令，则发出报警并自动（或手动）切换至"当地控制模式"；

4）RTU 复位、故障时，计算机监控系统应保持电网调度机构原给定遥调指令值不变，直到接受新的指令。

（6）AGC 机组工作在负荷控制方式时，机组的调整应考虑频率约束，当频率超过（50±0.1)Hz（该值根据电网要求可随时调整）范围时，机组不允许反调节。

（7）发电厂 RTU 或计算机监控系统与电网调度机构 EMS 主站系统的通信规约应满足相关标准和电网调度的要求。

（8）发电厂 RTU 或计算机监控系统应正确传送电厂信息到电网调度机构 EMS 主站系统，正确接收和执行 EMS 主站系统下发的 AGC 指令。

（9）电网调度机构与发电厂之间应具备两个独立路由的通信通道，通道质量和可靠性应符合国家、电力及有关行业的相关标准。

三、试验条件

调试期间，进行燃气-蒸汽联合循环发电机组 AGC 试验，应具备以下条件：

（1）AGC 相关控制逻辑和系统 RTU 设备及参数设置符合二、（二）所列试验要求。

（2）试验前应成立试验指挥小组，明确人员分工。

（3）试验技术负责人应充分了解并掌握 AGC 试验流程，具有相关技术指标分析能力。

（4）参与 AGC 试验的相关部门已经联系当地调度相关部门，申请开展 AGC 试验并获得许可批准。

（5）发电公司参与 AGC 试验的相关部门已经开具 AGC 试验工作票，并做好各项措施。

（6）试验前（如 4h 内）各部门技术负责人根据机组运行情况进行安全及技术交底。

（7）试验机组具备带满负荷、安全稳定运行的能力，机组协调控制系统各种功能经过试验已投入运行。各模拟量控制系统投入自动运行，调节品质达到《火力发电厂模拟量控制系统验收测试规程》的指标要求。试验前燃气轮机投入功率控制回路，汽轮机投入滑压控制回路。

（8）试验机组燃气轮机和汽轮机以及所有主辅机无影响 AGC 试验的缺陷或故障，具备适应负荷在 $50\%\sim100\%P_e$ 区间变化的能力。

（9）试验机组各项保护宜全部投入，保证机组安全。

（10）AGC 试验期间宜解除机组一次调频功能。

（11）调度侧和机组侧之间传输的开关量信号正常，传输的 AGC 相关模拟量信号精度满足相对误差小于 $\pm0.2\%$ 的要求。

四、试验流程

1. 试验前准备工作

试验开始前再次检查确认试验条件，确保试验人员到位，并严格按照试验工作票批准时间开展工作。

2. 电网调度和发电机组通信的 AGC 试验相关模拟量信号精度测试

通过对比模拟量信号在电网调度侧和发电机组侧的数值，计算信号相对误差来判断是否符合精度要求。

3. 机组 AGC 辅助控制逻辑检查确认

检查机组联锁退出 AGC 控制逻辑功能，以及控制系统是否有信号强制条件等，确保控制逻辑能够正确动作。

4. 开展本地协调方式变负荷试验

将机组负荷控制回路投入至本地协调控制模式，开展变负荷试验。将合格的试验报告递交电网自动化处，并申请投入 AGC 方式变负荷。

5. 开展 AGC 方式协调变负荷试验

与电网自动化处联系，并将机组负荷控制回路投入至 AGC 协调控制模式，开展变负荷试验。

五、试验方法

1. 电网调度和发电机组通信的 AGC 试验相关模拟量信号精度测试方法

对于调度与发电机组之间传输的 AGC 指令和实发功率信号，通过在模拟量信号的发送端强制赋值，在接收端读数的方式来计算信号传输过程产生的误差。强制赋值应选择在传输信号量程范围内至少选择 0、25%、50%、75%、100% 五个点分别进行，并计算其相对误差。如相对误差最大值超过 0.2% 则应检查 RTU 参数设置、更换相关卡件或进行其他方式处理，直至满足精度要求。将每个模拟量传输信号的 5 个测试点的相对误差分别计算，并取最大值填入"AGC 涉网试验记录表"中。相对误差计算公式为：

$$相对误差 = \frac{强制值 - 实测值}{强制值} \times 100\%$$

2. 机组 AGC 辅助控制逻辑检查

按表 6-33 进行机组 AGC 辅助控制逻辑检查，并填写检查结果。

表 6-33　　　　　　　　　　机组 AGC 辅助控制逻辑检查确认

序号	检查确认的主要内容	检查结果
1	AGC 负荷指令信号坏质量时联锁退出 AGC 的功能	
2	AGC 允许信号失去时联锁退出 AGC 的功能	
3	非 CCS 协调方式时联锁退出 AGC 的功能	
4	负荷指令闭锁增和闭锁减功能	
5	AGC 指令超限闭锁增减功能	
6	AGC 试验相关控制逻辑是否有影响回路正确动作的强制信号	

3. 本地协调方式变负荷试验方法

通过阶跃改变机组本地负荷指令 $15\%P_e$（P_e 为机组额定负荷）幅度进行发电机组变负荷试验，每次指令扰动结束后应稳定 $1\sim3$min，待机组主参数达到新的稳定值后继续下一次变指令扰动。整个试验一般要求完成三个 $50\%P_e \sim 100\%P_e \sim 50\%P_e$ 连续完整的升/降负荷过程，然后对每一次负荷变动试验计算负荷变化的响应时间、动态偏差、静态偏差和实际负荷变化率指标。如有指标不合格，则需专业人员进行逻辑或控制参数优化，直至 CCS（coordinated control system，协调控制系统）协调变负荷试验技术指标合格，然后撰写"CCS 协调变负荷试验报告"。

4. 开展 AGC 方式协调变负荷试验方法

将 CCS 试验后的合格"CCS 协调变负荷试验报告"提交电网自动化处，申请与网调 EMS 系统进行 AGC 闭环系统联调试验，通过调度 AGC 负荷指令阶跃改变 $15\%P_e$ 幅值进行发电机组变负荷试验，整个试验一般要求完成三个 $50\%P_e \sim 100\%P_e \sim 50\%P_e$ 连续完整的升/降负荷过程，然后对每一次负荷变动试验计算负荷变化的响应时间、动态偏差、静态偏差和实际负荷变化率指标，试验结束后进行技术指标计算并出具试验报告。

六、其他注意事项

1. 针对"全厂 AGC 总负荷指令进行机组级二次分配"情况

由于各区域电网公司对于 AGC 管理办法的不同，部分区域存在全厂 AGC 总负荷指令进行机组级二次分配的运行方式（图 6-10）。针对该运行方式单机 AGC 试验接收厂级子站送出的机组级 AGC 指令即可。

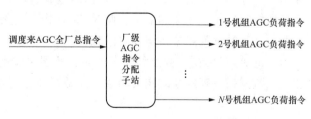

图 6-10　全厂 AGC 总负荷指令分配

2. 是否有深度调峰运行方式

具有深度调峰能力（即低于 $50\%P_e$ 运行）的发电机组进行深度调峰时，电厂侧通常考虑机组是否能够安全稳定运行，排放指标是否符合环保要求等关键性因素。电网侧通常根据电厂侧报送的最低允许调度负荷来进行低负荷深调峰调度。各地电网针对发电机组低于 $50\%P_e$ 区间运行的工况，有的不要求投入 AGC 运行方式，对要求投入 AGC 运行方式的，往往对负荷变化率要求也相应降低，可以进行升降负荷变速率设置。因此开展深度调峰阶段的 AGC 试验时，应根据试验机组所属电网的相关管理制度开展。

3. 配置燃气-蒸汽联合循环机组 AGC 负荷控制方式

国内运行的燃气发电机组，通常都是燃气-蒸汽联合循环发电机组，汽轮机处于滑压控制方式运行，大多数运行工况下处于调节阀全开模式，不主动进行功率和频率调节。因此联合循环发电机组 AGC 调节任务的快速性主要通过燃气轮机响应完成。

国内引进的燃气轮机都配置了完整的功率控制回路，因此开展 AGC 试验时，主要考虑燃气轮机与汽轮机负荷分配以及负荷变化率设置的问题，将分配好的燃气轮机负荷指令送至燃气轮机功率控制回路，并相应设置每台燃气轮机的负荷变化率。

（1）对于装机配置"一拖一"的发电机组，仅有"一拖一"运行工况，该方式下单台燃气轮机负荷变化率必须满足调度对整套联合循环机组负荷变化率的要求。此时 AGC 控制回路如图 6-11 所示。

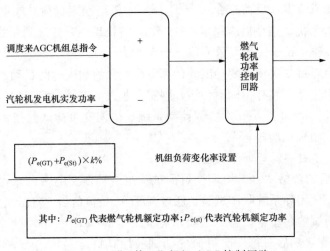

图 6-11 "一拖一"机组 AGC 控制回路

（2）对于装机配置"二拖一"的发电机组，通常配置的两台燃气轮机为相同型号。因此无论"一拖一"还是"二拖一"运行方式，单台燃气轮机负荷变化率只承担调度对整套联合循环机组负荷变化率的一半。此时 AGC 指令回路如图 6-12 所示。

七、试验的危险点分析与预防措施

为保证 AGC 涉网试验过程安全可靠、开展试验前应充分考虑可能影响人员、机组安全和试验数据指标有效性的相关因素，并做好预防措施。常见危险源分析与控制措施见表 6-34。

八、试验记录

为保证 AGC 涉网试验过程和数据可追溯，试验记录应至少包含如下内容：

（1）配合开展 AGC 试验的网调名称、试验发电公司名称及相应机组类型、编号。

（2）开展 AGC 试验的具体日期和时间、试验单位名称、试验负责人及参与人姓名。

（3）AGC 试验相关信号类型、量程、信号通道精度测试及误差等信息。

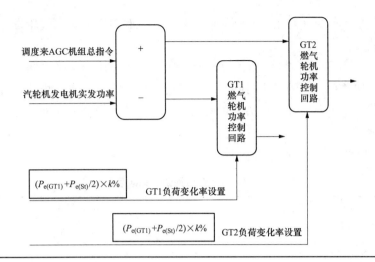

其中：$P_{e(GT1)}$代表1号燃气轮机额定功率；$P_{e(GT2)}$代表2号燃气轮机额定功率；$P_{e(st)}$代表汽轮机额定功率

图 6-12　"二拖一"机组 AGC 控制回路

表 6-34　　　　　　　　　　　AGC 涉网试验常见危险源分析与控制措施表

序号	危险源内容	可能导致风险	预防措施
1	无工作票作业	相关部门或人员不掌握试验信息，导致试验不合格或影响人员与机组安全	试验前必须开具 AGC 试验工作票。工作票相关预防措施必须清晰且可执行
2	试验前未进行安全与技术交底	相关部门或人员不了解试验可能产生的风险，导致试验不合格或影响人员与机组安全	试验前必须进行安全与技术交底，参与交底人员应包括发电部、设备部，试验负责人必须参加
3	试验前未检查确认 AGC 相关信号准确性和可靠性	信号不准确或不可靠可能导致机组负荷突变或影响试验有效性	试验前相关人员必须核查电厂侧与电网侧传输 AGC 信号的一致性，确认信号准确、可靠
4	试验前未检查 AGC 相关控制逻辑和监控画面操作功能	AGC 控制逻辑不正确可能导致试验中途退出，试验失败	应至少检查 AGC 功能投入与切除条件，监控画面应具有 AGC 投入和退出功能
5	试验过程中，管理无序、沟通不畅	对试验过程中出现的现象判断不准确，不及时沟通，导致试验中止或失败	参与试验人员必须配备通信设备；试验应由负责人统一组织协调，对中途出现的现象或问题组织分析作出判断
6	试验前未确认机组 DCS 控制系统趋势记录精度和时间是否满足试验数据采集要求	机组控制系统趋势记录功能精度或时间不满足要求，可能导致试验数据无法收集，影响技术报告的撰写	试验前确认 DCS 控制系统趋势记录功能满足信号采集和存档精度要求，并做好趋势组态，试验中及时截图并记录试验数据
7	事故预想不充分	对试验中可能碰到的故障或问题准备不充分，中途出现可能导致机组跳闸或其他影响机组安全运行的因素	试验中出现影响机组安全稳定运行的因素，调试人员应按调试措施及安全技术交底内容处理，同时终止试验

（4）因燃气轮机实际出力与环境温度相关，试验前应记录燃气轮发电机组实际负荷出力上下限值。

（5）AGC 试验技术指标统计，应记录 AGC 指令下限与上限之间每一次的负荷扰动数据，包括单次负荷扰动的起止时间、起止负荷指令与实发功率、负荷响应时间、负荷动态偏差、负荷静态偏差、设计与实际负荷变化率，并针对每个指标进行计算判断是否满足相关技术要求。

AGC 涉网试验记录表见表 6-35。

表 6-35   AGC 涉网试验记录表

序号	要求记录的项目名称	记录格式及内容		
1	开展 AGC 试验日期	如"××××年××月××日至××××年××月××日"		
2	配合 AGC 试验的电网公司名称	如"×××电网公司"		
3	开展 AGC 试验的发电公司名称	如"＿＿＿＿集团＿＿＿＿公司"		
4	开展 AGC 试验的发电机组类型	如"燃气蒸汽联合循环机组（一拖一或二拖一）"		
5	开展 AGC 试验的发电机组编号	如"1 号机组"		
6	负责 AGC 试验的人员单位名称	如"××××××××公司"		
7	负责 AGC 试验的技术人员姓名	如"张三、李四等"		
8	参与 AGC 试验的人员单位名称	如"××××××××公司"		
9	参与 AGC 试验的技术人员姓名	如"张三、李四等"		
10	AGC 试验主要信号传动情况	类型	量程（MW）	最大相对误差（%）
11	DCS 侧"AGC 指令信号（AI）"	模拟量		
12	DCS 侧"实发功率信号（AO）"	模拟量		
13	DCS 侧"负荷变化率（AO）"	模拟量		
14	机组可调负荷实际上下限值	上限（MW）		下限（MW）
15	AGC 调度负荷指令上下限值	上限（MW）		下限（MW）
16	DCS 侧"AGC 允许投入信号（DO）"	开关量	填写信号数值"1"所对应描述	
17	DCS 侧"AGC 投入/退出信号（DO）"	开关量	填写信号数值"1"所对应描述	
第 1 次负荷变化	负荷指令变化率设置	升速率(MW/min)		降速率(MW/min)
	负荷指令下发开始时刻	如"××时××分××秒"		
	AGC 负荷指令	初始指令（MW）		目标指令（MW）
	机组实发功率	初始功率（MW）		结束功率（MW）
	负荷变化结束时刻	如"××时××分××秒"		
	性能指标计算项目	性能指标实际值	判断性能指标是否合格	
	实际负荷响应时间指标（s）	（要求<3s）	（合格/不合格）	
	负荷动态偏差指标（%P_e）	（要求<2%P_e）	（合格/不合格）	
	负荷静态偏差指标（%P_e）	（要求<1%P_e）	（合格/不合格）	
	实际负荷变化率指标（MW/min）	（不小于 1.5%P_e）	（合格/不合格）	

序号	要求记录的项目名称	记录格式及内容		
第 n 次负荷变化	负荷指令变化率设置	升速率(MW/min)		降速率（MW/min）
	负荷指令下发开始时刻	如"××时××分××秒"		
	AGC负荷指令	初始指令（MW）		目标指令（MW）
	机组实发功率	初始功率（MW）		结束功率（MW）
	负荷变化结束时刻	如"××时××分××秒"		
	性能指标项目	性能指标实际值	判断性能指标是否合格	
	实际负荷响应时间指标（s）	（要求<3s）	（合格/不合格）	
	负荷动态偏差指标（%P_e）	（要求<2%P_e）	（合格/不合格）	
	负荷静态偏差指标（%P_e）	（要求<1%P_e）	（合格/不合格）	
	实际负荷变化率指标（MW/min）	（≥1.5%P_e）	（合格/不合格）	

注　1. 计算性能指标，判断其是否合格应以国家标准与当地标准中较高要求为准。

　　2. 调试过程中，如进行 AGC 48h 考核试验，应统计 48h 内所有负荷扰动情况的相关数据，按"表 6-35"格式进行记录。

第七章 联合循环机组性能试验

第一节 概　　述

联合循环机组性能试验可分为验收考核试验和一般性能测试试验。验收考核试验主要是在新建机组或重大改造后，在公平、公正的基础上确定机组最佳性能是否达到合同要求，需要比常规性能测试试验更精确、更严格、更认真，一般由业主单位、设备供货商和试验单位共同完成，试验前一般需要先对机组进行相应的优化调整以确定其达到最佳运行状态。一般性能测试试验主要用来测试机组的实际性能，以便于电厂进行相应的性能监控，确定大小修及技改项目、技改方向及大小修改造的效果等，一般由业主单位和试验单位联合进行。

无论是验收考核试验，还是一般性能测试试验，其试验目的都是测试机组整体性能和各主要分设备（燃气轮机、汽轮机、余热锅炉）的性能，主要测试指标包括出力、效率、排放、振动、噪声等。依据《火力发电机组性能试验导则》（DL/T 1616—2016），联合循环机组性能试验包括以下项目：

（1）联合循环：联合循环机组出力、热耗率和厂用电率试验。

（2）燃气轮机：燃气轮机出力、效率试验。

（3）汽轮机：汽轮机出力试验。

（4）余热锅炉：余热锅炉出力和烟气侧压降试验。

（5）排放：联合循环机组污染物排放测试。

（6）振动：联合循环机组轴系振动测试。

（7）噪声：联合循环机组噪声测试。

本章中将对目前应用最广的余热锅炉型燃气-蒸汽联合循环机组的性能进行理论分析，并介绍其性能试验的主要技术规范。

第二节　联合循环机组整体性能试验

目前应用最广的联合循环型式是燃烧天然气和液体燃料的余热锅炉型燃气-蒸汽联合循环，它们可以是非补燃式的，也可以是补燃式的。所谓非补燃式余热锅炉型联合循环就是指在燃气轮机的后面安装一台余热锅炉，在其中利用燃气透平的排气余热，去加热供向汽轮机系统的给水，使之产生高温高压的水蒸气，进而送到蒸汽透平中去膨胀做功。显然，这样就能多发出一部分机械功，相应地必然可以提高燃料的化学能与机械功之间的转化效率。所谓补燃式余热锅炉型联合循环是指在余热锅炉中还需补充燃烧一定数量的燃料，这样就可以增加在余热锅炉中产生的蒸汽量，并能提高主蒸汽的热力参数，由此可以增大联合循环的单机功率。

本节讲述联合循环机组整体性能试验的试验边界、试验原理以及试验测点等相关情况。

一、试验边界

机组性能试验时必须确定试验边界，从而确定用于计算和修正试验结果所需测量的物质/能量流。需要参与计算的所有输入和输出能量流都应以其通过边界的点为参考来进行测量。在边界内的能量流可不必测量，除非用于确认运行条件或与试验边界外的状态有关。试验边界应包括发电和热量输出整个热力循环，意味着以下能量流应通过试验边界：

（1）所有输入的能量；

（2）电输出功率和任何辅助能量输出。

图 7-1 所示为典型联合循环机组试验边界的简化示意图。图 7-1 中，实线表示的能量流是通过试验边界的全部或部分质量流量、热力参数，以及化学分析成分，这些都用于参与机组整体性能试验结果的计算。虚线表示的能量流可能需要用于能量和质量平衡计算，但也可能不参与试验结果的计算。

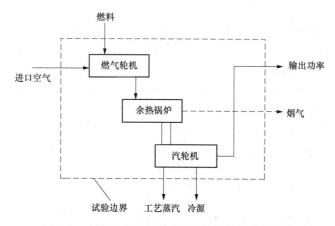

图 7-1 典型联合循环机组试验边界的简化示意图

需要注意的是，按照 ASME PTC 46、供货范围以及合同条款规定不同，试验边界范围也不相同。例如功率输出以发电机出口作为边界，或以主变压器高压侧作为边界。汽轮机的边界有很多种：若凝汽器和冷却水塔都包含在试验范围内，则以环境温度作为基准；若冷却水塔不在范围内，凝汽器在范围内，则以循环水温度作为基准；若冷却水塔和凝汽器都不在范围内，则以汽轮机的排汽压力作为基准。由此可见，不同的边界范围，试验测点的选取是不一样的。

二、试验目的

联合循环机组整体性能试验的主要目的是为了准确地测定机组在合同规定运行条件下基本负荷时的电功率和热耗率（或热效率）。其实，联合循环机组的电功率与输入能量这两项指标都可以通过直接测量获得，只是试验测量时机组的运行条件通常与供货合同规定条件不同，因此，对试验测得的机组性能要进行运行条件的规范化修正。

三、试验原理

（一）机组的测量特性

1. 试验工况下的机组毛功率

一般，联合循环机组性能试验只从发电机轴端直接测量机组的功率，即试验所得的是扣除了励磁机损失以及机组本体机械传动损失后的毛功率和毛热耗率，它并没有包括厂用电耗率。倘若要想测定电站的净功率和净热耗率，那么，机组的功率应在电站上网输出变压器的输出端测定。

对于联合循环机组，其在试验工况下的机组毛功率应是各发电机的测量毛功率之和，其公式如下：

$$P_{\text{meas}} = \sum_{n=1}^{k} P_{\text{meas}n} - \sum_{n=1}^{k} P_{\text{exc}n} \tag{7-1}$$

式中　n——发电机序号；

　　　k——发电机的总数；

　P_{meas}——联合循环机组在试验条件下的机组毛功率，kW；

$P_{\text{meas}n}$——第 n 台发电机的测量毛功率，kW；

$P_{\text{exc}n}$——第 n 台励磁机（由其他动力驱动）消耗的功率，kW。

2. 试验工况下的燃料输入热量

燃料输入热量可通过测量的燃料流量和热值计算，公式如下：

$$Q_{\text{meas}} = (HV \times q_{\text{m}})_{\text{fuel}} \tag{7-2}$$

式中　Q_{meas}——燃料输入热量，kJ/s；

　　HV——燃料热值，kJ/kg；

　　q_{m}——燃料流量，kg/s。

3. 试验工况下的机组供热量

机组供热量的计算公式如下：

$$Q_{\text{h}} = q_{\text{w}} \times (h_1 - h_2) \tag{7-3}$$

式中　Q_{h}——机组供热量，kJ/s；

　　q_{w}——热网水流量，kg/s；

　　h_1——热网供水焓值，kJ/kg；

　　h_2——热网回水焓值，kJ/kg。

4. 试验工况下的机组热耗率

试验工况下的机组热耗率，为燃料输入热量与机组总出力（发电出力＋供热出力）的比值，其公式如下：

$$HR_{\text{meas}} = \frac{Q_{\text{meas}}}{P_{\text{meas}} + Q_{\text{h}}} \times 3600 \tag{7-4}$$

式中　HR_{meas}——试验工况下的机组热耗率，kJ/kWh。

（二）机组的修正特性

前文已提及，需对机组的测量特性进行运行条件的规范化修正，所谓运行条件就是指对机组特性有影响的边界条件。试验边界确定后，边界条件也就随之确定了。结合机组的系统配置和试验边界不难看出，联合循环机组的边界条件包括环境温度、大气压力、空气湿度、冷却水温度（或汽轮机排汽压力）、汽水系统补水温度和补水率、输入燃料温度、燃料组成（热值）、电网频率、发电机功率因数、工艺蒸汽参数、设备运行时间（老化）等。本节对这些边界条件对机组性能的影响机理进行简要分析，并提供通用的修正公式。

1. 机组毛功率的修正参数

整套联合循环机组的功率输出受多个参数的影响，下列几个是从试验状态到保证状态必须修正的重要参数。

（1）环境温度。环境温度会影响燃气轮机输出功率，并通过燃气轮机排气状态（流量和温度）而进一步影响底部蒸汽循环。

如果考虑到空冷凝汽器，或者冷却塔包括在供货范围内，那么环境温度还通过冷却系统性能而影响到汽轮机输出功率。

（2）大气压力。大气压力影响燃气轮机压气机空气流量，从而影响燃气轮机输出功率。余热锅炉蒸汽流量也将改变，进一步影响汽轮机输出功率。

（3）空气湿度。空气湿度对燃气轮机输出功率会有些影响，对湿式冷却塔的性能会有较大影响。

（4）功率因数。燃气轮机及汽轮机发电机的功率因数会影响有功功率输出。

（5）燃料低位热值。如果燃料的低位热值与规定值有较大偏差，那么燃气轮机输出功率和燃气状态会有变化（由于燃料流量变化）。并且，燃气质量流量的变化也会引起汽轮机输出功率的变化。

（6）频率偏差。一般，在一个稳定的大电网中周波不会有大的变化。周波的偏差对燃气轮机的性能有影响。同时，燃气轮机转速偏差引起燃气质量流量的变化还会影响汽轮机输出功率。

（7）燃气轮机的老化和积污

燃气轮机的老化和积污直接影响燃气轮机的输出功率。同时，燃气轮机排气状态（质量流量和温度）也会受到影响，因此也影响汽轮机输出功率。

上述（1）～（7）各项均与燃气轮机排气流量、温度和成分相关联，因而它们也影响底部蒸汽循环的性能。

有些参数只影响蒸汽循环的输出功率，它们是：

（1）冷却水入口温度。汽轮机背压及输出功率在很大程度上取决于冷却水入口温度，如果冷却系统不在供货范围内，则汽轮机背压应该作为一个修正系数。

（2）抽汽参数。当有生产工艺用抽汽时，必须考虑到蒸汽压力（对调整抽汽）和蒸汽质量流量对汽轮机输出功率的影响。

（3）补给水温度。当有生产工艺用抽汽时，补给水温度对汽轮机输出功率会有一个可察觉的影响。

（4）区域供热参数。在区域供热的情况下，当汽轮机采用"以热定电"方式运行时，供热系统的运行状况会影响汽轮机的负荷。

对老厂改造或分期建设的情况，必须考虑燃气轮机排气通道的变动引起压损变化的影响。压力损失取决于燃气轮机后的循环布置。

2. 燃料输入热量的修正参数

对无补燃的联合循环发电机组，热量输入只发生在燃气轮机。因此，输入热量基本上是受那些与影响燃气轮机输出功率的相同参数的影响。

3. 基本性能的通用修正公式

比较发现，各设备供应商提供的修正参数和修正公式不尽相同，本书不一一列举，在此引用 ASME PTC 46 推荐的通用修正公式。

毛功率的通用修正公式为：

$$P_{\text{corr}} = \left(P_{\text{meas}} + \sum_{i=1}^{7} \Delta_i\right) \prod_{j=1}^{5} \alpha_j \tag{7-5}$$

输入热量的通用修正公式为：

$$Q_{\text{corr}} = \left(Q_{\text{meas}} + \sum_{i=1}^{7} \omega_i\right) \prod_{j=1}^{5} \beta_j \tag{7-6}$$

热耗率的通用修正公式为：

$$HR_{\text{corr}} = \frac{\left(Q_{\text{meas}} + \sum\limits_{i=1}^{7} \omega_i\right) \prod\limits_{j=1}^{5} \beta_j}{\left(P_{\text{meas}} + \sum\limits_{i=1}^{7} \Delta_i + Q_{\text{h}}\right) \prod\limits_{j=1}^{5} \alpha_j} \tag{7-7a}$$

或

$$HR_{\text{corr}} = \frac{\left(Q_{\text{meas}} + \sum\limits_{i=1}^{7} \omega_i\right)}{\left(P_{\text{meas}} + \sum\limits_{i=1}^{7} \Delta_i + Q_{\text{h}}\right)} \prod_{j=1}^{5} f_j \tag{7-7b}$$

加法修正量 Δ_i 和 ω_i 以及乘法修正系数 α_j、β_j 和 f_j，用于将测量结果修正到设计基准参考条件下。表 7-1 和表 7-2 汇总了基本性能公式中所用到的修正量和修正系数。

表 7-1 基本性能公式中的加法修正量汇总表

对输入热量的加法修正	对功率的加法修正（注1和注2）	需要修正的项目 运行条件或不可控制的外部条件	内 容
ω_1	Δ_1	输出热量（运行）	由输出热量和能级来计算，如过程供汽流量和焓等
ω_2	Δ_2	发电机功率因数（运行）	
ω_3	Δ_3	锅炉排污量与设计值不同（运行）	有时会隔离排污，结果可以更精确地修正到设计排污量下
ω_4	Δ_4	辅助输入热量（外部）	典型的是过程供汽的凝结水回水温度或补水温度
ω_{5A}	Δ_{5A}	冷却塔或空冷式热交换器的进口环境参数（外部）	对某些联合循环机组，可能基于燃气轮机的进口参数
ω_{5B}	Δ_{5B}	循环水温度与设计值不同（外部）	如果冷却塔或空冷式凝汽器在试验边界之外，则需要使用
ω_{5C}	Δ_{5C}	凝汽器压力（外部）	如果整个冷源系统在试验边界之外
ω_6	Δ_6	辅助负荷，热力的和电力的（运行）	（1）当乘法修正是根据毛功率时，考虑辅助负荷修正（通常只针对汽轮机电厂）； （2）对波动或偏离设计辅助负荷的补偿
ω_7	Δ_7	如果试验测量的功率与规定的目标功率不同，或试验的运行方式与规定的运行方式不同（运行）	（1）试验在额定测量功率或修正后功率下进行时，功率与目标功率存在的微小偏差； （2）阀点运行时，要求运行方式与实际运行方式有微小偏差时需要考虑

注 1. 对一个给定的加法修正下标 i（i 为 1~6），通常 Δ_i 或 ω_i 之一将被用在联合循环机组的性能修正中，但两者不能同时使用，同时使用可能意味着对一个给定条件进行了两次修正。

2. 带有下标 7 的加法修正一般应同时使用。ω_7 修正是对应于 Δ_7 的输入热量的修正。

表 7-2　　　　　　　　　　基本性能公式中的乘法修正系数汇总表

对输入热量的乘法修正 β	对功率的乘法修正 α	对热耗率的乘法修正 $f_j=\beta_j/\alpha_j$	需要修正的项目 运行条件或不可控制的外部条件	说明
β_1	α_1	f_1	环境温度修正（外部）	在试验边界的设备进口处测量
β_2	α_2	f_2	大气压力修正（外部）	
β_3	α_3	f_3	环境湿度修正（外部）	
β_4	α_4	f_4	供应燃料温度修正（外部）	
β_5	α_5	f_5	燃料实际成分与设计值不同的修正（外部）	

那些对特定类型试验机组或规定试验目的不适用的修正项目，可以根据它们是乘法修正系数还是加法修正量而分别设定为 1 或 0。

有些修正只在与设计条件有较大偏差时才显得重要，否则，这些修正可以忽略不计。如热电联产机组中的过程供汽的回水温度等某些辅助输入热量参数。如果试验前不确定度分析显示该修正不重要，那么该修正就可以忽略，否则，应对该参数进行测量。

上述基本性能公式是一个通用公式，可根据具体机组类型或试验目的而作相应改变。在具体性能试验时，宜采用设备供应商提供的性能计算及修正公式。

4．修正曲线

修正曲线基本上取决于所采用机组的技术和底部蒸汽循环的配置方式。对采用纯凝汽式汽轮机的联合循环发电机组，修正曲线的基本形状是可以确定的，而曲线的斜率则随所选的蒸汽参数（即蒸汽压力、温度、压力级数等）、燃气轮机及控制方式而变化。曲线的形状同时也取决于有无用于供热、降低 NO_x 等的抽汽。

四、试验测点的配置及安装

数据测量分为两类：直接参与计算和修正的参数为一类参数，这些参数在试验原理分析时已有论述；不直接参与计算和修正，而用于确定试验状态和试验条件的参数为二类参数。一类参数使用高精度的临时试验仪表测量，二类参数可以使用机组永久性安装的仪表测量。所有一类参数的测量仪表必须经过法定计量部门或法定计量传递部门校验，具有合格证书，在校验有效期内。

根据划定的试验边界选取试验测点，测点的安装位置对测量结果影响较大，对流场不均匀的位置应布置多重测点取平均值。图 7-2 给出了双轴布置方式的联合循环试验时，主要测点的布设情况，可供参考。

各测点的详细安装位置和精度要求本书不一一赘述，实际试验时可参考相应标准。在此列出联合循环机组性能试验测点布置应注意的事项：

（1）在每台燃气轮机的进气过滤室中至少要设置 4 个经过校验的温度仪表，借以来测量大气的温度。测点的布局要经过仔细选择，以消除温度分布不均匀性的影响，力求把空间分布误差减至最小，并避免太阳和雨滴对温度测量值的影响。

（2）环境空气湿度可由测量的绝热湿球温度、露点温度或相对湿度来确定。空气湿度计也应置于进气过滤室中。

（3）气体燃料单位时间实际流量（流率）的测量最好采用符合 ISO 9951 的涡轮流量计，或者采用符合公认国际或国家标准要求的容积流量计、孔板流量计或科式流量计。

（4）用喷嘴、孔板或文丘里测量液体燃料流量时，仪器的设计、布置和安装应符合公

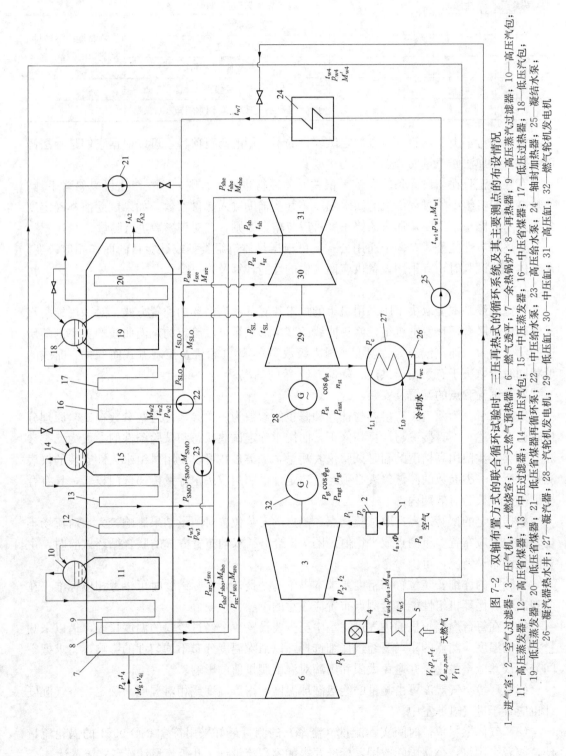

图 7-2 双轴布置方式的联合循环系统及其主要测点的布设情况

1—进气室；2—空气过滤器；3—压气机；4—燃烧室；5—天然气预热器；6—燃气透平；7—余热锅炉；8—再热器；9—高压蒸汽过滤器；10—高压汽包；
11—高压蒸发器；12—高压省煤器；13—中压过滤器；14—中压汽包；15—中压蒸发器；16—中压省煤器；17—低压过热器；18—低压汽包；
19—低压蒸发器；20—低压省煤器；21—低压省煤器再循环泵；22—高压给水泵；23—高压给水泵；24—轴封加热器；25—凝结水泵；
26—凝汽器热水井；27—凝汽器；28—汽轮机发电机；29—低压缸；30—中压缸；31—高压缸；32—燃气轮机发电机

认标准，如 ISO 5617。也可以采用其他流量测量装置，例如容积流量计、涡街流量计、科式流量计或超声波流量计。对于容积式流量计，燃料的温度也应精确测量以计算其质量流量。

（5）应在试验前协商并确定燃料采样位置。所选采样位置应尽量靠近试验边界，在流量计量装置上游，这样，燃料样品才能代表经过计量装置的燃料特性。

（6）应使用专门的样品容器保存燃料样品。建议采集至少三组样品，试验开始、试验中间、试验结束时各采集一组。如果怀疑燃料供应不稳定，可以在试验期间增加采样组数。每组至少采集 3 样品，一份用于实验室分析，一份由业主保存，另一份作为备用由设备供货商保留。应保留备用样品直到实验室结果已经公布，并且试验相关方均认可试验结果。燃料样品应送至试验相关方均认可的独立检测机构进行实验室分析。燃料特性应由试验开始、试验中间、试验结束时采集的具体燃料样品特性的平均值确定。

（7）测量有功功率时，应采用单相或多相的精密功率表或电能表。如果功率测量仪器没有测量功率因数的功能，应采用无功功率表或无功电能表记录瞬态无功功率。如果励磁和/或辅机功率是从发电机母线引出的，为了在总功率基础上确定净功率，应对励磁和/或辅机功率进行测量。

（8）应采用准确度等级不超过 0.2% 、量程合适并经过校验的电压和电流互感器。互感器只能设计用于测量，不得有试验仪器和导线以外的任何负载，即保护继电器和电压调节装置不得连接该互感器。仪器与互感器之间连接导线的布置应使电感、电压降或其他原因产生的影响最小。

五、试验条件的控制及注意事项

联合循环机组性能试验应满足以下条件：

（1）试验用燃料流量测量装置，应按照试验标准要求进行采购，校验合格后，在试验前安装到位。

（2）试验用发电机出口电压互感器（TV）、电流互感器（TA）应校验合格，其精度应满足标准要求，在机组建设期间安装到位。

（3）试验所用数据采集系统应校验合格。

（4）性能测试前，空气进口滤网应确保干净，如果压损过大，则应更换滤芯，使进气压损尽量接近设计值；性能试验前，压气机必须进行离线水洗，并检查压气机叶片清洁程度，如果离线水洗效果不明显，则进行人工擦拭压气机导叶。

（5）为保证燃气轮机处于新、净状态，压气机离线水洗后，应尽快进行性能试验。

（6）汽轮机组真空严密性应合格。

（7）建设单位或设备供应商可对机组进行调整，以确保机组达到最佳的运行工况。

（8）对试验的热力系统应进行严格的隔离，保证没有无关的工质和热量进出系统，例如锅炉的排污、系统的排汽等。对于确实无法消除的缺陷，试验前各方应讨论确定修正方法。

（9）试验期间，机组运行稳定，其参数波动范围应满足试验标准要求。

（10）性能试验期间，燃气轮机进气滤网除冰装置应处于关闭状态。

（11）在作满负荷性能试验时，不论大气温度为何值，我们必须确保基本负荷条件下燃气透平的前温恒定为设计值。由于目前透平的温度都设计得相当高，一般并不直接测量，通常它是通过直接测量燃气透平的排气温度来间接推算。因此，必须保证机组运行在温控模式。

（12）为保证试验负荷相对稳定，若条件允许，试验期间应尽可能解开 AGC（Automatic Generation Control，自动发电控制）和 AVC（Automatic Voltage Control，自动电压控制）。

（13）由于修正计算相对复杂，试验时尽可能保证机组参数接近设计值，从而降低试验的不确定度。

（14）在开始试验记录前，联合循环机组应在恒定负荷稳定运行 1h 以上。

（15）每个负荷的试验测量时间应至少持续 1h。但也不能太长，否则会由于大气温度的变化幅度较大，致使机组在远离合同规定的条件下运行，反而会导致较大的误差。

（16）在进行正式试验之前，应先进行预备性试验，预备性试验的要求与正式试验的要求完全相同。若试验各方认为试验过程和条件满足要求，预备性试验也可作为一次正式试验。

（17）验收试验的性能试验结果涉及商务索赔内容，因此试验每个步骤，包括试验程序的讨论、试验仪表的检定与安装、试验开始条件的确认、燃料采样的封存与化验、试验过程和试验数据的确认等，都应该由有关各方共同确认，分清责任。

第三节　联合循环燃气轮机性能试验

燃气轮机是一种新型的动力机械，当它正常工作时，需要不断地从外界吸入空气（工质），并完成压缩、燃烧加热、膨胀和放热四大过程，即实现一个热力循环后，才能连续地把燃料中的化学能部分地转化成为机械功。

本节讲述联合循环燃气轮机性能试验的试验边界、试验原理以及试验测点等相关情况。对于单轴燃气-蒸汽联合循环机组的燃气轮机，由于燃气轮机和汽轮机在同一根轴上，其出力不能分开测量，不宜进行该项试验。

一、试验边界

ASME PTC 22 规程建议了两种试验边界：一种是由设备范围确定的边界，用于确定机组功率和热耗率；另一种是热平衡边界，用于计算排气流量和能量，是一个围绕燃气轮机更为紧凑的边界，如图 7-3 所示。

二、试验目的

联合循环燃气轮机性能试验的主要目的之一是为了确定燃气轮机在试验条件下运行时的输出功率和热耗率（或热效率），并将这些结果修正到规定的运行条件。

此外，现在大多数用户各自从不同供货商处采购设备，组建联合循环电站，因而除了功率和效率外，燃气轮机的排气温度、流量或能量成为关键的测量值，它们是确定余热锅炉和底部蒸汽循环性能的必要参数。

三、试验原理

1. 燃气轮机的测量特性

（1）试验工况下的机组毛功率。燃气轮机在试验工况下的毛功率公式如下：

$$P_{GT,gross} = P_{GT,meas} - P_{GT,exc} \tag{7-8}$$

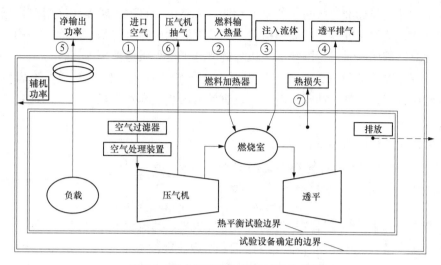

图 7-3 联合循环燃气轮机试验边界图

注 1. 物质/能量流①、②、③、④、⑤、⑥用于功率和热耗率的计算。

2. 物质/能量流①、②、③、④、⑤、⑥、⑦用于排气流量和温度的计算。

3. 排放物质/能量流不用于上述计算。

式中 $P_{GT,gross}$——燃气轮机在试验条件下的毛功率，kW；

$P_{GT,meas}$——燃气轮机发电机的测量毛功率，kW；

$P_{GT,exc}$——燃气轮机励磁机（由其他动力驱动）消耗的功率，kW。

（2）试验工况下的燃料输入热量。燃料输入热量通过测量的燃料流量和热值计算，公式如下：

$$Q_{GT,meas} = (HV \times q_m)_{GT,fuel} \tag{7-9}$$

式中 $Q_{GT,meas}$——燃料输入热量，kJ/s；

HV——燃料热值，kJ/kg；

q_m——燃料流量，kg/s。

（3）试验工况下的机组热耗率。燃气轮机在试验工况下的热耗率，为燃料输入热量与机组毛功率的比值，其公式如下：

$$HR_{GT,meas} = \frac{Q_{GT,meas}}{P_{GT,gross}} \times 3600 \tag{7-10}$$

式中 $HR_{GT,meas}$——燃气轮机在试验工况下的热耗率，kJ/kWh。

（4）燃气轮机的排气流量和能量。PTC 委员会研究了确定排气流量或能量的若干种不同方法，如：入口流量测量装置、出口流量测量装置、余热锅炉热平衡、排气成分分析、燃气轮机热平衡等。按照 PTC 1 中的要求，并基于对经济合理性的考虑，ASME PTC 22 规程最终选择了燃气轮机热平衡法。以下对该方法作简要介绍。

为确定排气能量，必须确定一个计算排气能量所依据的基准温度。工业实践中，基准温度的选择并非确定不变，可选为任何温度。各项能量都必须基于所选的基准温度进行计算。如果选定的基准温度为测量的压气机进口空气温度，排气能量计算则大为简化，因为可以不必计算排气温度、进口空气流量、进口空气湿度，而直接得到进口空气的能量和焓 $Q_{空气}=0$，$h_{空气}=0$。但是，如果为了与标准值进行比较，则必须对计算的排气能量进行修正，使其基准温度与标准值所基于的温度相同。ASME PTC 22 规程允许用户根据特定的试验条件选择合适的基准温度，而非指定一个基准温度。当所选基准温度不是测量的压气机入口温度时，需要同时进行围绕试验边界的能量平衡和质量平衡计算。

进入系统边界的能量有：空气、燃料以及燃气轮机注入流体；离开系统边界的能量有：燃气轮机排气、压气机抽气、电功率或机械输出功率和各项热损失。因此，能量和质量平衡方程如下。

进入的能量＝输出的能量，即：

$$Q_{空气} + Q_{燃料} + Q_{注入流体} = Q_{压气机抽气} + Q_{输出功率} + Q_{热损失} + Q_{排气} \tag{7-11}$$

进入的质量＝输出的质量，即：

$$m_{空气} + m_{燃料} + m_{注入流体} = m_{压气机抽气} + m_{排气} \tag{7-12}$$

上述两个方程中，除了排气流量和入口空气流量，其他均可以通过直接测量或设定来量化。由于排气焓取决于燃料和空气的比例，所以不能简单地从两个方程来求两个变量。可以采用两种计算排气流量的方法：①第一种方法，迭代计算。先假定一个空气流量，反复计算，最终当能量平衡时就确定了排气流量和空气流量；②第二种方法不需要迭代，但需要将进口空气和排气流分成燃烧流和不燃烧流，其思路是确定按化学计量完全燃烧所需的空气流量和过量空气流量。该方法不用迭代就可直接解出所有的量，以下便对该方法进行介绍。

为了具体实施该非迭代计算方法，需要以下若干参数定义：

$$Q_{空气} = Q_{燃烧空气} + Q_{入口过量空气} \tag{7-13}$$

$$Q_{排气} = Q_{燃烧产物} + Q_{出口过量空气} \tag{7-14}$$

$$m_{燃烧产物} = m_{燃烧空气} + m_{燃料} + m_{注入流体} \tag{7-15}$$

$$m_{排气} = m_{燃烧产物} + m_{出口过量空气} \tag{7-16}$$

计算需要的数据包括：大气压力；压气机进口空气干球温度；压气机进口空气湿球温度，或相对湿度；气体或液体燃料质量流量；气体燃料摩尔分析或液体燃料元素（质量）分析；燃料低热值；燃料温度；注入流体流量；注入流体焓；抽出空气流量；抽出空气温度；排气温度；选择计算焓的基准温度；燃气轮机损失；功率输出。

主要计算步骤如下：

①根据大气参数和干空气成分，通过湿空气成分和温度比的计算，最终确定燃气轮机进口空气的湿空气摩尔成分。

②确定由于燃料中每种组分的完全化学计量燃烧而引起的排气中空气组分的摩尔流量的变化。

③确定完全化学计量燃烧所需要的湿空气质量流量。

④根据大气参数和③中计算得到的燃烧室湿空气质量流量确定进入燃烧室的进口空气摩尔流量。

⑤利用在④中得到的进入燃烧室的空气摩尔流量和②中得到的由于燃料燃烧而引起的空气摩尔流量的变化来确定燃烧产物的成分。透平排气的摩尔流量中必须包括注入到燃气轮机的蒸汽或水的摩尔流量。然后可以计算燃烧产物各组分的质量份额。

⑥根据⑤中得到的构成燃烧产物各组分的质量份额和测量的排气温度及选择的计算焓的基准温度来确定透平排气口燃烧产物的焓。

⑦根据进口空气成分和测量的干球温度来确定燃气轮机进口空气的焓；压气机抽气焓可以用相同的空气成分和测量的抽气温度来计算；过量空气的焓则用相同的湿空气成分和进口干球温度及透平排气温度来分别计算。

⑧确定气体燃料或液体燃料的低热值 LHV，包括显热。

⑨用测量的流量乘调整的焓来确定注入到燃气轮机的蒸汽或水的能量。调整的焓是从 ASME 蒸汽表中测量温度和压力下的焓（基准温度为 0℃）中减去饱和蒸汽在选择的基准温度下的焓。

⑩将输出电功率换算到热量。

⑪按照 ASME PTC 22 推荐的方法确定燃气轮机热损失。

⑫到此为止在热平衡方程中未知数只有过量空气流量。

$$m_{过量空气}(h_{进口空气} - h_{排气中空气}) = m_{压气机抽气}h_{压气机抽气} + Q_{输出功率} + Q_{热损失} + \\ m_{燃烧产物}h_{燃烧产物} - m_{燃烧空气}h_{进口空气} - m_{燃料}(LHV) - m_{注入流体}h_{注入流体} \tag{7-17}$$

⑬最后计算燃气轮机排气流量，即为燃烧产物质量流量加上过量空气流量。

规程还给出了各种中间计算的过程和算法，包括：湿空气成分和进入燃烧室的摩尔流量；气体燃料燃烧引起的摩尔流量变化；液体燃料燃烧引起的摩尔流量变化；燃烧空气流量；燃烧产物排气成分；气体（排气和空气）焓；气体（或液体）燃料热值。

2. 燃气轮机的修正特性

从燃气轮机的试验边界以及上一节对联合循环机组性能影响参数的分析不难看出，影响燃气轮机性能的边界条件主要有：环境温度、大气压力、空气湿度、输入燃料温度、燃料组成（热值）、转速、发电机功率因数、设备运行时间（老化）等。本节给出燃气轮机性能的通用修正公式供参考。

修正毛功率的表达式为：

$$P_{GT,corr} = P_{GT,gross} \times \prod_{j=1}^{12} \alpha_j \tag{7-18}$$

修正热耗率的表达式为：

$$HR_{GT,corr} = HR_{GT,meas} \times \prod_{j=1}^{12} \beta_j \tag{7-19}$$

修正排气流量的表达式为：

$$m_{exh,corr} = m_{exh,meas} \times \prod_{j=1}^{12} \gamma_j \tag{7-20}$$

修正排气能量的表达式为：

$$Q_{exh,corr} = Q_{exh,meas} \times \prod_{j=1}^{12} \varepsilon_j \tag{7-21}$$

修正排气温度的表达式为：

$$t_{exh,corr} = t_{exh,meas} + \sum_{j=1}^{12} \delta_j \tag{7-22}$$

式中　　$P_{GT,corr}$——修正后的燃气轮机电功率，kW；

$HR_{GT,corr}$——修正后的燃气轮机热耗率，kJ/kWh；

$m_{exh,meas}$——试验工况下的燃气轮机排气流量，kg/s；

$m_{exh,corr}$——修正后的燃气轮机排气流量，kg/s；

$Q_{\text{exh,meas}}$——试验工况下的燃气轮机排气能量，kW；

$Q_{\text{exh,corr}}$——修正后的燃气轮机排气能量，kW；

$t_{\text{exh,meas}}$——试验工况下的燃气轮机排气温度，℃；

$t_{\text{exh,corr}}$——修正后的燃气轮机排气温度，℃。

乘法修正系数 α_j、β_j、γ_j 和 ε_j，与加法修正系数 δ_j，用于将测量结果修正到设计基准参考条件下，表7-3 对其进行了汇总。

表 7-3   修正公式中的修正系数汇总表

对功率的乘法修正	对热耗率的乘法修正	对排气流量的乘法修正	对排气能量的乘法修正	对排气温度的加法修正	需要修正的不可控的外部条件
α_1	β_1	γ_1	ε_1	δ_1	环境温度修正
α_2	β_2	γ_2	ε_2	δ_2	大气压力修正
α_3	β_3	γ_3	ε_3	δ_3	环境湿度修正
α_4	β_4	γ_4	ε_4	δ_4	燃料组分修正
α_5	β_5	γ_5	ε_5	δ_5	注入流体流量修正
α_6	β_6	γ_6	ε_6	δ_6	注入流体热值修正
α_7	β_7	γ_7	ε_7	δ_7	注入流体组分修正
α_8	β_8	γ_8	ε_8	δ_8	排气系统压降修正
α_9	β_9	γ_9	ε_9	δ_9	转速修正
α_{10}	β_{10}	γ_{10}	ε_{10}	δ_{10}	燃气轮机抽气修正
α_{11}	β_{11}	γ_{11}	ε_{11}	δ_{11}	供应燃料温度修正
α_{12}	β_{12}	γ_{12}	ε_{12}	δ_{12}	进气系统压降修正

那些对特定类型试验机组或规定试验目的不适用的修正项目，可以根据它们是乘法修正系数还是加法修正量而分别设定为 1 或 0。

有些修正只在与设计条件有较大偏差时才显得重要，否则，这些修正可以忽略不计。如燃料组分的修正。如果试验前不确定度分析显示该修正不重要，那么该修正就可以忽略，否则，应对该参数进行测量。

上述修正公式是一个通用公式，可根据具体机组类型或试验目的而作相应改变。在具体性能试验时，宜采用设备供应商提供的性能计算及修正公式。

四、试验测点的配置及安装

1. 测点的配置

针对不同的试验目的，所需测量的试验测点略有不同。表7-4 列出了对边界图7-3 中各个物质/能量流所要求的测量项目。

表 7-4   要求的测量项目

能量流	计算功率和热耗	计算排气流量和能量
①进口空气	压力、温度、湿度	压力、温度、湿度
②燃料	压力、温度、流量、组分	压力、温度、流量、组分
③注入流体	压力、温度、流量	压力、温度、流量

续表

能量流	计算功率和热耗	计算排气流量和能量
④排气	压力、温度	温度
⑤功率	输出功率、功率因数	输出功率、功率因数
⑥抽取空气	流量	温度、流量
⑦热损失	—	温度、流量

注 热损失指发电机、润滑油冷却器、燃气轮机外表面、转子空气冷却等的热损失，仅在计算排气流量和能量时需要测量。因其对计算排气能影响很小，一般视为定值而不需测量。

2. 安装试验测点时注意事项

（1）空气入口温度。空气入口温度应在规定的试验边界点进行测量，推荐在燃气轮机的进气管内测量温度，因为此处混合良好，可获得真实的入口温度。但是，如果试验各方之间有约定，也可在其他位置测量，例如空气滤网的入口处。此时，需要特别小心地保护温度计，防止感温元件暴露在太阳、其他辐射源或者高速（超过 10m/s）气流环境中。

仪器数量取决于空气过滤系统进口区域形状和尺寸。测量该温度时，应在进口截面上均匀布置 4 只温度传感器。根据经验推荐每 $10m^2$ 进口面积安装一只温度传感器。如果进口温度分布不均匀，应相应增加传感器数量，取其加权平均值。试验各方应就此达成协议。

（2）透平排气温度。由于透平排气温度在燃气轮机运行、控制和保护系统中用作主要输入参数，因此燃气轮机范围一般包括透平排气温度测量装置。燃气轮机制造商根据研发和经验，同时考虑不均匀的温度和流速分布以及热辐射和热传导的影响，确定排气室或者级间区域（对于多轴或再热燃气轮机）测温探针的数量和位置。

如果用临时试验仪器测量透平排气温度，应考虑空间温度和流速梯度，在等横截面积区域中心共安装至少 4 只传感器或合适的横向探针。如果实际情况需要将传感器安装在透平排气法兰或其附近，为保证足够的准确度，需要多于 4 只传感器。

排气温度的测定位置应靠近试验边界，试验边界通常是燃气轮机与余热锅炉之间的分界面。透平排气的温度和速度分布通常是不均匀的，因此，要将单独测得的排气温度求取平均值。制造商应规定具体方法。最好的办法是制造商根据其他类似机组的现场试验数据或采用分析根据（例如 CFD 建模）提供计算方法。

（3）对燃料采样、燃料流量测量以及功率测量的要求，与联合循环机组性能试验的要求相同。

五、试验条件的控制及注意事项

联合循环燃气轮机的性能试验条件与联合循环机组整体性能试验条件基本相同，但需注意以下事项：

（1）为了提供可靠的读数平均值，ASME PTC 22 规程推荐采用 30min 的测试时间，既要满足运行稳定性的要求，又要满足试验不确定的要求。一次测试可以是单次持续30min，也可以是若干次测试的平均值；后者则需要每次分别修正，然后取平均值。虽然该规程未要求多次重复测试，但是，多次重复测试方法提供了剔除异常测试数据、减小平均不确定度和验证试验结果可重复性等诸多优越性。

（2）同样的，在进行正式试验之前，应先进行预备性试验，预备性试验的要求与正式试验的要求完全相同。若试验各方认为试验过程和条件满足要求，预备性试验也可作为一次正式试验。

第四节　联合循环汽轮机性能试验

联合循环中的汽轮机是一种余热利用型的动力设备，它的能量供给源是燃气轮机透平排气中的余热。余热的数量只与燃气轮机的性能有关，而无法按汽轮机负荷需要的变动而主动调节，这是与普通火电站中汽轮机的最大不同点。

本节讲述联合循环汽轮机性能试验的试验边界、试验原理以及试验测点等相关情况。同理，对于单轴燃气-蒸汽联合循环机组的燃气轮机，由于燃气轮机和汽轮机在同一根轴上，其出力不能分开测量，不宜进行该项试验。

一、试验边界

对于联合循环汽轮机，以下能量流均应过试验边界：

（1）所有的输入热能（进汽）；

（2）所有的输出热能（抽汽）；

（3）所有的电功率输出。

常规联合循环汽轮机性能试验的试验边界如图 7-4 与图 7-5 所示。

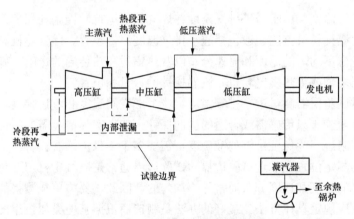

图 7-4　三压式再热汽轮机试验边界

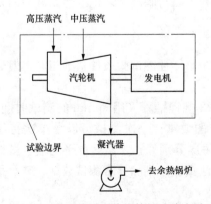

图 7-5　双压式无再热汽轮机试验边界

二、试验目的

联合循环汽轮机性能试验的主要目的是为了准确地测定汽轮机在合同规定运行条件下的输出功率。由于该输出功率值是基于特定的蒸汽流量和参数，因此也就代表了该汽轮机的效率。联合循环汽轮机，不采用热耗率的概念。

三、试验原理

从汽轮机的试验边界以及在对联合循环机组性能影响参数的分析中不难看出，影响汽轮机性能的边界条件主要有：高压缸流量、高压缸温度、高压

缸通流能力、再热器系统压降、再热器净流量变化和再热温度、低压缸补入蒸汽流量和
焓、排汽压力、发电机功率因数、发电机氢气压力等。本节给出联合循环汽轮机性能的通
用修正公式供参考。

毛功率的通用修正公式为：

$$P_{ST,corr} = P_{ST,gross} + \sum_{i=1}^{n} \Delta_i \qquad (7-23)$$

式中　$P_{ST,gross}$——汽轮机在试验条件下的毛功率，kW；

$P_{ST,corr}$——修正后的汽轮机电功率，kW。

加法修正量 Δ_i 表示差值，单位为 kW，用于将测量结果修正到设计基准参考条件下，
取决于修正项的符号，测量的输出功率值加上 Δ_i 值之和或减去 Δ_i 值之和。如果修正值相
对于设计值表示为 $\Delta_i = (P_{off-design} - P_{design})_i$，则应从测量的输出值减去 Δ_i 值之和；如果修
正值相对于设计值表示为 $\Delta_i = (P_{design} - P_{off-design})_i$，则测量的输出值应加上 Δ_i 值之和。根
据变量变化趋势和修正曲线的效率，每一 Δ_i 值可正可负。表 7-5 归纳了基本性能方程中
的各个修正项目。对某些类型的汽轮机或特定试验目的的不适用的修正项取为 0 即可。

表 7-5　　　　　　　　　　基本性能公式中的加法修正量汇总表

对功率的加法修正量	需要修正的项目 运行条件或不可控制的外部条件	说　明
Δ_{1A}	高压蒸汽流量	适用于滑压进汽
Δ_{1B}	高压蒸汽流量	适用于定压进汽
Δ_{2A}	高压蒸汽温度	适用于滑压进汽
Δ_{2B}	高压蒸汽温度	适用于定压进汽
Δ_{3A}	高压缸通流能力（也称为修正后的节流流量）	适用于滑压进汽
Δ_{3B}	高压蒸汽压力	适用于定压进汽
Δ_4	进气阀组合特性	适用于定压进汽，此时基准工况和修正均基于最佳阀门开度
Δ_5	再热器系统压降	适用于再热循环
Δ_6	再热蒸汽温度与再热蒸汽流量变化	适用于再热循环
Δ_7	高压缸排汽焓对再热器吸热量的影响	适用于再热循环
Δ_8	高压缸排汽流量对再热器吸热量的影响	适用于再热循环
Δ_9	补汽流量和蒸汽焓	
Δ_{10}	补汽压力	适用于由汽轮机进汽阀控制补汽压力
Δ_{11}	抽汽流量	
Δ_{12}	抽汽压力	适用于由汽轮机内的控制阀控制抽汽压力
Δ_{13}	排汽压力	
Δ_{14}	功率因数	
Δ_{15}	发电机冷却气体压力	

由于循环配置和试验目的的不同，联合循环系统中汽轮机性能试验的方法不同于常规给水回热循环系统中汽轮机性能试验的方法。依据 ASME PTC 6.2，与常规给水回热循环系统中汽轮机性能修正不同，联合循环汽轮机性能的修正采用二元加法修正法，从而降低修正误差对整个不确定度的影响。因为在大多数多压力联合循环和余热循环利用中，汽轮机有多个进汽或抽汽，它们不能与主蒸汽流量成比例变化，这增加了修正公式中二阶迭代的影响，因此需要二元修正来维持修正方法的精度。使用加法修正能更精确、真实地反映修正变量的热力学影响。

需要加以解释的是，汽轮机高压缸排汽能量影响了再热器的热量消耗，因而，进入汽轮机的流量、压力和温度对出力性能的修正项没有把汽轮机出力性能修正到基准热量消耗。为了消除汽轮机高压缸对再热器热量消耗的影响，ASME PTC 6.2 中结合了高压缸排汽焓和高压缸排汽流量对再热器的 2 个修正项（Δ_7 和 Δ_8）来说明汽轮机对再热器热量消耗的影响，从而使出力性能更加精确地反映整个汽轮机效率。

四、试验测点的配置及安装

按照 ASME PTC 6.2 规程测量汽轮机出力性能，需要把发电机出力修正到基准条件下。因而，需要测量所有给水流量和低压过热器出口的蒸汽流量，以及其他压力、温度等热力学参数。汽轮机各段的不明泄漏量是按给水流量的比例分配的，给水流量减去各自的不明泄漏量，就可确定进入汽轮机的蒸汽流量，修正发电机出力。

图 7-6 给出了联合循环三压式高中压合缸再热汽轮机性能试验时，主要测点的布设情况，可供参考。

五、试验条件的控制及注意事项

联合循环汽轮机性能试验应满足以下条件：

（1）汽轮机进汽控制阀须按基准工况模式运行。譬如，如果基准工况是基于阀门全开工况，则性能试验须在同样工况条件下进行。如果基准工况是基于最佳阀门开度工况，且采用调节进汽控制阀并在变压工况下运行，则性能试验应在最接近基准工况的阀门开度下进行。要求进行多次重复使用，两次试验的汽轮机负荷变化不应小于 10%，且变化时间不少于 30min，待机组稳定后再进行下一次试验。在连续两次试验测试间，应解除循环系统隔离并恢复到常规运行模式。

（2）在每次试验测试前，汽轮机及其所有相关设备均须运行足够长的时间，以达到稳定运行工况。

（3）应尽一切努力使性能试验在规定工况或尽可能接近规定工况下进行，以使修正幅度最小。

（4）为了验证结果的重复性，ASME PTC 6.2 规程推荐进行三次有效试验测试，每次测试时间不小于 1h，取三次测试结果的平均值作为最终试验结果。

（5）同样的，在进行正式试验之前，应先进行预备性试验，预备性试验的要求与正式试验的要求完全相同。若试验各方认为试验过程和条件满足要求，预备性试验也可作为一次正式试验。

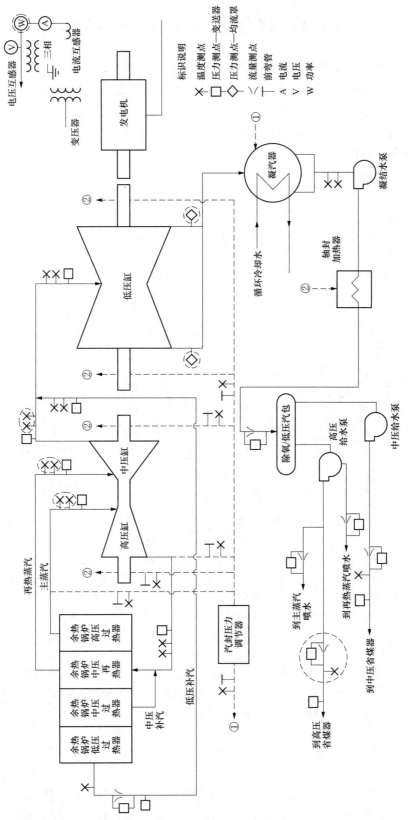

图 7-6 联合循环三压式高中压合缸—低压缸再热汽轮机性能试验的仪表测点和类型

第五节　联合循环余热锅炉性能试验

　　余热锅炉作为联合循环机组的重要组成，利用燃气轮机中做功后排放的热烟气，将冷凝水通过各级换热面加热到汽轮机所需的蒸汽参数，从实现热量的深度利用。余热锅炉根据其布置形式的不同分为立式与卧式，目前国内的余热锅炉大多数采用卧式布置。

　　近几年为了提高联合循环机组的效率，余热锅炉正向更高参数方向发展，匹配9HA等级的亚临界余热锅方案已经研发成功。

　　本节讲述联合循环余热锅炉性能试验的试验边界、试验原理以及试验测点等相关情况。

一、试验边界

　　图7-7所示为典型三压再热式联合循环余热锅炉试验边界的简化示意图。

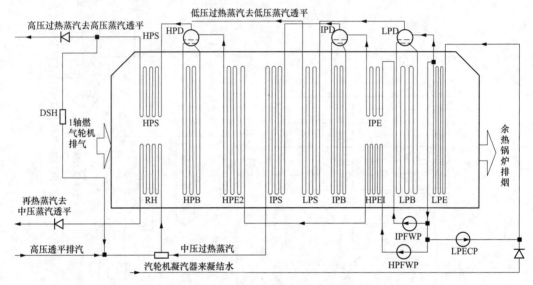

图7-7　典型三压再热式联合循环余热锅炉试验边界

LPE—低压省煤器；IPE—中压省煤器；HPE1—高压省煤器1；HPE2—高压省煤器2；LPB—低压蒸发器；
IPB—中压蒸发器；HPB—高压蒸发器；LPS—低压过热器；IPS—中压过热器；HPS—高压过热器；
LPD—低压汽包；IPD—中压汽泡；HPD—高压汽包；IPFWP—中压给水泵；HPFWP—高压给水泵；
LPECP—低压省煤器循环泵；DSH—减温器；RH—再热器

二、试验目的

　　联合循环余热锅炉性能试验的主要目的是为了准确地测定余热锅炉的热效率、出力以及其他有关的运行特性（烟风系统和汽水系统的压降、烟气流量及温度、蒸汽温度及汽水品质、余热锅炉漏风及旁路烟道烟气泄漏等）。

三、试验原理

（一）余热锅炉的热效率

1. 试验工况下的热效率

ASME PTC 4.4—2008标准中取消了余热锅炉效率的试验，但是作为一个考核项目，大部分国内联合循环电厂还是要进行的，因而可以参考ASME PTC 4.4—1981标准进行。

ASME PTC 4.4—1981 标准对余热锅炉热效率的计算提出 3 种方法：正平衡法、反平衡法和焓降法。

（1）正平衡法。

余热锅炉热效率计算公式为：

$$\eta_{\mathrm{SG,meas}} = \frac{输出热量}{输入热量} \times 100\% \tag{7-24}$$

式中　$\eta_{\mathrm{SG,meas}}$——余热锅炉在试验条件下的热效率，%；

　　　输出热量——工质吸收的热量，在此主要为高低压主蒸汽、再热蒸汽、减温水以及辅助用气等所吸收的热量；

　　　输入热量——燃气轮机排气的热量加上增补燃料产生的热量以及辅助用其他工质携带进入系统的热量之和。

输入热量的具体计算方法如下：

$$输入热量 = B_{\mathrm{GT}} + B + (W_{\mathrm{f}} h_{\mathrm{f}}) \tag{7-25}$$

式中　B_{GT}——燃气轮机向锅炉排气中相对于参考温度下的物理显热；

　　　B——除补充燃料的化学热之外的其他外来热源带入系统的热量；

　　　W_{f}——补充燃料量；

　　　h_{f}——补充燃料的低位发热量。

B_{GT}、B 的具体计算公式如下。

燃气轮机排气中的显热 B_{GT}：

$$B_{\mathrm{GT}} = (W_{\mathrm{GT}} + W_{\mathrm{f}} + W_{\mathrm{mf}} + W_{\mathrm{z}} - W_{\mathrm{BP}})(h_{\mathrm{GT}} - h_{\mathrm{R}}) \tag{7-26}$$

式中　W_{GT}——燃气轮机排气流量；

　　　W_{f}——补充燃料流量；

　　　W_{mf}——补充空气流量；

　　　W_{z}——雾化蒸汽流量；

　　　W_{BP}——旁路烟气流量；

　　　h_{R}——参考温度下烟气焓；

　　　h_{GT}——锅炉排烟温度下即锅炉入口处烟气焓。

其他外来热源带入系统的热量 B：

$$B = B_{\mathrm{mA}} + B_{\mathrm{f}} + B_{\mathrm{z}} + B_{\mathrm{GR}} \tag{7-27}$$

其中，B_{mA} 为补充空气带入的物理显热，计算公式为：

$$B_{\mathrm{mA}} = W_{\mathrm{mA}}(h_{\mathrm{mA}} - h_{\mathrm{RmA}}) \tag{7-28}$$

式中　W_{mA}——补充空气流量；

h_{mA}、h_{RmA}——分别为补充空气入口及参考温度下的焓值。

B_{f} 为补充燃料中的物理显热，计算公式为：

$$B_{\mathrm{f}} = W_{\mathrm{f}} C_{\mathrm{pf}}(t_{\mathrm{f}} - t_{\mathrm{R}}) \tag{7-29}$$

式中　W_{f}——补充燃料流量；

　　　C_{pf}——燃料平均比热容；

　　　t_{f}、t_{R}——燃料入口及参考温度。

　　　B_{z}——补燃用雾化蒸汽带入的物理显热计算公式为：

$$B_z = W_z(h_z - h_{Rz}) \tag{7-30}$$

式中　W_z——雾化蒸汽流量；

　h_z、h_{Rz}——分别为雾化蒸汽进口及参考温度下的焓值。

B_{GR} 为再循环烟气带入的物理显热，计算公式为：

$$B_{GR} = W_{GR}(h_{GR} - h_{RGR}) \tag{7-31}$$

式中　W_{GR}——再循环烟气流量；

　h_{GR}、h_{RGR}——分别为再循环烟气进口及参考温度下的焓值。

（2）反平衡法。

反平衡法的计算原理如下：

$$\eta_{SG,meas} = \left(1 - \frac{热损失}{输入热量}\right) \times 100\% \tag{7-32}$$

式中，热损失主要包括余热锅炉排至大气的湿烟气携带的热量和本体的散热损失；输入热量与式（7-25）相同。式（7-32）的具体计算方法如下：

$$\eta_{SG,meas} = \left[1 - \frac{L}{B_{GT} + B + (W_f h_f)}\right] \times 100\% \tag{7-33}$$

式中，L 为各项热损失之和；B_{GT}、B、W_f、h_f 的含义与正平衡法中相同。L 的具体计算公式如下。

各项热损失之和 L：

$$L = L_G + L_b + L_{cp} + L_{mc} \tag{7-34}$$

其中，L_G 为锅炉排烟热损失，计算公式为：

$$L_G = (W_{GT} + W_f + W_{mf} + W_z - W_{BP})(h_G - h_R) \tag{7-35}$$

式中　h_G——锅炉排烟温度下即锅炉出口处烟气焓。

L_b 为辐射及对流热损失，可根据 ASME PTC 4.4—1981 标准中图 4.1、表 4.1 和图 4.2 得出。

L_{cp} 为循环泵冷却水及密封水热损失，计算公式为：

$$L_{cp} = W_{cp}(h_{cp2} - h_{cp1}) + W_{sw}(h_{sw2} - h_{sw1}) \tag{7-36}$$

式中　　　　　　W_{cp}——循环泵冷却水流量；

　　　　　　　　W_{sw}——密封水泄漏量；

　h_{cp2}、h_{cp1}、h_{sw2}、h_{sw1}——分别为冷却水及密封水进、出口焓值。

L_{mc} 为其他冷却介质从系统中带走的热损失，计算公式为：

$$L_{mc} = W_{mc}(h_{mc2} - h_{mc1}) \tag{7-37}$$

式中　W_{mc}——其他冷却介质进出系统的流量；

　h_{mc2}、h_{mc1}——分别为其他冷却介质进、出系统的焓值。

（3）焓降法。

焓降法是余热锅炉性能试验特有的方法，定义为实际焓降与最大焓降的比值，是一种虚拟的方法，但对于余热锅炉的改进分析有一定的作用。此方法一般用来对整个锅炉或锅炉部分设备进行评估，即：

$$焓降效率 = \frac{实际焓降}{最大理论焓降} \times 100\% \tag{7-38}$$

焓降效率本质上是忽略了散热损失、零焓值定义在烟气最低理论可降到的最低温度上的反平衡热效率。由于在计算过程中省略了烟气的流量信息，因而焓降法效率的精度是最高的。但其忽略了散热损失，又不是一个真实的效率，所以实际性能试验中较少采用，本书不作详述。

2. 修正后的热效率

余热锅炉是联合循环机组运行中的一个关键部件，它的热力特性主要受到燃气轮机的影响，主要影响因素包括燃机排气温度、排气成分和排气流量的限制，余热锅炉的蒸汽流量、蒸汽参数以及汽轮机的相对内效率等参数又决定着蒸汽循环的做功量。

燃气轮机性能与排气条件随着周围环境的改变而发生改变，完全在设计环境条件下进行余热锅炉性能试验不现实，这就造成了实测效率与设计条件的偏差。从余热锅炉试验边界的分析中不难看出，影响余热锅炉性能的边界条件主要有：燃气轮机的排气流量、排气温度、汽轮机冷再热蒸汽流量和温度、锅炉给水温度、凝结水温度及汽轮机入口蒸汽压力等。

由于余热锅炉没有空气预热器（预热器在燃气轮机侧），也无法进行燃烧调整，只能被动地接受燃气轮机的排气，因而性能试验标准中无法给出标准的修正方法，只能根据余热锅炉厂家准备的和完成的修正曲线进行修正。这些修正曲线定义是在锅炉设计时，根据各参数的变化值进行热力计算而得到，最终变成燃气轮机排气流量和排气温度、余热锅炉水侧温度和压力等变量的函数。以某9F级燃气蒸汽联合循环电站的余热锅炉为例，其效率修正公式如下：

$$\eta_{h,corr} = \eta_{h,meas} + \sum_{i=1}^{9} \Delta\eta_i \qquad (7-39)$$

式中　$\eta_{h,corr}$——修正后的余热锅炉热效率，%；

$\Delta\eta_1$——燃气轮机排气流量改变的效率修正量，修正基准值2409.1t/h；

$\Delta\eta_2$——燃气轮机排气温度改变的效率修正量，修正基准值587℃；

$\Delta\eta_3$——燃气轮机排气O_2含量改变的效率修正量，修正基准值5.2%；

$\Delta\eta_4$——高压主蒸汽压力改变的效率修正量，修正基准值10.87MPa；

$\Delta\eta_5$——再热蒸汽出口压力改变的效率修正量，修正基准值3.51MPa；

$\Delta\eta_6$——低压主蒸汽压力改变的效率修正量，修正基准值0.491MPa；

$\Delta\eta_7$——再热蒸汽入口温度改变的效率修正量，修正基准值393.2℃；

$\Delta\eta_8$——低温省煤器进口温度改变的效率修正量，修正基准值55.7℃；

$\Delta\eta_9$——凝结水温度改变的效率修正量，修正基准值32.7℃。

这些效率修正曲线需要试验前给出，并由相关单位研究确认。也有的余热锅炉厂家给出乘积的修正关系，但由于乘法修正系数容易偏差较大，所以不提倡。

（二）余热锅炉的出力

由于余热锅炉的出力是功能性性能，所以这种出力试验相对于其他试验而言，相对简单一些，主要是在这些出力点维持长时间的稳定运行，查看其品质。

主蒸汽流量测量可根据给水流量测量结果得出，并按测量元件之后的任何补充的或抽取的流量，如连续排污、减温用喷水、锅炉循环泵注水等进行修正。再热蒸汽流量可以根据流量平衡计算得到。

蒸汽温度测量应尽可能在接近过热器和再热器出口的地方，以便最大限度地减小由于热损失而引起的误差。给水温度应尽可能在靠近省煤器进口和锅炉进口处紧靠的两个不同的点上测量，两点的读数经过修正后的平均值即为介质温度。两点的读数修正值之间的偏差，对于蒸汽，若超过 0.25％，对于水，若超过 0.5％，则应对测点进行检查，以调整到合格范围。

蒸汽和给水的压力测点应设在不受诸如极度的热、冷和振动影响且便于读数的地方。经过校验的"波登"压力计或重力式压力计均可使用，但重力式压力计更好。

注：通常情况下，余热锅炉出力可以采用汽轮机侧所测得的流量数值作为试验结果。

（三）其他有关的运行特性

其他有关的运行特性试验包括：烟风系统压降（烟气侧的阻力）、汽水系统的压降、蒸汽温度及汽水品质、余热锅炉漏风及旁路烟道烟气泄漏。压力参数的测量依据 ASME PTC 19.2 进行；汽水品质试验依据 ASME PTC19.11 进行；锅炉漏风及旁路烟道烟气泄漏通过进出口烟气量变化计算。

因为烟气侧的阻力直接关系燃气轮机的做功能力，所以余热锅炉烟气侧阻力是非常重要的指标，远比燃煤锅炉重要。由于试验条件与标准工况下流动流体的质量流量和比体积存在差别，应将测量的阻力值修正到标准或保证工况后再进行比较。空气阻力一般不考虑速度变化的损失，计算公式如下：

$$\Delta p_c = (\Delta p - S_e)\left(\frac{F_g^d}{F_g}\right)^2 + S_e \tag{7-40}$$

$$S_e = (\rho - \rho_a)g \cdot \Delta h \tag{7-41}$$

式中　Δp_c——修正后的空气阻力或通风损失，Pa；

Δp——测量的空气阻力或通风损失，Pa；

S_e——烟囱效应，如果流体向上流动，为负值；

F_g^d——设计条件下的空气或烟气质量流量，kg/s；

F_g——实测空气或烟气质量流量，kg/s；

ρ——空气或烟气的密度，kg/m³；

ρ_a——压力测点附近的环境空气密度，kg/m³；

Δh——烟囱高度，m；

g——重力加速度，m/s²。

四、试验测点的配置及安装

试验测点的配置和安装应注意：

确定烟风系统压降时要求测量空气和烟气管道内的静压。差压必须由差压测量装置测量，而不是由两个独立的仪表测定后相减。静压测点应在截面上或周围布置多点进行测量，或采用专门设计的探头，并必须保证没有气流冲击，从而使测量误差最小。应专门布置导压管且严格检漏。仪表位置应高于取压点位置，以使凝结水能回流至管道，否则必须采取措施考虑凝结水排放。还要考虑吹扫的要求，吹扫可保持压力传感管线清洁，如果采用吹扫，应维持较小的稳定流量。

五、试验条件的控制及注意事项

（1）联合循环余热锅炉的性能试验条件与联合循环机组整体性能试验条件基本相同，因此两个试验可以同时进行。

（2）为了检验试验结果的一致性，推荐在所要求的负荷下至少应进行两次有效试验测试，每次试验测试持续时间不小于 2h，取两次测试结果的平均值作为最终试验结果。若两次试验结果超过预先商定的平行试验之间的允许偏差，则需要作重复性试验，直到有两次试验的结果落在允许偏差范围内，其试验结果为该两次试验的平均值。

（3）同样的，在进行正式试验之前，应先进行预备性试验，预备性试验的要求与正式试验的要求完全相同。若试验各方认为试验过程和条件满足要求，预备性试验也可作为一次正式试验。

第六节　污染物排放测试

根据国家环保政策，应按照国家与行业的最新要求，对联合循环机组污染物排放进行测试。宜在 100% 和 75% 额定负荷性能保证条件下，测试 NO_x、CO 及挥发性有机化合物（VOC）的排放量。其测试位置对应于机组烟囱或接近烟囱（测量点后面不再有设备）、最终代表烟囱排放水平的烟道。同时，该位置的气态污染物混合得非常均匀，不再存在分层流动现象，因而也不用采用网格法测量，可取靠近烟道中心的一点作为采样点即可，但要保证足够的采样时间，以降低测量系统误差。

通常，联合循环机组排放的污染物中，CO 及挥发性有机化合物的含量较低，本节着重介绍 NO_x 排放量的相关测试规范。

一、污染物排放控制要求

《火电厂大气污染物排放标准》（GB 13223—2011）对燃气轮机组 NO_x 排放浓度的限值进行了规定，本书涉及范围的具体数值见表 7-6。

表 7-6　　　　　　燃气轮机组 NO_x 排放浓度限值（以 NO_2 计，标况）

序号	热能转化设施类型	限值（mg/m³）
1	以油为燃料的燃气轮机组	120
2	以天然气为燃料的燃气轮机组	50

二、测试方法

根据测试分析方法不同，分化学法和仪器直接测试法。

化学法，通过采样管将样品抽入到装有吸收液或装有固体吸附剂的吸附管、真空瓶、注射器或气袋中，样品溶液或气态样品经化学分析或仪器分析得出污染物含量。

仪器直接测试法，通过采样管和除湿器，用抽气泵将样气送入分析仪器中，直接指示被测气态污染物的含量。该方法因方便快捷而被较多采用。

三、污染物基准氧含量排放浓度折算方法

实测的污染物排放浓度，应执行《固定污染源排气中颗粒物测定与气态污染物采样方法》（GB/T 16157—1996）的规定，按式（7-42）折算为基准氧含量排放浓度。

$$c = c' \times \frac{21 - O_2}{21 - O_2'} \tag{7-42}$$

式中　c——污染物基准氧含量排放浓度，mg/m³（标况）；

c'——实测的污染物排放浓度，mg/m³（标况）；

O'_2——实测的氧含量,%;

O_2——基准氧含量,%。

各类热能转化设施的基准氧含量见表 7-7。

表 7-7   基准氧含量

序号	热能转化设施类型	基准氧含量（O_2）/%
1	燃煤锅炉	6
2	燃油锅炉及燃气锅炉	3
3	燃气轮机组	15

四、试验条件的控制及注意事项

（1）污染物排放测试可与联合循环机组性能试验同时进行。

（2）在进行污染物排放测试时,应首先通过燃烧调整减少 NO_x 的生成量,该项工作可结合锅炉燃烧调整试验进行。带烟气脱硝装置的锅炉,应对脱硝系统进行冷热态优化后测定排烟中 NO_x 浓度。

第七节 振 动 测 试

一、联合循环机组轴系布置方案与特点

联合循环机组的轴系布置方案,是指燃气轮机转子、汽轮机转子和发电机转子之间的连接布置。目前国内外的联合循环机组轴系布置方案主要分两种:单轴布置和多轴布置。

单轴布置是指单台燃气轮机加单台汽轮机加单台发电机形成的"1+1+1"模式,其又分为不带有 SSS 离合器（单轴刚性布置）与带有 SSS 离合器两种。

多轴布置是指燃气轮机和汽轮机分别拖动一台发电机,可以是单台燃气轮机拖动单台汽轮机的"1+1"方式,也可以是"2+1""X+1"等方式。无论哪种方式,从轴系角度讲,只有"燃气轮机＋发电机"和"汽轮机＋发电机"两种。后者又分为不带 SSS 离合器的刚性轴系和带有 SSS 离合器的发电机前置轴系。刚性轴系与常规机组轴系相同,不作论述;以下简要介绍燃气轮机轴系和带有 SSS 离合器的汽轮机轴系。

上述四种轴系布置方案如图 7-8 所示。

图 7-8 所示四种轴系布置方案,图 7-8（a）、（c）与常规机组轴系布置相比差别不大,图 7-8（b）、（d）与常规机组轴系布置相比差别较大,轴系的振动在本质上没有太大变化,但是由于布置方案的不同,也产生了新的特征。

对于普通单轴方案,如图 7-8（a）所示,高压缸与燃气轮机的压气机相连,这对高压转子的振动特性会产生很大影响。对于带有离合器的单轴方案,如图 7-8（b）所示,为了同时保证机组的快速启停与能源的高效利用,在发电机与汽轮机之间设置了 SSS 离合器。发电机与励磁机转子一端与燃气轮机相连,一端与 SSS 离合器相连,导致轴系的振动特性与常规机组相比差别很大。多轴方案中的燃气轮机轴系比较简单,如图 7-8（c）所示,仅是燃气轮机转子加发电机转子和励磁机转子,但由于燃气轮机与汽轮机结构和工作方式的不同,导致轴系的振动特性与汽轮机轴系相比略有差别。对于多轴布置方案中带有 SSS 离合器的汽轮机轴系,如图 7-8（d）所示,考虑冬季极限供热时需要机组转为背压供热模式,故将发电机前

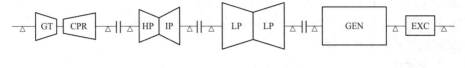

(a) 单轴刚性布置轴系

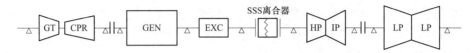

(b) 带有SSS离合器的单轴布置轴系

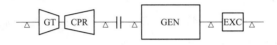

(c) 多轴布置中的燃气轮机轴系

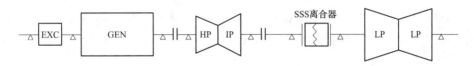

(d) 多轴布置中带有SSS离合器的汽轮机轴系

图 7-8　联合循环机组轴系布置示意图

置，并在高中压缸和低压缸之间设置了 SSS 离合器。如此一来，可以实现低压缸的在线解列和并车，使机组可以根据需要在抽汽供热与背压供热模式之间相互切换。首先，发电机前置会影响高中压转子的振动特性，导致高压缸侧轴瓦振动更加复杂。其次，为了使 SSS 离合器不受高中压转子振动的影响，在离合器前设置"轻载"轴承，导致其振动容易失稳并发散。再者，离合器内部的齿轮结构，也使两侧轴瓦的振动更加复杂。

由此分析可知，联合循环机组有着区别于常规机组汽轮机轴系振动的新特征。

二、轴振动（轴振）与轴承座振动（瓦振）

轴振：转轴振动，转轴的径向振动。轴振分为相对振动和绝对振动，这是两种测量方式，用接触式传感器（如速度传感器）测量转轴相对于地面的振动为绝对振动，非接触式传感器（涡流探头）测量转轴相对于轴承座的振动为相对振动，或者用一个非接触式传感器和一个惯性式传感器组成的复合传感器测量转轴的绝对振动。

瓦振：即轴承座振动，简称轴承振动。其评定标准以轴承座的垂直、水平、轴向三个方向的振动中最大数值为评定依据。

国内外的标准都以位移作为轴振动强度的判据，用振动位移的峰-峰值（X_{p-p}）表示，单位为微米（μm）。对于轴承座振动，国际上一般以速度作为振动强度的判据，振动速度用均方根值（v_{rms}）表示，单位为毫米/秒（mm/s），而我国电力行业习惯上用位移的峰-峰值（X_{p-p}）表示，单位为微米（μm）。

轴振动的位移值能直接反映出振动对动静间隙的影响，而轴承座振动的位移值则不能反映间隙的变化，但是它的速度值却能反映出振动产生的应力。

振动测量应当用宽频带，以便充分覆盖机器频谱。

随着测试技术的发展，目前旋转机械状态监测时，每个轴承上普遍配备了两个互相垂直的轴振传感器和一个瓦振传感器。

三、振动标准

振动水平是衡量机组安全可靠性最重要的指标。从机组安全运行的角度讲，振动越小越好，但是还需要考虑降低振动的成本。当振动降低到一定的程度之后，继续降低的难度就很大，成本很高，所以振动的最佳水平是满足安全运行与振动水平之间的平衡。进行这种评价的主要依据就是相关的标准。

联合循环机组的振动，主要包括汽轮机组和燃气轮机组的振动，其振动标准有轴振动标准和轴承座振动标准两类。

国际标准有两种：一种是 ISO 标准，它是由国际标准化组织制定的；另一种是 IEC标准，它是由国际电工委员会制定的。

ISO 的振动标准为国内燃气轮机与汽轮机组振动标准溯源采用，长期以来所采用的有：

（1）ISO 7919—2：2009《机械振动 在旋转轴上测量评价机器的振动 第 2 部分：功率大于 50 MW，额定工作转速 1500r/min、1800r/min、3000r/min、3600r/min 的陆地安装的汽轮机和发电机》；

（2）ISO 7919—4：2009《机械振动 在旋转轴上测量评价机器的振动 第 4 部分：带有滑动轴承的燃气轮机组》；

（3）ISO 10816—2：2009《机械振动 通过在非旋转部件上的测量评价机械振动 第 2 部分：50MW 以上，额定转速 1500r/min、1800r/min、3000r/min、3600r/min 的陆地安装的汽轮机和发电机》；

（4）ISO 10816—4：2009《机械振动 通过在非旋转部件上的测量评价机械振动 第 4 部分：具有滑动轴承的燃气轮机组》。

近期，上述 ISO 标准分别被最新版 ISO 20816—2、ISO 20816—4 所取代，具体情况见表 7-8。

表 7-8　　　　　　　　　　　　ISO 振动标准更新情况

最　新　标　准	被取代标准
ISO 20816—2：2017《机械振动 机器振动的测量与评价 第 2 部分：40MW 以上具有滑动轴承且额定转速为 1500r/min，1800r/min，3000r/min，3600r/min 的陆地安装的燃气轮机、汽轮机和发电机》	ISO 7919—2：2009 ISO 10816—2：2009
ISO 20816—4：2018《机械振动 机器振动的测量与评价 第 4 部分：3MW 以上具有滑动轴承的燃气轮机组》	ISO 7919—4：2009 ISO 10816—4：2009

我国制定的标准与 ISO 标准接轨。汽轮机组轴振动标准 GB/T 11348.2—2012 使用重新起草法修改采用 ISO 7919—2：2009，将评价区域边界 B/C 和 C/D 值由一个值改为一个限制范围，以适应我国实际应用；轴承座振动标准 GB/T 6075.2—2012 等同于 ISO 10816—2：2009。燃气轮机组轴振动标准 GB/T 11348.4—2015 等同于 ISO 7919—4：2009；轴承座振动标准是 GB/T 6075.4—2015 等同于 ISO 10816—4：2009。尚未依据最新版 ISO 标准作更新。

四、评价准则

1. 评价区域

定义以下典型评价区域，以便对给定的机器进行定性的振动评价，并提供可操作的指南。

区域 A：新交付使用的机器的振动通常落在该区域。

区域 B：振动量值在该区域的机器，通常认为可不受限制地长期运行。

区域 C：通常认为振动量值在该区域的机器，不适宜于长期持续运行。一般该机器可在这种状态下运行有限时间，直到有采取补救措施的合适时机为止。

区域 D：振动量值在该区域通常被认为振动剧烈，足以引起机器损坏。

需要注意的是：

（1）对于一台机器而言，随着转速的升高，区域限制值将减小。

（2）对于不同类型的机器，区域界限值及相关的转速范围是不同的。

振动标准指出：有关振动状况的评价，应该是以额定工况下运行时、且机组达到正常稳定的工作温度时进行的振动测量为依据的。

这些区域限制不作为验收规范，验收规范应由机器制造厂商与用户协商确定。然而这些值提供了指南，以避免严重的缺陷及不切合实际的要求。新机器验收准则历来规定在 A 区或 B 区内，但通常不超过区域边界 A/B 值的 1.25 倍。

通常，设备提供商与业主之间的技术协议会对振动测试的工况和振动保证值进行约束。可直接从机组振动监测系统上读取振动数据，也可采用振动测量分析仪进行现场测量。

2. 轴振动评价区域边界

GB/T 11348.2—2012 推荐的汽轮发电机组轴振动边界值见表 7-9。

表 7-9　　　　　大型汽轮机和发电机各区域边界的轴相对位移的推荐值

区域边界	轴转速（r/min）			
	1500	1800	3000	3600
	区域边界轴相对位移峰-峰值（μm）			
A/B	100	95	90	80
B/C	120～200	120～185	120～165	120～150
C/D	200～320	185～290	180～240	180～220

GB/T 11348.4—2015 推荐的燃气轮机组轴振动边界值见表 7-10。

表 7-10　　　　正常工作在 3000r/min 或 3600r/min，直接连接蒸汽轮机和（或）
发电机的燃气轮机组各区域边界内的轴相对位移的推荐值

区域边界	轴转速（r/min）	
	3000	3600
	区域边界轴相对位移峰-峰值（μm）	
A/B	90	80
B/C	165	150
C/D	240	220

根据本领域内已积累的轴振动测量经验，对输出功率大于 3MW 燃气轮机组，区域边界推荐值（单位：μm）与最高正常工作转速 n（r/min）的平方根成反比。此类燃气轮机区域边界的推荐值由式（7-43）～式（7-45）得出。实际数值通常圆整到 5μm 的倍数。

区域边界 A/B

$$S_{(p\text{-}p)} = \frac{4800}{\sqrt{n}} \tag{7-43}$$

区域边界 B/C

$$S_{(p\text{-}p)} = \frac{9000}{\sqrt{n}} \tag{7-44}$$

区域边界 C/D

$$S_{(p\text{-}p)} = \frac{13\,200}{\sqrt{n}} \tag{7-45}$$

在大多数情况下，表 7-9 和表 7-10 给出的值可以保证足够的运转间隙，而且传至轴承的支承结构和基础的动载荷是可接受的。然而，在某些情况下，某些特殊类型的机器可能由于特殊的性能或有效地经验，要求使用不同的区域边界值（较大或较小），例如：

（1）机器振动受它的安装系统和连接从动机器的耦合装置的影响。例如，如果用刚性轴承支承，预计有较大的轴相对振动。反之，用柔性轴承支承，预计有较小的轴相对振动，但轴的绝对振动可能较大。因此，基于满意的运行经验，可以接受使用不同的区域边界值。

（2）宜注意确保轴的相对振动不超过轴承间隙。进一步，宜认识到许可振动可能与轴承直径有关，因为一般直径较大的轴承运行间隙比较大。当使用小间隙轴承时，表 7-9 中的区域边界值可以减小。区域边界值降低的程度随着所用轴承的型式（圆筒型、椭圆型、可倾瓦等）、测量方向和最小间隙之间的关系而变化。

（3）对于相对轻载轴承（例如励磁机转子轴承和同步离合器轴承）或者其他更柔性的轴承，可能用到以机器详细设计为基础的其他准则。

（4）在远离轴承的地方测量振动，可以应用其他的准则。

通常，当使用较大的区域边界值时，可能需要技术论证，确认以较高振动运行不损害机器的可靠性。例如，可以机器的详细性能和相似结构设计与支承的机器运行的经验作为基础。

3. 轴承座振动评价区域边界

GB/T 6075.2—2012 推荐的汽轮发电机组轴承座振动边界值见表 7-11。

表 7-11　　　汽轮机和发电机轴承座振动速度评价区域边界的推荐值

区域边界	轴转速（r/min）	
	1500 或 1800	3000 或 3600
	振动速度均方根值（mm/s）	
A/B	2.8	3.8
B/C	5.3	7.5
C/D	8.5	11.8

GB/T 6075.4—2015 推荐的燃气轮机组轴承座振动边界值见表 7-12。

表 7-12 燃气轮机轴承箱或轴承座振动速度评价区域边界的推荐值

区域边界	振动速度均方根值（mm/s）
A/B	4.5
B/C	9.3
C/D	14.7

在大多数情况下，表 7-11 和表 7-12 中给出的值与保证允许传至轴承的支承结构和基础的动载荷是协调一致的。然而，在某些情况下，可能有特殊性能或与特殊类型机器关联的可用经验，可能要求使用不同的区域边界值（较小或较大），例如：

（1）机器振动可能受它的安装系统以及与转子之间耦合装置的影响。对于柔性轴承支承的转子，当测量方向上轴相对振动小时，表明传给支承结构的动态力也小，因此，较大的轴承振动是允许的。基于类似的成功运行经验，适当提高表中的给出的区域边界值是可以接受的。

（2）对于载荷相对较轻的轴承或其他更柔性的轴承，可能需要基于机器详细设计的其他准则。

通常，当使用较大的区域边界值时，可能需要技术论证，确认以较高振动运行不损害机器的可靠性。例如，可以机器的详细性能和相似结构设计与支承的机器运行的经验作为基础。

上述轴振动标准和轴承座振动标准均指出：

（1）在同一旋转轴线不同轴承上的振动测量可以取不同边界值；

（2）标准对安装在刚性基础和柔性基础上的机组未提出不同的区域边界值。

第八节 噪 声 测 试

一、概述

根据国家环保政策，应按照国家与行业的最新要求，对联合循环机组生产性噪声进行测试。噪声测试应在机组大于 90％额定出力或设备运行时进行。

二、术语

1. A 声级

用 A 计权网络测得的声压级，单位为 dB（A）。

2. 等效连续 A 声级（等效声级）

在某规定时间内 A 声级的能量平均值，单位为 dB（A）。

对固定工作岗位，采用积分声级计测量等效连续 A 声级。

3. 按额定 8h 工作日规格化的等效连续 A 声级（8h 等效声级）

将一天十几工作时间内接触的噪声声级等效为工作 8h 的等效声级，单位为 dB（A）。

4. 按额定每周工作 40h 规格化的等效连续 A 声级（每周 40h 等效声级）

非每周 5 天工作制的特殊工作场所接触的噪声声级等效为每周工作 40h 的等效声级，单位为 dB（A）。

三、评价准则

1. 噪声职业接触限值

DL/T 799.3—2010 规定：每周工作 5 天，每天工作 8h，稳态噪声限值为 85dB（A），非稳态噪声等效声级的限值为 85dB（A）；每周工作 5 天，每天工作时间不等于 8h，需计算 8h 等效声级，限值为 85dB（A）；每周工作不是 5 天，需计算 40h 等效声级，限值为 85dB（A）。工作场所噪声职业接触限值见表 7-13。

表 7-13 工作场所噪声职业接触限值

接触时间	接触限值 dB（A）	备注
5 天/周，＝8h/天	85	非稳态噪声计算 8h 等效声级
5 天/周，≠8h/天	85	计算 8h 等效声级
≠5 天/周	85	计算 40h 等效声级

2. 评价准则

联合循环机组的噪声性能评价准则（保证值）应在供货合同中明确说明。上述噪声职业接触限值噪声职业接触限值为规定评价准则提供基础。

四、测试方法

1. 测点设置原则

（1）工作场所声场分布均匀［测量范围内 A 声级差别＜3dB（A）］，选择 3 个测点，取平均值。

（2）工作场所声场分布不均匀时，应将其划分若干声级区，同一声级区内声级差＜3dB(A)。每个区域内，选择 2 个测点，取平均值。

2. 主要噪声测点

（1）燃机系统。宜在压气机、燃气轮机透平、励磁机、主油箱等处至少各设 1 个测点。

（2）余热锅炉系统。宜在炉前、炉后、炉左、炉右、风机、给水泵、主汽管道、汽包等处至少各设 1 个测点。

（3）汽轮机系统。宜在机前、机后、机左、机右、汽缸、发电机、励磁机、主汽管道、凝汽器、凝结水泵、开、闭式泵、真空泵、主油箱等处至少各设 1 个测点。

3. 测量仪器

测试用积分声级计应选择 2 型或性能优于 2 型的声级计，1 型声级计是首选的测量仪器。

第九节 性能试验流程

一、制定试验方案

在试验前期，试验负责人应依据技术协议中确定的试验目的、试验标准和具体操作方法，制订一个详细的试验方案，并经业主单位、试验单位、主机供货商等各方讨论认可。

试验方案包括以下内容：

（1）试验的目的；

（2）完成试验的验收标准；

（3）基准参考条件；

（4）确定试验边界以明确输入量和输出量的测点位置；

（5）合同或设计规范中规定的运行条件、性能保证值和环境条件；

（6）必要时，在每个测量仪表的系统不确定度的基础之上提出完整的试验前不确定度分析；

（7）所有仪表和测量系统的详细类型、位置和校验要求，以及数据采集系统的读数频率；

（8）对适用的排放物测量要求，包括测点位置、仪表、读数频率和记录方法；

（9）对燃料、脱硫剂和飞灰等物质的采样、收集、处理和分析方法以及取样频率；

（10）机组的运行方式；

（11）对试验燃料、脱硫剂和灰分分析的化验室的确认；

（12）需要的运行方式设置，或对试验结果有重大影响的所有内部热能和辅机功率的说明；

（13）要求的设备清洁度等级和检查程序；

（14）如果适用，说明性能老化的计算方法；

（15）阀门状态的要求；

（16）预备性试验的要求；

（17）试验前的稳定性判定准则；

（18）维持运行稳定不超限所需的稳定性标准及方法；

（19）允许与基准参考条件的偏差，以及设置和维持运行条件在此范围的方法；

（20）试验次数和每次试验的持续时间；

（21）试验开始和结束的要求；

（22）数据取舍的标准；

（23）允许的燃料特性，包括燃料一致性和热值的范围；

（24）修正曲线或公式；

（25）计算示例或特殊试验数据的处理以及将结果修正到基准参考条件的详细过程；

（26）综合各次试验计算最终结果的方法；

（27）对数据存储、文件保管以及试验报告分发的要求；

（28）试验报告的格式、目录、内容和索引。

二、试验的准备

根据试验前确定的协议，有关试验事项随时通告试验各方，允许试验各方有足够的响应时间来准备试验仪表、人员或文件。如果有新的情况，也应及时告知试验各方。

（一）试验仪表

（1）数据测量分为两类：直接参与计算和修正的参数为一类参数；不直接参与计算和修正，而用于确定试验状态和试验条件的参数为二类参数。一类参数使用高精度的临时试验仪表测量，二类参数可以使用机组永久性安装的仪表测量。

（2）所有一类参数的测量仪表必须经过法定计量部门或法定计量传递部门校验，具有合格证书，在校验有效期内。

（3）一类参数中所有差压、压力、温度测量值都要进行仪表校验值的修正。

（4）试验测量项目。性能试验主要的测量项目及相应的测量仪表包括：

1）发电机端电功率、定子电流、定子电压、功率因数、频率。使用 0.1 级准确度的试验专用功率表进行测量。

2）燃气流量、压力和温度。

燃气流量使用随燃气轮机一起提供的布置在燃气轮机入口的燃料流量计测量。

该流量测量装置应按照 ASME 关于流量测量部分标准生产，并且在试验前进行校验。校验单位必须具有国际认可的资质，业主应参与整个校验过程。

燃气压力和温度测量使用试验用高精度压力表和热电阻，要求变送器经校验合格。

在性能测试过程中，试验采集系统记录流量计信号、燃气压力和燃气温度信号，这些数据将作为计算燃气流量使用的一类数据。TCS 计算和显示的燃气流量将作为参考。

燃气流量测量的总不确定度必须满足试验规程的要求。

3）燃气特性及低位发热量 LHV。

燃气取样由业主完成，取样点设在燃气轮机前置模块涡轮流量计之前。天然气成分需由具有资质的检验机构进行检验。

燃气的取样方法：在每次试验开始、试验中间和试验结束时取样，共取样三次，每次取样三份，取样方法按照 GPA 2166 方法执行，气瓶取样前应用加温氮气吹扫过。取样时必须用天然气对气瓶吹扫 4 次，每次 3min，保证无其他残留气体。天然气样中一份用于分析，一份由业主保存，另一份作为备用由设备供货商保留。天然气样的分析由业主和设备供货商共同认可的独立检测机构进行。依据天然气检测报告中的天然气成分计算出的天然气 LHV 和密度，如果三份气样 LHV 和密度偏差在±0.5％以内，三次气样的天然气成分的平均值作为性能试验的天然气成分。如果三份天然气 LHV 和密度偏差超过±0.5％，则需要再送三瓶气样到业主和卖方共同认可的独立检测机构重新检测。

4）大气压力。

在燃气轮机进气过滤器附近布置 1 台 0.1 级准确度的试验专用绝压变送器进行测量。

5）环境温度。

在燃气轮机进气过滤器内安装数支（具体数量由各方共同确认）1 级准确度的试验专用热电阻进行测量，用这几个温度测点的平均值作为环境温度。

6）相对湿度。

在燃气轮机进气过滤器附近布置 1～2 台满足精度要求的湿度仪表进行测量。

7）凝汽器循环水进、出口温度。

在凝汽器冷却水进、出口管道上安装 1 级准确度的试验专用热电阻进行测量，每根冷却水管道安装 1 个温度测点。

8）凝汽器喉部压力。

在汽轮机低压缸与凝汽器连接的喉部安装网笼探头测量汽轮机背压，背压采用 0.1 级准确度的试验专用绝压变送器进行测量。

9）燃气轮机排气压力。

在燃气轮机排气扩散段出口安装数台（具体数量由各方共同确认）0.1 级准确度的试验专用表压变送器进行测量。

10）燃气轮机排气温度。

在燃气轮机排气扩散段出口安装数支（具体数量由各方共同确认）1 级准确度的试验

专用热电偶进行测量。

11）水位。

凝汽器热井水位和各汽包水位使用分散控制系统 DCS 水位变送器测量值。

12）凝结水流量、高压给水流量、中压给水流量、热网加热器疏水流量。

以上各流量均使用 0.1 级准确度的试验专用差压变送器进行测量，并安装相应的压力和温度测点。

13）其他。

除上述测量外，还有部分测量用于性能期望项目或确定试验状态和试验条件。对于一些测量项目，除使用试验专用高精度仪表进行测量外，同时也使用现场控制仪表（永久性仪表）测量，其测量值用于比对和参考，以检查试验测量的准确性。

（二）试验人员

为了保证试验工作顺利进行，须成立现场试验领导小组，由业主单位负责人担任组长，业主单位有关部门、试验单位和设备供货商相关专业人员参加。领导小组负责组织和协调试验前期的测点安装、机组消缺，以及试验时工况调整、系统隔离等工作。

应有足够数量的试验人员和专家支持来完成试验；运行操作人员应熟悉试验的运行操作要求，并根据要求操作设备。

（三）设备的检查和清洁度

在试验进行之前，空气进口滤网应确保干净，如果压损过大，则更换滤芯，使进气压损尽量接近设计值；压气机应进行离线水洗，并检查压气机叶片清洁程度，如果离线水洗效果不明显，则进行人工擦拭压气机导叶。试验前，试验各方都应检查机组状态及设备清洁度，并确认同意准备试验。

（四）运行调整

1. 运行方式

因为基本性能公式所作的修正和修正曲线的推导受机组运行方式的影响，所以机组的运行方式应与试验目的相一致，试验前运行人员应根据试验要求控制系统的控制模式。各试验工况对应的控制模式见表 7-14。

表 7-14　　　　　　　　　试验工况与控制模式

序号	试验工况	试验负荷	控制模式	试验性质
1	年均纯凝工况	100%负荷	温度控制	考核试验
2		75%负荷	负荷控制	非考核试验
3		50%负荷	负荷控制	非考核试验
4	背压供热工况	100%负荷	温度控制	考核试验
5		75%负荷	负荷控制	非考核试验
6		50%负荷	负荷控制	非考核试验
7	抽凝供热工况	100%负荷	温度控制	考核试验
8		75%负荷	负荷控制	非考核试验
9		50%负荷	负荷控制	非考核试验

注　供热工况及是否作为考核工况，由机组的设计及供货技术协议确定。

2. 系统隔离

试验时热力系统应当同设计热平衡图所规定的热力循环严格一致。任何与该热力循环无关的其他系统及进、出系统的流量都必须隔离，无法隔离的流量要进行测量。

试验前，电厂运行人员按照试验方案中的隔离清单，进行阀门隔离操作；试验人员在现场检查并确认隔离，已经隔离的阀门应挂有明显的标牌。试验阀门隔离清单中的阀门应在预备性试验前关闭；在两次试验之间，有些阀门可按需要打开。

系统隔离的优劣对试验结果有着非常重大的影响，应特别予以重视，仔细隔离和严格检查。

以下是典型的试验时必须隔离的系统和流量：

1）主汽阀、截止阀和调节阀疏水管道；

2）主汽和其他抽汽的疏水管道；

3）与邻机相连的管道；

4）旁路系统和启动辅助蒸汽系统；

5）汽水取样；

6）补水；

7）锅炉排污。

3. 设备运行

机组运行时需要投运的设备或机组在基准工况下正常运行所需投运的设备应正常运行，否则应在计算辅机功率时予以考虑。试验中，任何设备运行状态的改变，引起的机组修正的热耗率或修正性能值大于 0.25％（或各方协商的数值），都将使该次试验测量无效，但允许切换至备用设备（如备用泵）运行。

4. 接近设计条件

机组的运行状态应尽可能接近基准性能条件，不超出机组和设备的设计允许范围，以减少对净功率和热耗率的修正，对机组性能参数的过度修正将影响试验的总不确定度。

5. 稳定性

当联合循环电站进行性能试验时，机组须处于稳定状况。试验工况应尽可能保持稳定以获得准确的试验结果，试验工况达到稳定运行条件的标准是：

1）当负荷工况调定后，透平叶轮之间的轮间温度在 15min 内的变化不超过 3℃。

2）在任何一个稳定的试验工况下，在测试期间，以下一些参数的最大波动范围不能超过表 7-15 所示的规定值，否则就不能认为机组的运行条件是稳定的。

表 7-15　　　　　　　　　　　稳态条件下各参数的最大变动量

序号	运行参数	试验工况中任何一次读数与平均值的最大允许偏差
1	输出的电功率	±2％
2	转矩	±2％
3	功率因数	±2％
4	功率输出轴的转速	±1％
5	现场的大气压力	±0.5％（平均绝对压力）
6	压气机进口处空气的温度	±2℃
7	燃料的发热量	±1％

序号	运行参数	试验工况中任何一次读数与平均值的最大允许偏差
8	燃料的供应压力	±1%（平均绝对压力）
9	燃料的供应温度	3℃
10	透平出口的燃气压力	±0.5%（平均绝对压力）
11	透平出口的燃气温度	±2.8℃
12	凝汽器冷却水出口处的温度	±2.8℃
13	余热锅炉输出的主蒸汽压力	±2℃
14	余热锅炉输出的主蒸汽温度	±2.8℃
15	进入余热锅炉省煤器的水温	±2.8℃
16	进入余热锅炉省煤器的水流量	±2%

6. 危险点分析及控制措施

为确保作业全过程的安全，有效防止事故的发生，作业负责人应在作业开始前，领导全体作业参加人员，针对本次作业现场的实际情况，进行本次作业的危险点分析并对每一个危险点或危险源制定相应的控制措施。

危险点分析应从防止电力生产特大、重大、恶性和频发事故、人身伤亡事故出发，以反映上述事故的危险因素为主。如：高温、高电压、高空、带电、交叉作业；使用的仪器设备、工器具有问题，违反《电业安全工作规程》或其他《安规》规定；操作程序错误、操作方法失误等可能给作业人员带来危害或设备异常。作业人员身体状况不适、思想情绪波动、不安全行为、技术水平能力不足，以及其他可能给作业人员带来的危害或造成设备异常的不安全因素等。

危险点分析与控制措施制定完成后，作业负责人应向全体作业人员进行交底。交底人和接受交底人应对"危险点分析与控制措施记录"内容进行确认并签字，否则不准参加作业。危险点分析与控制措施记录应予以保存。表 7-16 是危险点分析与控制措施记录的一个示例。

表 7-16　　　　　　　　　　危险点分析与控制措施记录（示例）

作业名称：					
确认	序号	危险点内容	可能导致的事故	控制措施	重要/一般
	1	作业人员进入作业现场不戴安全帽，不穿绝缘鞋，可能会发生人员伤害事故	可能会发生人员伤害事故	进入试验现场，作业人员必须戴安全帽、穿绝缘鞋	一般
	2	作业人员进入作业现场可能会发生走错间隔及与带电设备保持距离不够的情况	可能会发生触电事故	现场试验工作必须执行工作票制度、工作许可制度、工作监护制度、工作间断、转移和终结制度	一般
	3	试验现场不设安全围栏，会使非试验人员进入试验现场，造成触电事故	可能会发生触电事故	试验现场应装设遮拦或围栏，悬挂指示牌，并有专人监护，严禁非试验人员进入试验现场	一般

作业名称：

确认	序号	危险点内容	可能导致的事故	控制措施	重要/一般
	4	试验现场由于非电气专业人员接拨电源，造成触电事故	可能会发生触电事故	试验现场应由电气专业人员进行电源接拔，严禁非专业人员操作	一般
	5	试验设备接地不好，可能会对作业人员造成伤害	可能会发生人员伤害事故	试验设备的外壳应可靠接地，试验仪器与设备的接线应牢固可靠，二者均经试验负责人检查并合格后，方准进行试验	一般
	6	盲目接通临时电源作为测试仪器的动力电源，可能造成仪器损坏	可能造成仪器损坏	在仪器接通电源前，先电源电压进行测量。确认与仪器要求的电源性质、电压等级一致后，方可接通仪器电源	一般
	7	登高作业可能会发生高空坠落或瓷件损坏	可能会发生高空坠落或瓷件损坏	工作中如需使用梯子等登高工具时，应做好防止瓷件损坏和人员摔跌的安全措施	一般
	8	作业人员进入作业现场可能会发生错误操作系统阀门的事故	可能发生错误操作系统阀门的事故	现场试验前隔离系统期间必须由熟悉系统的两名运行人员操作，并由生产单位专职人员予以确认	一般
	9	作业人员在进行压力变送器投入时，容易发生泄漏伤人事故	可能发生泄漏伤人事故	为保证人身和设备安全，在进行试验仪表投入的时候，必须保证专业人员进行，并有专人监督	一般
	10	安装温度计时可能被烫伤	可能发生烫伤事故	安装被测工质温度在50℃以上的温度测点时应带耐高温隔热手套	一般
	11	作业人员容易发生因为不明白试验内容而造成错误操作	可能造成错误操作	在试验前编制详细的试验措施，并在试验前组织相关人员进行试验交底	一般
	12	在电子间和工程师站使用对讲机，有可能造成对机柜的干扰	可能造成对机柜的干扰	在机组正常运行期间，禁止在工程师站和电子间使用对讲机	一般
	13	天然气取样时可能发生火灾或爆炸	可能发生火灾或爆炸	禁用明火，禁止吸烟，禁止使用可能产生火花的设备与工具，充分通风以防止可燃性气体大量聚积，备有便于得手的手动或自动灭火设备，取样人员应经过在发生火灾时能作出正确的反应的培训	一般

作业参加人签字确认：

作业负责人签字确认：

作业日期：

7. 环境因素识别及控制措施

1) 在进行天然气取样时，传输导管的吹扫应直接引向"安全区"（如开阔地带），人工取样时，在取样地点释放的气体应限制到最小量，以减少对环境的污染。

2) 根据试验需要，试验仪器应合理启、停，仪器停用后，及时关闭电源，避免浪费能源。

3) 当试验需要使用防护用品时（如手套、口罩等）应合理佩戴，对于能够重复使用的防护用品，在失效前应尽量重复使用，以节约防护用品，并降低对环境的污染。对于报废的防护用品时，应按照垃圾分类要求，放入相应的垃圾箱内。

三、试验的执行

如果试验要求在规定的运行方式（如温度控制模式）下运行，则控制系统在设置时应使运行方式保持不变，并且不会改变诸如阀位等状态参数；如果试验要求在规定的修正后负荷或测量负荷值下执行，那么机组的控制系统在试验期间宜设置成能维持该试验负荷运行稳定。

1. 试验开始的准则

试验负责人有责任通知试验各方试验的开始时间，并确保在达成一致的试验期间记录所有的数据。

在每个性能试验开始之前，下列条件应满足：

(1) 运行状况、系统配置和运行方式都达到试验的要求，包括：

1) 设备运行和控制方式；

2) 系统配置，包括所要求的过程供汽量；

3) 阀门开度；

4) 现有燃料的可用性和辅助燃料的一致性没有超出允许的燃料化验结果的范围（采用试验前的化验值）；

5) 机组在修正曲线、算法或程序规定的范围内运行；

6) 设备在允许的范围内运行；

7) 对一组试验，完成试验重复性要求的内部调整。

(2) 稳定性。在试验开始之前，机组应在规定的试验负荷下运行足够长时间，对于联合循环机组，应至少稳定运行 1h。

(3) 数据采集。数据采集系统启动，试验人员就位准备好采集或记录数据。

2. 预备性试验

在进行正式试验之前，必须进行预备性试验，预备性试验的要求与正式试验的要求完全相同，并应留出足够的时间计算其结果，以便作最后的调整，或修改试验要求和试验设备。进行预备性试验的目的在于：

(1) 确定机组设备是否在合适状态下执行试验。

(2) 对在试验准备阶段的不明确之处进行调整。

(3) 检查所有仪表、控制系统和数据采集系统的工作情况。

(4) 通过检查整个系统确认能够达到期望的不确定度要求。

(5) 确认设备能在一个稳定的状态下运行。

(6) 确认燃料的特性、化验结果和热值在允许的范围内，应有足够的燃料供应量以避免试验中断。

（7）确认除试验要求之外的进出试验边界的测量没有超出试验要求规定的边界外面。

（8）使试验人员熟悉其职责。

（9）如果需要，可以收集足够的数据来更好地调整控制系统。

如果预备性试验达标，则预备性试验可视为正式试验，无须再进行正式试验。

3. 试验的持续时间及数据采集

一个试验应有足够长的持续时间，以使试验数据能正确反映出机组的平均效率和性能，其中还应考虑由控制、燃料和特定机组的运行特性等引起的测量参数的偏差。对于联合循环机组，推荐试验持续时间不少于 1h，取其平均值作为验收试验的正式数据。

在整个试验期间，每个试验工况下的每个测定值与其平均值之间的最大偏差，不能超过表 7-15 中的规定值，否则试验结果无效。

4. 试验结束的准则

当试验负责人认为完成一个试验所应满足的条件都已满足时，可以正常结束试验。应检查数据记录以确保试验数据的完整且满足试验不确定度的要求。在所有试验结束后，恢复为试验目的所进行的操作，确保设备的安全运行。

附录 A 调试过程中的典型事故预防及处理要点

本部分统计了燃气轮发电机组在调试过程中出现概率较大的典型事故,介绍了这些类事故的预防措施及一旦发生后的处理原则。

A.1 天然气系统泄漏爆炸

1. 预防措施

(1)《防止电力生产事故的二十五项重点要求》(国能安全〔2014〕161 号)"第 2.10 防止天然气系统着火爆炸事故、第 8.7 防止燃气轮机燃气系统泄漏爆炸事故"两节对于天然气系统防漏、防爆作出了明确的规定,调试单位在编制调试措施、反事故措施、安全交底等文件时必须遵照执行,不得出现与反措及现行标准相违背的条文。

(2)负责天然气系统调试工作的调试人员,除了要熟知上述《反措》的相关规定外,还应了解、掌握《发电厂油气管道设计规程》(DL/T 5204)、《石油天然气工程设计防火规范》(GB 50183—2004)、《石油化工可燃气体和有毒气体检测报警设计规范》(GB 50493—2009)、《联合循环机组燃气轮机施工及质量验收规范》(GB 50973)等标准规定。

(3)调试单位进驻现场后应参与天然气系统检查,为编制调试文件收集现场资料。如果发现设计或安装缺陷应通知建设单位及时整改。

(4)天然气区域的所有放空管应引至室外且高出厂房建筑物、构筑物 2m 以上,设在露天设备区内的放空管,应高于附近有人操作的最高设备 2m 以上。

(5)天然气系统所有远控阀门应具有紧急关闭功能,且在失去动力时应恢复关闭状态。

(6)首次天然气系统的置换,应根据系统实际安装情况提前编制置换方案。应采用惰性气体作为中间气体,严格按置换方案操作。

(7)任何情况下,不得用天然气直接置换空气。

(8)天然气系统置换应控制升压速度,符合相关标准规定。

(9)天然气系统首次置换前,消防系统应通过验收并投入使用。

(10)放空管道应在避雷设施的保护范围内。

2. 处理原则

(1)机组运行中发现燃气泄漏检测装置报警或环境中燃气浓度突升,应立即停机检查,进行系统隔离。

(2)燃气轮机打闸或停机后,要确认燃气关断阀与调节阀已关闭,并立即停用控制油泵。

(3)发生火灾、爆炸后应立即关闭调压站入口紧急关断阀,切断天然气进厂气源。

(4)发生火灾、爆炸后应立即启动消防措施。

(5)发生火灾、爆炸后应控制危险气源及动火工具,防止发生次生事故。

（6）紧急切断相应区域的电源。

3. 甲烷（CH₄）特性参数

甲烷（CH₄）在天然气中占据绝对多数比例，甲烷的特性基本决定了实际使用的天然气特性。但实际使用中的天然气为混合气体，对于有性能计算、天然气流量统计等较高精度的需求时，调试单位在进驻现场后应向建设单位收集实际使用的天然气性能参数。对于某些电厂使用的天然气中参混了煤化工制气，其中含有明显氢气（H₂）成分的，更应以实际气体特性参数为调试依据。

空气中甲烷浓度过高，能使人窒息。当空气中甲烷浓度达 $25\%\sim30\%$ 时，可引起头痛、头晕、乏力、注意力不集中、呼吸和心跳加速、精细动作障碍等，甚至因缺氧而窒息、昏迷。

甲烷气体的常用特性参数见表 A.1。

表 A.1   甲烷气体的常用特性参数

名称	引燃温度 /℃	沸点 /℃	爆炸浓度/V%		密度/ (kg/m³)	热值/（MJ/m³） （标准状态）		外观与 性状	火灾危 险性分类
			下限	上限		低位	高位		
甲烷	540	−161.5	5	15	0.77	33.367	37.044	无色、无臭	甲

注 表中的标准状态，根据天然气相关国家标准，温度为 20℃。

4. 天然气的标准参考条件

在工程应用中，气体标准状态指在某一标准参考条件下气体的状态，并在该状态下进行测量和计量。天然气的标准状态在不同的标准中定义有所不同，主要差别是标准参考条件中的温度值，具体见表 A.2。

表 A.2   天然气的标准参考条件

标准名称	绝对压力/kPa	温度/℃
GB/T 17291—1998《石油液体和气体计量的标准参比条件》	101.325	20
GB/T 21446—2008《用标准孔板流量计测量天然气流量》		
ISO 13443：1996《天然气—标准参考条件》	101.325	15

国家标准对于天然气的计量标准参考温度是 20℃，而其他采用 ISO 标准的国家（如美国），天然气计量标准参考温度是 15℃。在 ISO 13443：1996 中也以附录的形式列出了不同国家采用的不同的标准参考温度。由于燃气轮机核心技术还是由国际几大主要制造商掌握，在调试完成后进行燃气轮机的性能考核试验时，试验单位应与业主及供货商提前沟通，确认进行天然气计量的标准参考温度，避免产生不必要的误差。

A.2   燃气轮机压气机喘振

1. 预防措施

（1）入口可调导叶（IGV）调试验收应确认转动灵活、无卡涩，叶片角度复测合格。

（2）压气机水洗系统调试完成后应可靠投入，定期对压气机进行清洗，保持压气机通道清洁。

（3）压气机防喘放气阀应动作灵活、无卡涩。

（4）带负荷试运中如机组出力异常持续下降，或压气机压比下降时应及时投入在线清洗。

（5）带负荷试运中压气机进口压力出现异常回升，立即停机分析原因。

2. 处理原则

（1）机组运行中发生轴承振动异常增大、压气机出口压力突降、入口压力波动、压机气就地发出低沉噪声、机组功率波动等异常现象，应立即停机，避免设备受到损伤。

（2）机组停机后，检查压气机叶片及其他零部件是否损伤。

（3）复测、检查确认入口可调导叶（IGV）动作正常，角度正确。

（4）检查压气机前几级叶片清洁程度，必要时可投入离线清洗。

（5）检查进气系统滤网堵塞情况，必要时启动滤网反吹。

A.3　机组轴瓦烧毁

1. 预防措施

（1）《防止电力生产事故的二十五项重点要求》（国能安全〔2014〕161 号）"第 8.4 防止汽轮机、燃气轮机轴瓦损坏事故"一节对于汽轮机及燃气轮机的轴瓦安全作出了明确的规定，调试单位在编制调试措施、反事故措施、安全交底等文件时必须遵照执行，不得出现与《反措》及现行标准相违背的条文。尤其第 8.4.6 要求的"直流润滑油泵油压低联锁启动定值与主机润滑油压低跳闸保护定值必须相同"，在实践中不符合该条精神的情况屡有出现，调试单位应对此加以重视。

（2）润滑油系统的调试人员应对润滑油系统实地勘察，对润滑油系统压力开关、变送器，要搞清楚元件装什么位置，油压从什么地方取样。有些机组油压开关或变送器不是装在主平台上，而是零米或其他标高位置，这样的安装方式，压力开关整定时应加入测点与母管油压的高差修正。

（3）要重视油泵、管道系统可能存在的"窝空气"风险，即使是"淹没式"安装的油泵也不能轻易排除。对出厂时设置的排空气管，不要盲目取消。调试单位实地勘察系统，如果发现有易窝空气的位置，如倒"U"形弯管道，建议在倒"U"形管顶部加装放空气管，且放空气管出口应插入油箱油位之下，并有足够深度，否则此管本身就会漏入空气。同时提醒施工单位严格注意法兰接口的严密性，避免接口漏入空气。

（4）润滑油系统调试完成后，机组在运行或盘车状态下，交流润滑油泵和直流润滑油泵应处于可靠联动状态，定期进行备用油泵切换试验。

（5）燃气轮机润滑油系统没有配置同轴主油泵，在机组运行中如果一台润滑油泵跳闸，如果备用油泵联锁启动速度较慢，则存在油压下降过多或恢复时间过长，造成轴瓦损伤甚至轴颈损伤事故。因此，在机组静态下应进行运行油泵跳闸、备用油泵（包括备用交流油泵及直流油泵）联启试验，测取跳闸——联启过程中润滑油母管压力下降的幅度及恢复的过程。油压的下降不应低于机组润滑油压低跳闸保护定值，如果不能满足，调试单位应向建设单位提出缺陷，改进联锁设计。常用的改进措施是在润滑油泵电动机与电动机、油压开关与电动机之间用硬线直接联锁，缩短联锁响应的时间，与原先热工专业通过 DCS 卡件与逻辑回路实现的"软联锁"并行发挥作用。

（6）直润滑润滑油泵的启动由一台直流控制柜控制。因此上述（5）中的联锁试验，应进行直流润滑油泵的单独联锁启动试验，测取润滑油母管压力下降的幅度及恢复的过程。这其中也包括了对直流控制柜性能的考验。

（7）试运阶段的机组，冷却水水质可靠性相对较差，可能造成润滑油系统冷油器或滤网的堵塞，一旦发生在机组运行状态下，需要在运行中切换冷油器或滤网，则存在润滑油供油减小甚至中断的风险。因此，在机组首次启动前应进行冷油器、滤网静态下的切换试验。切换应按票操作、缓慢进行，期间密切监视润滑油供油母管压力的变化，以获得切换过程中润滑油压变化的第一手资料，为机组运行中可能出现的切换操作提供安全保障。

（8）在燃气轮机启动、运行和停机过程中，应严密监视支承轴承、推力轴承金属温度和回油温度，当温度超过运行限值时，应按调试措施或运行规程处理。不得采用启动交流润滑油泵，增加供油量的方法来降低瓦温。

（9）应进行有效的润滑油管道冲洗及滤油，润滑油油质不合格时，不得启动燃气轮机。

（10）顶轴油系统静态调试完成后，在启动及停机过程要监视顶轴油系统启、停状态正常。

（11）机组运行中，当润滑油系统出现消缺，可处理可不处理的，可暂不处理。不要随意紧螺栓，能不紧最好不紧。必须要在运行中处理的缺陷，应严格执行两票三制，要有试运指挥部领导签发的操作票和安全措施，且处理过程中要有运行人员现场监护，且要与主控室随时保持有效沟通。在停机后处理的缺陷，应等到转速惰走到零后再进行。

（12）对于联合循环汽轮机，如果配置无同轴主油泵的润滑油系统，上述预防措施同样适用。

（13）对于联合循环汽轮机，如果配置传统的带同轴主油泵的润滑油系统，除上述措施外，还应增加如下措施：

a. 汽轮机定速后，停止交流润滑油泵之前，应确认有特征表明主油泵已开始出力，如：润滑油压比汽轮机启动前有增加、交流润滑油泵电流有下降、就地如有主油泵出口压力表要提前观察确认等；

b. 汽轮机定速后，停止交流润滑油泵之前，应确认如果交、直流润滑油泵在逻辑中设计有联锁投入条件，必须先确认联锁已投入；

c. 汽轮机定速后，停止交流润滑油泵之前，应确认操作盘上油泵直启按钮已装好并已经过正常使用，停交流润滑油泵时要有人准备随时按直启按钮；

d. 在停止交流润滑油泵后，密切观察润滑油压变化，如果下降到联锁值后，交流油泵没有联启，立即手动在盘上直启交流润滑油泵；

e. 在停止交流润滑油泵后，如果发生油压下降联启了交流润滑油泵，在未查清原因前，不允许再停交流润滑油泵；

f. 严禁用退出交流润滑油泵联锁备用的方式强行停止交流润滑油泵；

g. 在汽轮机盘车状态下，分别记录交流、直流润滑油泵独立工作时的电动机电流；

h. 在汽轮机首次启动定速状态下，当主油泵与交流润滑油泵同时工作时，记录交流润滑油泵电动机电流；当主油泵与直流润滑油泵同时工作时，记录直流润滑油泵电动机电流。这是交、直流润滑油泵正常工作状态下与主油泵同时供油时的电流；

i. 汽轮机正常停机打闸前，宜提前手动启动交、直流润滑油泵，确认交、直流润滑油泵出力正常，在交流润滑油泵已启动并正常工作时，再手动打闸停机。

2. 处理原则

（1）机组运行中一旦发生可能引起轴瓦损坏的异常情况，应立即停机。

（2）停机后盘车应自动投入，若盘车盘不动时，禁止强行盘车。

（3）盘车盘不动时，应关闭进气排气系统隔离挡板。

（4）若发生机组断油烧瓦事故，不应再恢复润滑油供油，避免轴颈与轴瓦高速摩擦产生高温，再接触冷油，使轴颈淬火，造成更大的损伤。应保持转子静置，自然冷却。

（5）在没有确认轴瓦是否损坏前，禁止机组重新启动。

（6）以上原则同样适用于联合循环汽轮机。

A.4　控 制 油 泄 漏

1. 预防措施

（1）控制油系统首次投运前应经过系统打压试验并合格。

（2）控制油系统投运后，在机组运行中应现场检查，如发现管道有晃动应及时处理。

（3）检查运行中的控制油管道膨胀情况，油管道应能自由膨胀。

（4）GE公司燃气轮机配置的控制油系统通常与润滑油系统共用汽轮机油，共用一个油箱，但控制油压力远高于润滑油压，控制油管道上的密封圈、垫片材质除了应与汽轮机油相容性适应外，还应考虑与高压力适应。

（5）如需更换密封材料时应优先采用制造厂规定或推荐的材料。

2. 处理原则

（1）罩壳透平间等高温区域如发生控制油泄漏时，应立即停机。避免泄漏出的油引起火灾的风险，尤其是采用汽轮机油作为控制油的机组。

（2）泄漏出的控制油如果已溅到保温上，应更换保温材料后再重新启动。浸透油的保温材料包裹在燃气轮机高温缸体易引起火灾事故。

（3）油箱油位下降应及时补入合格的控制油，如油位下降、无法维持时应立即停机。

（4）处理油系统漏油时应注意防火。《防止电力生产事故的二十五项重点要求》（国能安全〔2014〕161号）"第2.3　防止汽机油系统着火事故"一节对于汽轮机油系统防火安全作出了明确的规定，同样适用于本节的预防措施及处理原则。

A.5　燃气轮机进气系统滤网结霜结冰

燃气轮机进气系统滤网结霜结冰事故易发生在北方地区的新建机组，且在冬季严寒、潮湿的天气下进行试运。结霜结冰多发生在夜间，一旦发生，发展很快，控制室会监视到燃气轮机进气滤网差压迅速增大，如处理不及时会造成燃气轮机跳闸，甚至影响进气系统壳体安全。

调试单位、特别是跨地区承担调试任务的单位应对此事故做好预防措施及一旦发生后的处理预案。

1. 预防措施

（1）在冬季机组试运时应关注天气变化趋势，如有气温大幅下降、湿度增大的天气变化，要提前做好事故预案。

（2）要提前制定进口滤网发生结霜结冰后的应急处理预案。

（3）露天布置的进气系统周围检修通道、人行通道、检修扶梯，应及时除雪、除冰，采取防滑措施，避免一旦事故发生紧急处理时消缺人员滑倒摔伤。

（4）保持进气系统中的反吹、加热系统正常备用，加强对进气滤网差压变化的监视。

（5）多台燃气轮机同时运行时，若发生一台燃气轮机进气系统滤网结霜结冰，应同时检查其他燃气轮机进气系统滤网情况。

2. 处理原则

（1）一旦出现进气滤网差压异常增大现象，应立即进行快速减负荷操作，监视进口滤网差压的进一步变化。

（2）立即派人去现场检查进气系统及反吹装置工作状态，并通过对讲机实时向主控室汇报。

（3）确认进气滤网发生结霜结冰，立即组织对燃气轮机入口滤网进行人工除霜除冰工作，可通过长柄工具的拍、振、刮、蹭等操作除去外层滤网（如防鸟网）上的霜或冰。

（4）手动投入燃气轮机进气系统反吹程序。

（5）如果采取措施无效或滞后，滤网差压继续增大到保护值而保护未动作时，应立即手动停机。

A.6　燃气轮机甩负荷

本节所说的甩负荷，不是指调试中的甩负荷试验，也不是指燃气轮机运行中事故跳闸，而是指正常运行中因某个故障或因素，触发发电机出口断路器跳开，或主变压器上口与母线间的断路器跳开，或母线出口断路器跳开等造成发电机与电网解列的事故，由于在一般发变组保护设置中，这些断路器的跳开不一定触发电气保护，也就不能通过大联锁立即让燃气轮机跳闸，从而引起燃气轮机转速飞升。

不同于甩负荷试验前的精心准备，突发的甩负荷可能引起调试及运行人员的慌乱甚至误操作，造成事故扩大甚至设备损伤，因此有必要提前制定预案，做好心理上和技术上的准备。

突发的甩负荷（发电机解列），往往是由于某个不确定因素引发，难以确定因素的来源、性质或发生时刻，也就难以制定针对性的预防措施。但是可以制定发生甩负荷后的处理原则，避免事故扩大：

（1）燃气轮机甩负荷后如调节系统不能控制转速回落并稳定到3000r/min，应立即打闸停机。

（2）甩负荷后的燃气轮机的燃烧模式将切换到全速空载下的燃烧模式，切换过程应正常平稳，调试及运行人员应观察轴系振动正常，燃烧室燃烧脉动正常。如果出现振动超标或异常波动、燃烧脉动异常波动，应立即打闸停机。

（3）检查燃气轮机润滑油压力、IGV 开度、透平排气温度及分散度、轴承金属温度、轴向位移、燃料进口压力，应在正常范围内。

（4）在联合循环机组中，燃气轮机甩负荷必然引起汽轮机负荷剧烈变化，因此要迅速关注汽轮机的参数变化，加以调整，操作要点有：

1）单轴连接或一拖一多轴布置的联合循环机组，如燃气轮机不跳闸，汽轮机也不会联锁跳闸。但是燃气轮机在全速空载下透平排气温度远低于带负荷时，这会造成余热锅炉出口主蒸汽温度迅速下降，超过反事故措施允许的主蒸汽温度下降速度。另外，根据运行规程，燃气轮机空载下的蒸汽参数也不足以满足汽轮机启动要求。因此，发生燃气轮机甩负荷事故后，汽轮机应立即打闸停机，停机后的处理按《汽轮机启动调试导则》（DL/T 863—2016）的规定执行。

2）二拖一多轴布置的联合循环机组，一台燃气轮机甩负荷后，另一台燃气轮机仍在带负荷运行，原则上满足汽轮机继续运行条件，联合循环机组切换到"一拖一"运行方式。此时应立即执行"退汽"程序，控制汽轮机机前蒸汽压力平稳下降，监视汽轮机前蒸汽温度的变化在允许范围内，维持另一台燃气轮机与汽轮机以"一拖一"方式运行。

（5）除监视主机参数外，还应监视前并调整辅助设备的运行工况，重点检查包括：

1）采用天然气增压机供气的机组，燃气轮机甩负荷后，检查增压机运行工况稳定，不出现喘振现象。增压机出口天然气压力（或燃气轮机入口天然气压力）上升不超过安全门动作值且能恢复正常范围。

2）配置了天然气性能加热器的机组，检查主性能加热器正常退出，水侧相关阀门关闭动作正常，辅助电加热器正常投入。

（6）燃气轮机甩负荷后，应检查厂用电系统切换情况，避免厂用电压波动造成某些设备跳闸。

（7）未查明燃气轮机甩负荷原因之前不得重新并网。

（8）已查明燃气轮机甩负荷原因后，可向电网调度中心汇报原因，申请重新并网带负荷，并提供事故调查报告。

附录 B　燃气轮机及联合循环机组
调试涉及的相关标准和规范性文件

从事燃气轮机调试或燃气-蒸汽联合循环机组调试的人员在调试工作中需常用参照以下标准或规范性文件。凡是注日期的文件，仅所注日期的版本为本书推荐；凡是不注日期的文件，其最新版本（包括所有的修改单）均为本书推荐：

1. GB 4962《氢气使用安全技术规程》
2. GB/T 6075（所有部分）《机械振动　在非旋转部件上测量评价机器的振动》
3. GB/T 11348（所有部分）《机械振动　在旋转轴上测量评价机器的振动》
4. GB 12348《工业企业厂界环境噪声排放标准》
5. GB 13223《火电厂大气污染物排放标准》
6. GB/T 14100《燃气轮机　验收试验》
7. GB/T 14541《电厂用矿物涡轮机油维护管理导则》
8. GB 26164.1《电业安全工作规程　第1部分：热力和机械》
9. GB 26860《电力安全工作规程　发电厂和变电站电气部分》
10. GB/T 30370《火力发电机组一次调频试验及性能验收导则》
11. GB/T 31464《电网运行准则》
12. GB/T 34576《燃气-蒸汽联合循环用汽轮机规范》
13. GB 50116《火灾自动报警系统设计规范》
14. GB 50150《电气装置安装工程　电气设备交接试验标准》
15. GB 50166《火灾自动报警系统施工及验收规范》
16. GB 50183《石油天然气工程设计防火规范》
17. GB 50193《二氧化碳灭火系统设计规范》
18. GB 50263《气体灭火系统施工及验收规范》
19. GB 50493《石油化工可燃气体和有毒气体检测报警设计规范》
20. GB 50540《石油天然气站内工艺管道工程施工规范》
21. GB 50660《大中型火力发电厂设计规范》
22. GB 50973《联合循环机组燃气轮机施工及质量验收规范》
23. DL/T 241《火电建设项目文件收集及档案整理规范》
24. DL/T 571《电厂用磷酸酯抗燃油运行维护导则》
25. DL/T 607《汽轮发电机漏水、漏氢的检验》
26. DL/T 651《氢冷发电机氢气湿度技术要求》
27. DL/T 863《汽轮机启动调试导则》
28. DL/T 889《电力基本建设热力设备化学监督导则》
29. DL/T 1269《火力发电建设工程机组蒸汽吹管导则》
30. DL/T 1270《火力发电建设工程机组甩负荷试验导则》

31. DL/T 1835《燃气轮机及联合循环机组启动调试导则》

32. DL 5009.1《电力建设安全工作规程　第 1 部分：火力发电》

33. DL 5027《电力设备典型消防规程》

34. DL/T 5174《燃气-蒸汽联合循环电厂设计规定》

35. DL 5190.3《电力建设施工技术规范　第 3 部分：汽轮发电机组》

36. DL/T 5204《发电厂油气管道设计规程》

37. DL/T 5210.3《电力建设施工质量验收及评价规程　第 3 部分：汽轮发电机组》

38. DL/T 5210.6《电力建设施工质量验收规程　第 6 部分：调整试验》

39. DL 5277《火电工程达标投产验收规程》

40. DL/T 5294《火力发电建设工程机组调试技术规范》

41. DL/T 5437《火力发电建设工程启动试运及验收规程》

42. JB/T 6227《氢冷电机气密封性检验方法及评定》

43. IEEE Std C37.2《电力系统装置功能编号、首字母缩略词和连接标记》

44. 国能安全〔2014〕161 号《防止电力生产事故的二十五项重点要求》

45. 国能安全〔2015〕450 号《燃气电站天然气系统安全管理规定》

46. 基建安质〔2014〕26 号《火力发电工程质量监督检查大纲》

参 考 文 献

[1]　燃气轮机及联合循环机组启动调试导则，DL/T 1835—2018 [S].

[2]　火力发电建设工程启动试运及验收规程，DL/T 5437—2009 [S].

[3]　火力发电建设工程机组调试技术规范，DL/T 5294—2013 [S].

[4]　电力系统装置功能编号、首字母缩略词和连接标记，IEEE Std C37.2—2008 [S].

[5]　杨顺虎. 燃气-蒸汽联合循环发电设备及运行 [M]. 北京：中国电力出版社，2003.

[6]　华北电力科学研究院有限责任公司. 电站锅炉标准化调试技术 [M]. 北京：中国电力出版社，2015.

[7]　清华大学热能工程系动力机械与工程研究所，深圳南山热电股份有限公司. 燃气轮机与燃气-蒸汽联合循环装置 [M]. 北京：中国电力出版社，2014.

[8]　焦树建. 燃气-蒸汽联合循环 [M]. 北京：机械工业出版社，2000.

[9]　火灾自动报警系统设计规范，GB 50116—2013 [S].

[10]　二氧化碳灭火系统设计规范，GB 50193—93（2010 年版）[S].

[11]　建筑灭火器配置设计规范，GB 50140—2005 [S].

[12]　气体灭火系统施工及验收规范（附条文说明），GB 50263—2007 [S].

[13]　中国华电集团公司. 大型燃气-蒸汽联合循环发电技术丛书 [M]. 北京：中国电力出版社，2009.

[14]　燃气轮机 采购 第 3 部分：设计要求，GB/T 14099.3—2009 [S].

[15]　空气过滤器，GB/T 14295—2008 [S].

[16]　石油化工可燃气体和有毒气体检测报警设计规范，GB 50493—2009 [S].

[17]　天然气　发热量、密度、相对密度和沃泊指数的计算方法，GB/T 11062—2014 [S].

[18]　李磊，司派友. SSS 离合器在联合循环汽轮机上的应用 [J]. 华北电力技术，2013（7）：46-48.

[19]　火电厂大气污染物排放标准，GB 13223—2011 [S].

[20]　司派友，王凯，左川. 氢冷发电机气密性计算方法研究 [J]. 节能技术，2013（3）：254-256.

[21]　联合循环发电机组验收试验，DL/T 851—2004 [S].

[22]　火力发电机组性能试验导则，DL/T 1616—2016 [S].

[23]　电力行业劳动环境监测技术规范 第 3 部分：生产性噪声监测，DL/T 799.3—2010 [S].

[24]　天然气取样导则，GB/T 13609—2012 [S].

[25]　燃气轮机 验收试验，GB/T 14100—2016 / ISO 2314：2009 [S].

[26]　固定污染源排气中颗粒物测定与气态污染物采样方法，GB/T 16157—1996 [S].

[27]　燃气轮机性能试验规程，ASME PTC 22—2014 [S].

[28]　联合循环汽轮机性能试验规程，ASME PTC 6.2—2011 [S].

[29]　电厂整体性能试验标准，ASME PTC 46—2015 [S].

[30]　董卫国. 2005 版的 ASME PTC22 介绍 [J]. 燃气轮机技术，2007，20（3）：42-45.

[31]　富学斌等. 基于 ASME PTC 46 的联合循环机组热力性能试验研究 [J]. 黑龙江电力，2012，34（1）：27-30.

[32]　王铭忠. 联合循环发电机组热力性能验收试验与特性偏差的责任分析 [J]. 热力发电，2006（7）：1-6.

[33]　焦树建. 浅论联合循环机组热力性能的验收试验 [J]. 燃气轮机技术，2004，17（1）：1-14.

[34]　张维凡，张海峰. 常用化学危险物品安全手册 [M]. 北京：中国医药科技出版社，1992.